养殖场疾病防控丛书

猪场多发疾病防控手册

梁永红　马　强　王克领　编著

河南科学技术出版社
·郑州·

用性于一体，文字通俗易懂，内容丰富新颖，技术简便易行，一般具有初中以上文化程度者即可掌握。本书可供养猪场员工、养猪专业户和广大基层兽医人员使用。希望能够通过本书对我国规模化养猪场（户）疫病控制产生积极的影响，推动我国养猪业的健康发展。

由于作者水平所限，书中若有错误和不妥之处，还请广大读者指正，并请多提宝贵意见，共同商讨，以便我们不断地修正和完善。

编者

2010 年 10 月

目录

第一章　养猪场疾病防控基础知识 ……………………………… (1)

第一节　感染与免疫 ……………………………………………… (1)

第二节　养猪场药物治疗基础 …………………………………… (9)

第三节　病料的采取、保存和送检 ……………………………… (12)

第四节　养猪场主要疾病的诊断与监测 ………………………… (17)

第五节　养猪场兽医诊断室的建立 ……………………………… (18)

第六节　养猪场疫病防控常用生物制品及应用 ………………… (20)

第二章　养猪场疫病综合防控体系的建立 ……………………… (31)

第一节　养猪场疫病流行的特点 ………………………………… (31)

第二节　养猪场疫病综合防控体系建立的基本原则 …………… (36)

第三节　养猪场疫病综合防控体系的基本内容 ………………… (37)

第三章　养猪场猪病诊断技术 …………………………………… (65)

第一节　流行病学诊断 …………………………………………… (65)

第二节　临床诊断 ………………………………………………… (68)

第三节　病理剖检诊断 …………………………………………… (74)

第四节　实验室诊断 ……………………………………………… (79)

第四章　养猪场安全用药技术 …………………………………… (99)

第一节　养猪场常用抗菌药物 …………………………………… (99)

第二节　养猪场其他常用药物 …………………………… (110)
第三节　养猪场预防用药知识 …………………………… (117)
第四节　养猪场化疗药物的合理使用 ………………………… (124)
第五章　养猪场常见病的防控 …………………………… (134)
第一节　猪常见传染病的防控 …………………………… (134)
第二节　猪常见寄生虫病的防控 ………………………… (221)
第三节　猪常见中毒病的防控 …………………………… (251)
第四节　猪常见营养代谢病的防控 ………………………… (266)
第五节　猪常见产科病的防控 …………………………… (272)
附录　养猪场工作守则 …………………………………… (282)
参考文献 ………………………………………………… (290)

第一章　养猪场疾病防控基础知识

第一节　感染与免疫

感染与免疫是密不可分的。感染使猪体产生免疫力，结果又阻止感染。感染强调微生物的病原性及其过程，而免疫则强调微生物的抗原性。免疫可分为特异性免疫和非特异性免疫。

一、感染

感染是指病原体侵入动物机体，在体内繁殖，释放毒素和酶或侵入细胞，造成细胞损伤的一系列病理变化过程。能够引起感染的病原主要是病原微生物（如细菌、病毒）和寄生虫等。

能够引起感染的病原微生物即感染源，感染源可分为外源性和内源性。外源性感染源是指存在于外界环境（如土壤、空气、水等）、昆虫体内或带菌（毒）动物中，通过直接接触或间接接触能从一个个体（或群体）传播到另一个个体（或群体），造成疾病的流行，即存在于动物体外的感染源引起的感染是外源性感染。例如猪瘟病毒从病猪或带毒猪排出后，通过污染的饮水、饲料、空气等感染易感猪。而有时猪体内存在的某些微生物在正常情况下对机体不致病，两者和平共处，而当长途运输、应激因素等导致机体抵抗力下降时，这些微生物就异常活跃起来，并大量增殖，对机体产生致病性，或者离开原来的生活环境，发生易位定殖，转而对机体有害，致使动物发病，即存在于动物体内的感染源引起的感染是内源性感染。例如大肠杆菌病，大肠杆菌是动物肠道后段常在菌，当饲养管理不当、长途运输或其他应激发生时，猪体抵抗力下降，大肠杆菌就会导致猪腹泻，或易位定殖进入血液导致全身性疾病。

感染的结局取决于病原微生物与机体之间的相互作用。一般感染的结局有以下三种：

1. 显性感染：指病原微生物侵入机体后，机体出现一定的症状。它是由病原微生物的数量、毒力以及侵入的门户所决定的，也与机体的免疫力有关。病原微生物突破了机体的免疫屏障对机体造成病理损伤，猪出现明显的临床症状。如波氏杆菌和产毒素性巴氏杆菌所致的打喷嚏、咳嗽等萎缩性鼻炎症状，就是一个显性感染的例子。

2. 隐性感染：指侵入的病原体尽管能在一定部位生长和繁殖，但动物不出现临床症状。这是因为动物与病原体之间的斗争处于平衡状态。隐性感染是否成立，取决于猪的免疫状况和病原特性及两者斗争的结果。猪的免疫力不高，但又有一定抵抗力，不足以将病原体消灭，这是发生隐性感染的一个常见原因。如猪瘟的亚临床感染就是一个明显的例子。隐性感染有的则是由于病原的特性造成的，一方面病原感染了处于非易感日龄的猪而不发病，但仍可起到携带病原的作用。如传染性胃肠炎病毒可造成10日龄仔猪的死亡，成年猪仅出现一过性轻微症状；经产母猪感染细小病毒后不发病，但可排毒使初产母猪感染后出现死胎、木乃伊胎等；另一方面，病原体本身具有潜伏感染的能力，如猪伪狂犬病毒可在抗体的压力下潜伏在猪的神经系统中，当猪免疫力下降或有其他应激因素时被激活而引起疾病的暴发。

隐性感染猪尽管不出现症状但仍有可能排出病原成为散毒者，也可以不排毒但成为病毒的贮藏者。无论何种情况，隐性感染猪在疾病的流行上具有重要的流行病学意义。例如猪地方流行性肺炎、伪狂犬病、猪传染性萎缩性鼻炎、猪繁殖与呼吸综合征（PRRS）等病的病原在成年猪都可能存在，但往往观察不到明显的临床症状。

3. 痊愈：指病原被动物消灭或排出体外，机体恢复健康。它是感染与抗感染免疫的理想结局。造成这种结局的原因有三个：一是动物机体不是该病原的理想宿主；二是机体迅速动员自身的免疫力将病原消灭；三是敏感药物抑制或杀灭了病原微生物。

二、免疫

免疫与感染是一对矛盾，没有感染就不可能产生免疫，但免疫的目的是消除感染，保证动物的健康。但有时感染却抑制免疫。那么什么是免疫呢？现代免疫学认为，免疫是机体识别和清除非自身的大分子物质，从而保持机体内外环境平衡的生理学反应。免疫的基本功能是抵抗感染、自身稳定和免疫监视等。

（一）免疫机制

免疫可分为非特异性免疫和特异性免疫两种，非特异性免疫是指动物对侵入抗原的非特异性防卫功能，如吞噬、炎症、屏障作用等；特异性免疫可分为细胞免疫和体液免疫两类。

（二）免疫方式

动物对病原体的免疫力可分为先天性免疫和获得性免疫两种。先天性免疫主要与遗传因素有关，即抗病力。用生物制品接种动物而产生的各种免疫力都属于获得性免疫，可分为被动免疫和主动免疫，二者又可分为天然的和人工的免疫（表 1.1）。

表 1.1　获得性免疫的分类

	被动免疫	主动免疫
人工	通过给动物注射高免血清或康复猪血清的方式而产生的免疫	指用活苗、灭活苗免疫动物而产生抗体，靠自身产生免疫力
天然	仔猪从母猪初乳中获得母源抗体	自然感染康复后产生的免疫力
临床意义	主要用于：①患病动物的紧急治疗；②做好母畜的免疫，使幼畜从初乳中获得抗体保护	①是疫病预防的主要方式，但应正确选择疫苗的种类和制订合理的免疫程序；②从免疫动物或病愈康复动物获得血清；③紧急接种，如猪瘟、伪狂犬病发生时的紧急接种

免疫接种是应用各种疫苗免疫动物，使动物自身产生免疫力，产生可以针对某一种疫病的特异性抗体，以抵抗该种疫病的感染。

（三）抗体产生的规律

无论是用活疫苗还是用灭活疫苗（菌苗）来免疫动物，尽管产生抗体的快慢和维持的时间不尽一致，但抗体产生的规律基本上是一致的，即具有初次应答、再次应答和回忆应答等特征。

1. 初次应答：初次接触抗原后，未活化的 B 细胞克隆被抗原选择性激活，进行增殖分化，大约经过 10 次分裂，产生一群浆细胞克隆，导致了特异性抗体的产生，这个过程称为初次应答。

在初次应答时，依次产生了 IgM 和 IgG，产生抗体所需时间称为潜伏期或诱导期。在这一时期动物机体尚不具备抵抗病原入侵的能力。

2. 再次应答：当机体再次接触到相同的抗原时，尽管被抗体中和一小部分，但随后迅速产生更高水平的抗体，维持时间较长。再次应答的特点有三：一是潜伏期短，二是产生抗体水平高，三是循环抗体 IgG 占优势。但再次应答是建立在初次应答的基础上，没有基础免疫就谈不上再次应答。疫苗的加强免疫就是为了激发再次应答，使机体产生更高水平的抗体。

3. 回忆应答：抗原刺激机体后产生抗体，经过一段时间后，抗体滴度逐步下降。此时机体若再次接触抗原物质，可使已消失的抗体迅速上升，称为回忆应答。免疫回忆应答主要依靠 T 细胞和 B 细胞的记忆细胞。在实际工作中，要充分理解并灵活运用抗体产生的规律来防治猪的传染病。

首先，做好基础免疫，并保护动物在抗体产生的诱导期中避免病原微生物的入侵。主要是通过加强饲养管理。通常，活苗、灭活苗和类毒素产生抗体的潜伏期分别为 3 ~4 天、1 周和 2 ~3 周。

其次，重视加强免疫。尽管基础免疫后产生了一定水平的抗体，但加强免疫可激发机体的再次应答，产生的抗体水平更高和维持时间较长。例如，伪狂犬病主要是通过胎盘感染仔猪造成母猪流产、死胎、木乃伊胎，在临床实践中，有的猪场只做了一次免疫，即配种前免疫，未做产前的加强免疫，结果在同窝仔猪中出现1～2头死胎或弱仔。如果做了加强免疫，这类情况就会得到有效的控制。

以上主要谈及IgG和IgM的产生，循环抗体主要是IgG，主要防止全身性感染。但是在腹泻病的免疫中，肠道黏膜分泌型IgA起着至关重要的作用。黏膜免疫，给腹泻病的防治提供了一线希望。黏膜免疫是指把活的具有黏附性的抗原直接作用于黏膜表面，使效应细胞直接接触抗原，诱导黏膜表面的丰富淋巴结组织产生应答性反应，分泌大量的表面IgA，以抵抗病原微生物对黏膜的感染。根据这一原理，在腹泻病的免疫途径中，要使抗原充分接触黏膜，多采用致弱活菌(毒)，通过口服方式免疫，此外，也有通过鼻腔、眼及直肠途径，即模拟自然感染途径，而较少地使用肌内注射灭活苗的方式。国内这方面比较成功的例子是构建表达大肠杆菌K88、K99或肠毒素（LT）基因的质粒并转化大肠杆菌制成的基因工程苗给猪口服，取得了较为满意的效果。

三、影响猪群免疫力产生的因素

影响免疫力产生的因素很多，如前所述猪的免疫力由先天性免疫和获得性免疫构成，关于先天性免疫见本节中“抗病育种”部分，获得性免疫的成功与否取决于疫苗、免疫程序及猪群本身等诸多因素。

（一）疫苗方面的问题

疫苗是免疫成败最重要的因素，它包括疫苗本身的质量、疫苗的贮存和运输及疫苗的合理使用。

1. 疫苗本身的质量：疫苗的内在质量是由生产厂家所控制的，内在质量对猪群产生免疫力高低影响甚大。正规生产厂家生产的疫苗一般是合格的。质量可靠的疫苗是免疫成功的前提和基础。

2. 疫苗的贮存和运输：猪用疫苗大致可分为冻干苗（弱毒活疫苗）和液体苗（灭活疫苗）。冻干疫苗需要低温保存，而且保存时间不宜过长。在 -15 ℃以下时其保存时间多在 1 年左右，在 4 ~ 8 ℃时其保存时间仅有 6 个月左右，随保存温度的升高，其保存时间相应缩短。这类疫苗应当严格实行冷链运输和贮存，切忌反复冻融、忽冷忽热或阳光照射，否则会造成部分抗原的失活致效价下降或失效。

液体疫苗又分油佐剂和水剂苗，这类疫苗贮存方法是在 4 ~ 8 ℃条件下冷藏，有效期 18 个月。切忌冻结，也不宜贮存于高温环境中。

3. 疫苗的使用：使用者需注意的是冻干苗是否失真空，油佐剂苗是否破乳，疫苗有无变质和长霉，疫苗中有无异物，疫苗是否过期，保存中有无因保存不当而致失效等。如发生上述情况时，这些疫苗均应废弃不用。

冻干苗使用时严格按照疫苗所要求的方法进行稀释，稀释液应先放在 4 ~ 8 ℃冰箱内预冷，稀释后的疫苗按规定的方法保存并在规定的时间内使用；使用时要检查真空度，失真空的疫苗质量肯定有所下降，一个简单的方法是在用注射器稀释疫苗时，注射器中的液体会自动滴入疫苗瓶中，无须用手推注，否则疫苗即失去真空。这个细节在实施接种前必须加以观察，保证疫苗注射剂量的准确和注射的密度；使用活菌疫苗免疫后在规定时间内不得对猪只使用抗菌药物；防止注射疫苗后的不良反应；对注射器械、注射部位等严格消毒，防止交叉感染，每注射一头猪后均应更换针头，防止疫病的血液传播。

灭活苗在使用前必须充分摇匀，尤其对放置一段时间后的组织灭活苗和铝胶苗。油剂苗不应出现破乳现象，如出现油相和水相分层的油剂苗应弃之不用。因为尽管手工摇匀也难以使抗原与佐剂充分混匀，免疫时会造成不同猪只免疫抗原剂量不等，导致部分猪只免疫失败，成为潜在的感染者。鉴于此，油剂苗的贮存切忌冻结，否则会造成破乳。

（二）免疫程序问题

规模化猪场根据养猪的生产特点，按照各种疫苗的免疫特性，合理地制订预防接种的次数、剂量、间隔时间，这就是免疫程序。

母源抗体对保护仔猪免受早期感染具有不可替代的作用，如吮乳不足的仔猪腹泻发生多，成活率也低。但母源抗体也可干扰仔猪主动免疫的产生，如猪瘟的超前免疫如不严格控制接种疫苗的仔猪在接种1小时后吮乳，那么疫苗被乳汁中的抗体中和，就会降低免疫效果。母源抗体对活苗的影响程度大于对灭活苗的影响，因此，首免日龄应根据母源抗体水平而定。制订合理的免疫程序避免母源抗体的干扰。

（三）猪群本身的问题

1. 健康状况：一般来说，成年猪在体格健壮、发育良好时，注射疫苗后能产生较高免疫力；而体弱、有病、生长发育较差的猪，注射疫苗后易发生不良反应，所产生的主动免疫力也较低，重症猪易发生早产、流产或影响胎儿发育。在无疫情时对这类猪的疫苗注射可暂缓进行。

饲料霉变、药物使用不当等各种原因引起的中毒也会影响猪群的免疫力，导致猪群免疫失败。

2. 营养因素：抗体的化学本质是免疫球蛋白，是一种由众多氨基酸组成的蛋白质，因此，如果猪饲料中蛋白质或氨基酸的供给不足或缺乏蛋白质合成所需的微量元素或维生素（如维生素A），抗体的生成就没有足够的原料，就很难保证产生较高效价的抗体。动物的营养因素尤其在紧急接种期间显得更加重要。

3. 其他疾病的干扰：猪群在发生猪繁殖与呼吸综合征、圆环病毒病、伪狂犬病等免疫抑制性疾病时，影响猪的免疫力，导致猪群免疫力低下而致免疫失败。

四、抗病育种在疾病防治中的应用

猪的免疫力可分为先天性和后天获得性两种，先天性免疫是动物在种族进化过程中，机体长期与病原体作斗争而建立起来的天然的防御机能。不过，非特异性免疫中只有一部分是由先天性决定的，在后天因素中一些免疫佐剂如卡介苗、聚肌胞以及中药制剂的应用也可增强机体的非特异性免疫力。

遗传因素在疾病的发生发展中扮演着相当重要的角色，不同品种的猪对传染病的易感性不同，或易于发生某种遗传性疾病。遗传病是由于遗传物质在结构或功能上发生了改变，从而使其发育不全。另外，有一部分疾病是环境与遗传共同作用产生的。抗病力可分为特殊抗病力和一般抗病力两种，它们具有不同的遗传机制。特殊抗病力是指家畜对某种特定疾病或病原体的抗性。现有的研究表明，特殊抗病力的内在机制是由于寄主体内存在或缺少某种分子或受体，这种分子有以下几方面的作用：①决定机体识别异体反应；②决定病原体的特殊附着力，即是否能进入寄主；③传染因子进入体内，在体内增殖时，决定是否进入导致寄主发病。例如，仔猪小肠黏膜绒毛上皮细胞的 K88 受体决定着纤毛抗原为 K88 的致病性大肠杆菌是否能吸附在小肠黏膜，而仔猪中是否有 K88 受体是由该个体一对等位基因决定的。K88 受体阳性是显性基因，如果某一仔猪的这对等位基因是阴性纯合子，那么这个仔猪的肠黏膜上不具有 K88 受体，就可免受大肠杆菌感染。

一般抗病力不限于抗某种特定病原体，它受多基因及环境的综合影响，而很少受传染因子的来源、类型和侵入方式的影响。一般抗病力的大小由遗传因素决定的部分可用遗传力表示。猪对于不同疾病抗性的遗传力亦不同。

鉴于遗传因素在疾病抗性中的作用，许多单位开展了抗病育种研究。目前主要通过三种途径进行抗病品种（品系）的选育：①根据牧场疾病记录直接选择。②采用遗传辅助选择。③转基因战略。

尽管抗病育种研究中存在相当多的困难，但也存在着巨大的潜在效益，如可为养猪业节约一部分生物制品和药物费用，因而人们还是投入了极大的热情去研究，并取得了一些可喜的进展。

第二节　养猪场药物治疗基础

一、药物基础知识

药物是指用来预防、治疗、诊断疾病的一类化学物质，也包括用以促进动物生长、繁殖和生产性能的一些物质。

化学治疗是指使用化学药物抑制或杀灭机体内的病原体及癌细胞，控制动物感染性疾病或治疗、缓解癌症的一种疗法。用于化学治疗的药物统称为化学治疗药物，简称为化疗药。引起动物感染性疾病的病原体包括细菌、真菌、病毒和寄生虫，所以，抗细菌药物、抗真菌药物、抗病毒药物、抗寄生虫药物，以及抗癌药物都属于化疗药。由于目前发现对动物安全而对病毒有杀灭作用的药物品种有限，所以，动物的病毒性疾病一般是使用疫苗进行免疫预防，而控制细菌性和寄生虫性疾病则主要使用化疗药。

所有药物如用量过大或用法不当都会对猪产生毒性，甚至引起死亡。所以，应用药物防治猪病时，只有科学合理地选择与正确使用药物，才能保证安全有效。

理想的化疗药物应具备下列条件：一是对病原体具有高度的选择毒性，二是对机体毒性很低或无毒，三是能够提高机体的防御机能。

化疗指数是反映药物毒性大小的指标，一般以动物的半数致死量和半数有效量之比表示，化疗指数越大，表示药物毒性越小，安全度越高，临床应用价值越高。一般认为，抗菌药物的化疗指数只有大于3，才有实际应用价值。例如氟喹诺酮类抗菌药物的化疗指数高达50~100，说明在临床上应用这类药物是十分安全的。

反映抗菌药物抑制或杀灭病原微生物能力的指标可以用最小抑菌浓度和最小杀菌浓度表示。能够抑制培养基内细菌生长的最小浓度称为最小抑菌浓度，能够杀灭培养基内细菌生长的最低浓度为最小杀菌浓度。例如氟喹诺酮类药物中，恩诺沙星对大部分革兰阴性细菌的最小抑菌浓度为0.5～0.05微克/毫升。

抗菌谱可以反映抗菌药物的抗菌品种和范畴，广谱抗菌药物对多种不同种属的细菌都有抑制或杀灭的作用，如四环素类、氯霉素类、第三代头孢菌素、氟喹诺酮类、磺胺类；窄谱抗菌药物是指对某个菌种或某个属的细菌有抑制或杀灭作用的药物，例如青霉素G只对革兰阳性菌（G^+）有作用，链霉素只对革兰阴性菌（G^-）有作用。

耐药性又称抗药性，它是反映一个化疗药物对细菌是否再敏感的术语。当病原体与化疗药多次接触后，对药物的敏感性逐渐降低甚至消失，导致化疗药物对耐药菌的疗效降低或基本无效。细菌对药物产生耐药性的方式主要有：①细菌产生分解代谢抗菌药物酶（如耐青霉素金黄色葡萄球菌产生β－内酰胺酶）。②细菌改变自己的代谢途径（耐磺胺类药物的病原菌）。③质粒传导等。某种病原体对某一类的某种化疗药产生耐药后，往往对其同一类的药物也具有耐药性，这种现象称为交叉耐药性。例如大肠杆菌对磺胺嘧啶获得耐药性后，对其他的磺胺药亦同时产生耐药性。所以临床上治疗感染性疾病时，发现某种细菌对某种药物已经耐药，不要再选择同类药物中的其他药物治疗，而应该选择其他作用机制不相同的药物。

二、给药方法

不同的给药方法，常常影响药物的吸收速度、吸收量以及血液中的药物浓度，因而也影响药物作用的快慢与强弱，甚至改变药物作用的性质（如硫酸镁内服可导泻，静脉注射则有抑制神经中枢的作用），所以在对猪给药时，应根据猪病的具体情况或需要而选择给药方法。

（一）个体给药方法

1. 口服给药：药物用灌服或胃管经口灌服后，主要在小肠吸收，因而可治疗全身感染，常用于慢性疾患。内服给药也适用于在胃肠道难以吸收从而发挥局部作用的药物，如肠道抗菌药、驱虫药、泻药等。

2. 注射给药：将药物注射到肌肉、皮下、静脉、腹腔内防治猪病的方法，临床上最为常用，常用于急性严重病例的治疗。

（1）肌内注射：多在神经末梢少、血管丰富的臀部或颈部进行注射。吸收速度较静脉注射慢，但比皮下注射快，疼痛较轻。注射水溶液可在局部迅速散开，吸收较快；注射混悬液或油溶液等长效制剂，多形成贮库后再逐渐散开，吸收较慢，维持作用的时间较长。

（2）皮下注射：皮下注射的药物经皮下毛细血管或淋巴管缓缓吸收，其发挥药效的时间比肌内注射慢，但药效较持久。

（3）静脉注射：优点是作用迅速（在数分钟内或立即产生药效），剂量准确，疗效可靠，主要用于急性疾病的治疗。但油剂、混悬液不可静脉注射。注射液必须澄清、无异物或热原，注射时勿使气泡进入静脉，较大剂量的液体药物和钙制剂宜采用静脉滴注，速度不可过快。多种注射液混合静脉注射时，应注意配伍禁忌。

（4）腹腔注射：多用于不能内服或静脉注射时，但又必须补充大量营养性液体的病猪，腹腔感染时亦可注射化学治疗药物，但腹腔不能注射刺激性药物。

（二）群体给药方法

群体给药是将药物均匀地拌入饲料或将药物溶解到猪的饮水中，猪通过采食或饮水而服用药物，主要用于群防群治。但对病重猪食欲降低、饮水减少时则不宜此法给药。

1. 拌料给药：通常先计算全群猪总体重以及全群猪一天所需要的药物剂量，再计算出一天的吃料量，然后将一天剂量的药物逐级（由少到多）均匀地加入到全群猪一天所吃的饲料内，猪通过吃食而服用药物。拌料给药时药物与饲料必须充分混匀，尤其是一些安全范围小和用量较小的药物，一定要与饲料混匀，切忌把全部药量一次加入到所需饲料中，导致药物在饲料中不能混匀，这样或许造成药量过小起不到药理作用，或许造成药量过大而导致中毒或死亡。

2. 饮水给药：适用于猪群发病、食欲降低而仍能饮水时。计算药量、体重、饮水量和拌料给药方法相同，只是将药物溶解到饮水中。为了保证饮水给药的疗效，饮水给药之前，应让整群猪停止饮水一段时间，一般冬、春季节停水 2～3 小时，夏季停水 1～1.5 小时，然后换上加有药物的饮水，以确保猪能喝到带有药物的饮水。

饲料或饮水中添加用药的特点是：能够对整个猪场的疾病进行群防群治，便于宏观控制；方便经济，对于细菌感染性疾病，不需要花时间和精力对每只猪进行注射或内服给药；减少对猪的刺激，降低猪应激性疾病的发生；通过长期连续或定期间断性混饲或混饮用药，能根治某些顽固性细菌性疾病。

三、药物的防治作用与不良反应

（一）防治作用

用药后能起到防治猪病效果的称防治作用。在群体猪都给药的情况下则是有病治病，无病防病，防和治是一体的，很难区分为预防或治疗。治疗作用可分为对因和对症。对因治疗是对疾病原因的药物治疗，目的在于消除病因，又称治本。对症治疗是对疾病症状的药物治疗，目的在于改善或减轻症状，又称治标。对因治疗和对症治疗是相辅相成的，不可偏废。

（二）不良反应

药物在防治猪病时，可能产生与治疗无关的或对猪体有害的作用，即为药物的不良反应。包括副作用、毒性作用和过敏反应。

第三节　病料的采取、保存和送检

在兽医临床上，经常会遇到要采取病料送至兽医实验室进行进一步诊断的情况，因此，应根据送检目的的不同，进行病料的采取和保存。

一、病料的采取和寄送

1. 生物检验材料的采取和寄送：采取病料应于病猪死后立即进行，或于病猪死前扑杀后采取，尽量避免外界污染，用无菌操作采取所需组织，采后放在预先消毒好的容器内。所采取组织的种类要根据检查目的而定。例如，急性败血性疾病可采心血、脾、肝、肾和淋巴结等。有神经症状的病猪可采脑和脊髓等。心血、浆膜腔积液可用消毒吸管或注射器吸取，脓汁和阴道分泌物可用消毒棉球收集后放于消毒试管内。如果怀疑是病毒性疾病，可将所采取的组织放入50%甘油盐水溶液中，不同病料要分装，不可混合。血液涂片和组织触片固定后，可在玻片间用火柴梗隔开后包扎寄送。

2. 中毒病料的采取和寄送：采集肝、胃等脏器的组织、血液和较多的胃肠内容物，装入清洁的容器内，并注意切勿与任何化学试剂接触和混合，密封后在冷藏条件下（装有冰块的保温瓶）送出。

3. 病理组织学检验材料的采取和寄送：为了查明病因，做出正确诊断，需采取病理组织检验材料，进行切片的显微镜检查。而病理组织学诊断的正确与否，在很大程度上取决于材料的采取与固定。

病理组织材料的采取，在可能条件下，不管肉眼病变有无，要做到系统、全面，才不致有所遗漏。特别是在病情不明的情况下，更应如此。但有时也可根据剖检所见和疑似病变等具体情况，有重点地采取组织。

所用刀剪要锐利，切割的组织要具有代表性，应包括病变组织及其附近不见病变的组织，而且要包括器官的重要结构部分。例如，肾脏应包括皮质、髓质和肾盂，肺、肝、脾应包括被膜，较大而重要的病变，可多取几块，以提示病变的发展过程。

采取的组织块厚度一般不超过5毫米，面积应在1.5～3平方厘米，切面要平整。但通常第一次所取组织块要大些。以便固定后，再重新修整组织块，同时，还可留下部分组织作备用。

所取组织块通常固定在不少于5～10倍以上体积的10%福尔马林溶液中，容器底部垫上脱脂棉，以防组织固定不良和变形。当组织漂浮于固定液面时，可覆盖脱脂棉或纱布。胃肠、胆囊、膀胱等黏膜组织切取后，将浆膜面贴于硬纸上，徐徐放入固定液中。切勿用手触及黏膜，也不要用水冲洗，以免改变其原有的颜色和微细结构。固定时间为12～24小时。当组织块很多，为避免混淆，可将组织块分类固定，几个病例的材料放在同一容器时，应先将每一病例的组织块附以标签，分别用纱布包好，再放入固定液中。

二、细菌分离培养和鉴定用病料的采集和运送

对动物进行病原检查，病料的采集和运送是否得当，是关系到能否分离到病原菌的关键。因此应充分了解各种病菌（目的菌）在被检动物体内及分泌物和排泄物中的分布情况，不同病原菌在患病动物体内分布情况不同，即使是同一种病原菌，在疾病的不同时期和不同的病型中分布也不同。在采取病料前，必须对被检动物可能患有何种疫病做出初步诊断，根据国际标准或官方采样程序采样。采取病料所用器械都应事先消毒，确保无毒无菌，采样时应无菌操作。如果动物已死亡，取样应注意如下几点：①对急性死亡的动物，从耳尖或四肢末梢血管取血制成涂片，染色镜检，在排除炭疽后方能剖检取样；②采取病料的时间，原则是越早越好，夏季要在动物死亡后2小时内采取病料；③为了提高病原微生物的阳性分离率，采取的病料要尽可能齐全，除了内脏、淋巴结和局部病变组织外，还应采取脑组织和骨髓，以防遗漏；④认真填写好病料送检单和剖检病理变化记录。下面简单介绍病料的采取方法。

1. 内脏器官：采取心、肺、肝、脾、肾等有病变的组织及其淋巴结，无病变时也要采取，无菌剪取1～2厘米大的方块，分别装入灭菌容器内。

2. 血液：要全血时，无菌采取血液10毫升，立即注入装有0.5%肝素溶液0.1毫升或7%柠檬酸钠溶液1毫升的灭菌试管内，并立即混合均匀。分离血清时，将无菌采取的血液直接注入灭菌试管，待血液自然凝固后分离血清。从尸体采取血液时，可用灭菌注射器或吸管从右心房抽取。

3. 粪便：可用棉拭子插入肛门蘸取，或扑杀病猪后由肠管采取，立即放低温下保存。

4. 脓汁：先将表面清洁消毒，然后以灭菌注射器或吸管抽取深部的脓汁；若是开口化脓灶或皮肤、黏膜表面化脓，可用灭菌棉拭子浸沾脓汁后，放入试管中。

5. 皮肤和黏膜：采取病变局部的皮肤和黏膜及其所属淋巴结，放入甘油溶液中。

6. 脑和脊髓：无菌采取脑及脊髓1~2厘米大的方块，放入甘油盐水溶液中。

7. 胆汁：用灭菌注射器抽出后放入灭菌试管中。

8. 肠和胃：剪取有病变的部位，也可将肠管一段（6~8厘米）用线扎紧两端后剪下送往实验室。

9. 乳汁：先用消毒药液洗净乳头及其周围，弃去最初挤出的几滴乳汁，然后采乳约10毫升放入灭菌试管内。

10. 流产胎儿：可将整个胎儿用塑料薄膜包紧，装入箱中送检。

三、病毒分离用样品的采集与保存

所有样品的采集运输与保存都应按国际标准或官方采样程序进行。采集用于病毒分离样品，其原则是尽可能采集新鲜样品。最理想的时期，是在机体尚未产生抗体之前的疾病急性期。濒死动物的样品，或死亡之后立即采集的样品也有利于病毒分离。采集样品的选择一般是：呼吸道疾患采集咽喉分泌物；中枢神经疾患采集脑脊髓液；消化道疾患采集粪便；发热性疾患和非水疱性疾患采集咽喉分泌物、粪便及全血；水疱性疾患采集水疱皮和水疱液。若是尸体剖检后采集样品，一般是采集有病理变化的器官或组织。不同的病毒病采集的样品各有不同，样品的采集对于疾病的检测与定性非常重要。

1. 血液样品：每个病猪抽取10~15毫升全血，使其自然凝固分离血清，将血清置灭菌瓶中于低温冰箱中保存，待2~3周后再抽血一次分离血清。有时也用柠檬酸钠或肝素抗凝血或脱纤血进行病毒分离或血细胞分类。

2. 组织器官样品：死后立即采集，直接放入灭菌瓶中，不加防腐剂。若样品不能当天使用，有些可用50%的缓冲甘油（pH值为7.2的Hank's平衡盐溶液或PBS配制，含复合抗生素）保存。绝大多数病毒是不稳定的，样品一经采集要尽快冷藏。现场采集样品要尽快用冷藏瓶（加干冰或水冰）将样品送到实验室检验或放置低温冰箱保存。如使用干冰应特别注意将样品严密封好，以防二氧化碳窜入样品，因为有的病毒对酸很敏感（如口蹄疫病毒）。如无法获得干冰或水冰，可用冷水加氯化铵按3∶1倒入冷藏瓶中，溶解后将密封好的样品放入其中。不能得到及时检验的样品，一般要保存于－70℃以下。一般忌放于－20℃（该温度对有些病毒活力有影响）。

3. 粪便样品：直接放入灭菌试管中或对半加入含复合抗生素的上述平衡盐溶液。

4. 喉、鼻咽或直肠拭子：将其放入灭菌试管中，加入含e稳定剂（0.5%的明胶或牛血清白蛋白）和复合抗生素、Hank's平衡盐溶液（pH值为7.2）2毫升。

5. 尿或腹水等体液：直接收入灭菌瓶中。

四、血清学试验材料的采取和寄送

（一）血样制备注意事项

1. 在疾病发展期的病猪耳静脉和前腔静脉采血，或在刚死尸体的心脏内采血，采血量3~5毫升即可满足常规血清学检验的需要。

2. 利用一次性注射器采血后，要使注射器内留有一定的空隙便于析出血清。也可注入消毒干燥的试管内使其凝结。

3. 采血后把血样可先置室温 2 小时或 37 ℃温箱 1 小时，以利于血液的凝固，析出血清。

4. 有条件的单位可自己分离出血清送检以减少红细胞的破裂溶血。

5. 血清应在冷藏条件下送往实验室，最好在 3 天以内送检以防止血清抗体效价降低，导致诊断误差的出现。

（二）送检血清注意事项

1. 明确送检目的，是抗体监测还是疾病的诊断。

2. 抗体的监测把各阶段的猪只随机有代表性的采血即可。疾病感染的检测对于血清样品有一定的要求，恰当选样有助于结果的诊断，像弓形虫，一般母猪为合适的送检样本，因为其感染率较高。

3. 疾病的诊断一般采集的为发病猪只的血样，但为便于结果的分析比较，健康无病的猪只也要抽检几份。

4. 对于送检血清的背景一定要清楚，如疫苗的注射情况、发病猪只的剖检情况、用药情况，便于有针对性地进行检测和结果分析。

第四节　养猪场主要疾病的诊断与监测

采用免疫学技术（检测抗原或抗体）定期对猪场进行监测，可以达到几个目的：及早发现疾病（抗原或抗体出现）；对某种疾病作回顾性诊断，了解本场曾经发生过何种疾病，如轮状病毒感染。正确了解并评估免疫状态，以便掌握猪场中传染病和寄生虫病的流行和分布，及早制订合理的免疫程序；类症的鉴别诊断。对粪便中寄生虫种类的定性和定量分析，也可掌握猪场中寄生虫病的流行和分布，及早合理使用抗寄生虫药物作预防和治疗。

总之，这项工作对于养猪场是非常有利的，在疾病防治中达到心中有数，有的放矢，避免盲目，应该大力提倡，逐步完善。如果条件不具备，可与科研院所结合，委托进行监测。

对于不同的猪场，受威胁的疾病种类也不尽相同，但一些疾病如猪瘟、口蹄疫、伪狂犬病、细小病毒、乙型脑炎、弓形虫病等，是每个猪场都回避不了的问题，而一些疾病如萎缩性鼻炎、气喘病、胸膜肺炎、大肠杆菌病等在不同的猪场只是流行程度不同而已。一些常见疫病的实验室检测方法和判定标准见本书第三章第四节。

第五节　养猪场兽医诊断室的建立

一、实验室功能划分

诊断检测实验是涉及多学科的一项综合性工作，根据检测目的不同，可能需要进行细菌学、病毒学、免疫学、分子生物学、生物化学等各方面的工作。因而，诊断检测实验室应至少设有病理学诊断室、血清学诊断室、病原学诊断室和分子生物学诊断室。如有条件，还可将上述实验室进一步细化，如将病原学实验室分为细菌学诊断室、病毒学诊断室、寄生虫学诊断室等。同时，应设立相对独立的共用仪器室，以利于共用仪器的使用与管理。另外，应设相对独立的业务接待室和样品处理室，专门负责病例样品的登记、处理、保存与管理等。

诊断室应按照其工作领域、诊断功能来配置仪器。在选用仪器时，应根据实际工作的需要，在充分了解其同类产品的性能和特点后加以选定；有的产品，除主要部件外，还有系列的配件和附件，以充分发挥其功能或扩展其功能。如一台功能齐全的倒置显微镜，可包括普通光源功能、相差功能、恒温功能、显微拍照功能和显微摄像功能等；再比如离心机应有足够转头。在购置仪器时，一方面应考虑有足够的配件，提高仪器性能；另一方面从经济角度考虑不应盲目求全，而应有目的地选择。有的仪器自动化程度比较高，操作方便，但价格昂贵，可根据实验室的工作量来确定。若工作量不饱和，应适当选用自动化程度稍低但能达到检验目的的产品。有的大型仪器利用率很低，而在社会上可以有偿使用的，则不提倡购置，以免投入不必要的维护管理成本。

二、与仪器设备的配置

除各室必备的加样器（移液器）、冰箱（柜）及各种易耗品外，各诊断室配备的主要仪器设备如下：

（一）病理学诊断室

应配备的主要仪器有：石蜡切片机、冷冻切片机、磨刀机、显微镜（带荧光功能）等。

（二）血清学诊断室

应配备的主要仪器有：酶标仪（酶联检测仪）、酸度计、洗板机、台式高速冷冻离心机、培养箱（生化型）、微量振荡器、多道加样器、旋涡混合器等。

（三）病原学诊断室

应配备的主要仪器有：恒温培养箱、二氧化碳培养箱、普通生物显微镜、倒置显微镜、超净工作台、酸度计、离心机、旋涡混合器、超声裂解仪等。

（四）分子生物学诊断室

应配备的主要仪器有：PCR 仪、电泳仪、超净工作台、离心机、紫外透射仪。有条件还可配置凝胶成像分析系统等。

（五）共用仪器室

应配备的主要仪器有：纯水机、电子天平、制冰机、超高速离心机、分光光度计等。

（六）洗涤消毒室

应配备的主要仪器有：高压灭菌锅、电热鼓风干燥箱、超声波清洗机等。

第六节　养猪场疫病防控常用生物制品及应用

一、猪场常用疫苗的种类

目前所使用的猪疫苗有弱毒苗、灭活苗、亚单位苗和基因工程苗，前两者使用较多。在生产实践中，要根据不同的情况科学选用疫苗，总的原则是安全性好、免疫期长。

（一）弱毒活疫苗

弱毒活疫苗指通过人为的方法将强毒致弱，使其毒力降低，但仍保持免疫原性，作为疫苗毒株，用于猪群的免疫。致弱的途径多种多样，有的是将强毒通过非易感染动物连续传代而获得，如猪瘟兔化弱毒苗是将猪瘟病毒连续通过兔体传代而致弱的。而有的是用理化方法，如紫外线致其突变而获得，乙脑2株至8株就是这样得来的。活疫苗的特点是用量少，产生免疫力快，成本低而价廉，有些弱毒苗可刺激机体产生干扰素，抵抗其他野毒的感染。但有时存在毒力返强的危险，因而选育过程是极为关键的，某些疾病应慎重选择。

基因缺失疫苗能诱导猪产生抵抗力，还能通过检测血清中相应的缺失蛋白抗体，为区分野毒感染猪和疫苗接种猪提供了技术上的可能。在这方面，猪伪狂犬病基因缺失苗的研制和应用是一个成功的例子。

此外，用病毒作载体表达多种动物病原的保护性抗原基因制成的多价疫苗，真正达到一针防多病的目的，避免了传统的多联苗可能存在的问题，如各个抗原成分不足或抗原之间互相干扰。大肠杆菌基因工程疫苗，是将编码纤毛抗原K88、K99、987P或肠毒素（LT）基因克隆到质粒，再转化不致病的大肠杆菌，让猪口服此菌免疫，较好地阻止了大肠杆菌病的发生。总之，现代基因操作原理和技术的不断发展和进步，向研究新型疫苗展示了美好的前景。

（二）灭活疫苗

灭活疫苗是指用化学灭活剂如福尔马林、烷化剂、乙酰乙烯苯胺（AEl）和β-丙烯内脂（β-PL）等常用灭活剂将病原微生物温和地杀死，但仍能保持其免疫原性。灭活苗无毒安全，不存在返强，但免疫剂量大，产生免疫效果的速度不如弱毒活苗。根据在制备灭活苗过程中是否使用佐剂及其佐剂的类型可将灭活苗分为以下几种类型。

1. 氢氧化铝灭活苗：用氢氧化铝作为佐剂，如猪丹毒氢氧化铝灭活苗、猪肺疫氢氧化铝灭活苗等。

2. 油乳剂灭活苗：采用矿物油作为佐剂与抗原乳化而成。目前油乳剂苗有单相苗即油包水乳剂（W/O）和双相苗［水包油包水（W/O/W）］如细小病毒灭活苗、伪狂犬病灭活苗、猪萎缩性鼻炎灭活苗、口蹄疫灭活苗等。

3. 组织灭活苗：采用病猪的组织（病原微生物含量最多的组织），捣碎后加入灭活剂，在37 ℃温箱中彻底灭活后，经检验合格的作为紧急接种。这种灭活苗制备较为简便，周期短，可用于发生原因不明或血清型较多或亚型、变异株所致的烈性、急性传染病的紧急预防。但随后应尽力确诊或分离出病原，以便将病原增殖后再制成疫苗，毕竟病猪的组织来源有限，而且代价太大了。需要强调的是制备组织灭活苗时，必须灭活彻底，避免接种时人为的散播尚未灭活的病原。需要说明的是，使用自家组织灭活苗并非上策，而且并非对所有的疾病都有效。

二、养猪场常用生物制品及应用

（一）猪瘟活疫苗（细胞源）

1. 主要成分与含量：含猪瘟兔化弱毒，每头份疫苗含猪瘟兔化弱毒细胞培养液至少0.015毫升。

2. 性状：乳白色海绵状疏松团块，易与瓶脱离，加稀释液后迅速溶解。

3. 作用与用途：用于预防猪瘟。注射疫苗 4 日后即可产生免疫力，断奶后无母源抗体仔猪的免疫期为 1 年。

4. 用法与用量：肌内或皮下注射。按瓶签注明头份，用等量无菌生理盐水稀释。大小猪均 1 毫升。在没有猪瘟流行的地区，断奶后无母源抗体的仔猪，注射 1 次即可。有疫情威胁时，仔猪可在 21 ~ 30 日龄和 65 日龄左右时各注射 1 次。断奶前仔猪可接种 4 头份疫苗，以防母源抗体干扰。

5. 贮藏与有效期：－15 ℃以下避光保存，有效期为 18 个月。

（二）猪瘟耐热保护剂活疫苗（兔源）

1. 主要成分与含量：含猪瘟兔化弱毒。每头份淋脾苗含组织毒至少 0.01 克，每头份乳兔苗含组织毒至少 0.015 克。

2. 性状：本品为淡红色海绵状疏松团块，易与瓶壁脱离，加稀释液后迅速溶解。

3. 作用与用途：用于预防猪瘟。

4. 用法与用量：肌内或皮下注射。瓶签注明头份加生理盐水稀释，大小猪均 1 毫升。在没有猪瘟流行的地区，断奶后无母源抗体的仔猪，注射 1 次即可。有疫情威胁时，仔猪可在 21 ~ 30 日龄和 65 日龄左右时各注射 1 次。断奶前仔猪可接种 4 头份疫苗，以防母源抗体干扰。

5. 贮藏与有效期：在 2 ~ 8 ℃或－15 ℃以下保存，有效期为 24 个月。

（三）猪瘟、猪丹毒、猪肺疫三联活疫苗

1. 主要成分及含量：含猪瘟兔化弱毒、猪丹毒杆菌 G4T10 弱毒、猪源多杀性巴氏杆菌 E0630 弱毒。猪瘟兔化弱毒细胞培养液每头份不低于 0.015 毫升；猪丹毒杆菌 G4T10 弱毒活菌数每头份不低于 5 亿个；猪源多杀性巴氏杆菌 E0630 弱毒活菌数每头份不低于 3 亿个。

2. 性状：本品为淡红或淡褐色海绵状疏松团块，易与瓶壁脱离，加稀释液后迅速溶解。

3. 作用与用途：用于预防猪瘟、猪丹毒、猪多杀性巴氏杆菌病（猪肺疫）。猪瘟免疫期为1年，猪丹毒和猪肺疫免疫期为6个月。

4. 用法与用量：肌内注射。按瓶签注明头份用等量无菌生理盐水进行稀释（1头份加入1毫升稀释）。断奶半个月以上的猪，按瓶签注明头份，不论猪只大小，每头1毫升。

5. 贮藏及有效期：-15℃以下，有效期为12个月；2~8℃为6个月。

6. 注意事项：免疫前7天、免疫后10天内均不应喂含任何抗生素的饲料。

（四）猪口蹄疫O型灭活疫苗（Ⅱ）

1. 主要成分与含量：含O型口蹄疫病毒，灭活前的病毒滴度至少为$10^{7.5}$LD50或$10^{8.5}$TCID50/头份。

凡有“206”标记的疫苗是指用法国SEPPIC公司进口的Montanide ISA206佐剂配制而成的高效双相油乳剂疫苗。

2. 性状：本品为乳白色或淡红色略带黏滞性的均匀乳状液，久置后，上层有少量油析出，底部有微量水析出，摇之即呈均匀乳状液。

3. 作用与用途：用于预防猪O型口蹄疫。注射后15日产生免疫力，免疫期为6个月。

4. 用法与用量：耳根后肌内注射。体重10~25千克的猪，每头1毫升；体重25千克以上的猪，每头2毫升。

5. 贮藏与有效期：在2~8℃避光保存，有效期为1年。

使用本疫苗的地区，应选择一定数量猪（约30头）进行小范围试用观察3~6日，确认无严重不良反应后，方可扩大接种面。

（五）口蹄疫O型、亚洲Ⅰ型二价灭活疫苗

1. 主要成分与含量：含灭活的口蹄疫O型病毒及亚洲Ⅰ型病毒，灭活前的病毒滴度至少为$10^{7.5}$ TCID50/毫升或$10^{7.0}$ LD50/0.2毫升。

2. 性状：本品为乳白色或淡红色黏滞性乳状液。

3. 作用与用途：用于预防家畜口蹄疫O型及亚洲Ⅰ型。

4. 用法与用量：猪耳根后肌内注射。成年猪，每头2毫升；仔猪，每头1毫升。

5. 不良反应：注射部位肿胀，体温升高，减食或停食1～2日。随着时间的延长，反应逐渐减轻、消失。

6. 注意事项：本疫苗适用于接种疫区、受威胁区、安全区的动物。紧急预防接种时，应从安全区到受威胁区、然后到疫区。非疫区的动物，接种疫苗21日后方可移动或调运。

（六）猪伪狂犬病活疫苗（HB－98株）

1. 主要成分及含量：含猪伪狂犬病病毒（HB－98株）双基因缺失株，每头份病毒含量大于或等于$10^{5.0}$TCID50。

2. 性状：本品呈乳白色或浅黄色疏松团块，加专用稀释液或生理盐水后迅速溶解。

3. 作用与用途：用于预防猪伪狂犬病毒引起的猪繁殖障碍及呼吸系统疾病。

4. 用法与用量：按瓶签注明头份，用专用稀释液或灭菌生理盐水稀释，皮下或肌内注射1毫升（1头份）。

5. 贮藏与有效期：在－20℃以下，有效期为18个月。

6. 推荐免疫程序：PRV抗体阴性仔猪，在1～3日龄滴鼻免疫或肌内注射免疫，6～8周后加强免疫1次；具有PRV母源抗体的仔猪，在45日龄左右肌内注射免疫。经产母猪，每4个月免疫1次或产前14～21天免疫1次。后备母猪，6月龄左右肌内注射1次，间隔1个月后加强免疫1次，产前1个月左右再免疫1次。种公猪每年春、秋季各免疫1次。

（七）伪狂犬病活疫苗

1. 主要成分及含量：含伪狂犬病病毒TK/gG双基因缺失株，每头份病毒含量不低于$10^{5.0}$ TCID50。

2. 性状：本品呈乳白色或浅黄色海绵状疏松团块，加生理盐水或稀释液后迅速溶解。

3. 作用与用途：用于预防猪伪狂犬病。

4. 用法与用量：按瓶签注明头份，用灭菌生理盐水或稀释液（PBS）稀释，每毫升1头份。滴鼻或肌内注射免疫，乳猪第一次注射免疫为0.5毫升，其他猪注射免疫或滴鼻免疫为1毫升。

5. 贮藏及有效期：在－20 ℃以下，有效期为18个月，在2～8 ℃为9个月。

6. 推荐免疫程序：PRV抗体阴性仔猪，在出生后1周内滴鼻免疫或肌内注射免疫；具有PRV母源抗体的仔猪，在断奶时肌内注射免疫。经产母猪每4个月免疫1次。后备母猪6月龄时肌内注射1次，间隔1个月后加强免疫1次，产前1个月左右再免疫1次。种公猪每4个月免疫1次。

（八）猪繁殖与呼吸综合征活疫苗

1. 主要成分及含量：含猪繁殖与呼吸综合征病毒HuB 20株，病毒含量不低于$10^{4.0}$ TCID50/头份。

2. 性状：本品呈乳白色或浅黄色海绵状疏松团块，易与瓶壁脱离，加稀释液后迅速溶解。

3. 作用与用途：用于预防猪繁殖与呼吸综合征。

4. 用法与用量：按瓶签注明头份，用稀释液稀释，颈部肌内注射1头份（1毫升）。推荐免疫程序为：未接种猪繁殖与呼吸综合征疫苗的母猪所产仔猪，7～10日龄首免，1个月后加强免疫1次；猪繁殖与呼吸综合征疫苗免疫的母猪所产仔猪在3～4周龄时免疫1次；母猪配种前1个月左右免疫1次，公猪1年免疫2次。

5. 贮藏与有效期：避光保存，在－20 ℃以下有效期为18个月。

（九）猪繁殖与呼吸综合征灭活疫苗

1. 主要成分与含量：含灭活的猪繁殖与呼吸综合征病毒，灭活前病毒含量不低于$10^{4.5}$ TCID50/0.1毫升。

2. 性状：乳白色均匀乳剂。

3. 作用与用途：用于预防猪繁殖与呼吸综合征。

4. 用法与用量：使用前平衡至室温并充分摇匀。颈部耳后肌内注射。不论猪只大小，各种猪均注射1头份，每头份2毫升。种公猪每半年免疫1次；后备母猪在经过2次基础免疫（中间间隔4~6周）后每胎在配种前10~15天免疫1次，产前1个月再加强免疫1次；仔猪及育肥猪只免疫1次，首免时间根据母源抗体水平高低而定。

5. 贮藏与有效期：避光保存，2~8℃有效期为12个月。

（十）兽用乙型脑炎活疫苗

1. 产品简介：本品系用流行性乙型脑炎（以下称乙脑）病毒SA103弱毒株接种BHK21细胞培养，收获感染细胞，加适宜稳定剂，经冷冻真空干燥制成。

2. 物理性状：淡黄色海绵状疏松团块，加稀释液后迅速溶解。

3. 作用与用途：用于预防猪乙型脑炎病毒感染所致的母猪流产、死产、木乃伊胎和公猪睾丸炎。

4. 用法与用量：在本病流行前1~2个月，用随本疫苗分发的专用稀释液，按瓶签注明的头份，每头份加入2毫升专用稀释液稀释，摇匀，配种的母猪和公猪每头肌内注射2毫升；采用间隔3~4周作第2次免疫注射，可增强免疫效果。后备母猪、种公猪可在配种前1个月强化免疫1次。

5. 贮藏与有效期：在-15℃以下保存，有效期为18个月。

（十一）猪细小病毒病疫苗

1. 用途：用于预防猪细小病毒病。

2. 用法与用量：皮下或肌内注射，一次量2毫升（母猪于配种前2~3周内注射；种公猪8月龄时注射，以后每年1次）。免疫期为1年。

3. 注意事项：2~8℃保存。宰前21天禁用。

（十二）仔猪副伤寒弱毒冻干苗

1. 性状：灰白色海绵状疏松团块，易与瓶壁脱离，加稀释液后迅速溶解。

2. 用途：预防仔猪副伤寒。

3. 用法与用量：临用前，用20%氢氧化铝胶生理盐水稀释。肌内注射（耳后浅层）仔猪1毫升。免疫期为6个月。

4. 贮藏与有效期：-15℃保存12个月；2~8℃保存9个月；25~30℃保存10天。

5. 注意事项：本疫苗亦可口服，但注明口服者不能注射用。

（十三）抗猪瘟血清

1. 性状：略带棕红色的澄明液体，外置后瓶底有少量灰白色沉淀。

2. 用途：用于猪瘟的紧急预防及治疗发病初期的猪瘟病猪。

3. 用法与用量：皮下或肌内注射。预防量：体重20千克以下，注射15~20毫升；20千克以上，每千克体重注射1毫升。治疗剂量加倍，次日再重复注射1次。如有必要亦可将澄明血清作静脉注射。

4. 贮藏与有效期：2~15℃冷暗处保存36个月。

（十四）排疫肽（免疫球蛋白溶液）

1. 主要成分：免疫球蛋白。

2. 性状：无色或淡黄色液体。

3. 作用机制：含有高浓度的免疫球蛋白，包括：IgG、IgA、IgE、IgM、IgD。IgG在免疫过程中占主导地位，具有抗病毒、抗外毒素等多种活性；IgA作为主要免疫球蛋白，在保护肠道、呼吸道、泌尿生殖道、乳腺、五官等黏膜器官免受细菌病毒的入侵方面起关键作用，和IgG一起凝集颗粒性抗原，中和多种病毒粒子，增强猪的免疫能力；IgE、IgM、IgD等起抗原受体作用，介导宿主细胞免疫。

4. 作用与用途：常见猪病的应急预防和发病后的治疗，增强免疫，中和病原微生物，提高抗病能力。对猪流感、胃肠炎、流行性腹泻、丹毒、仔猪副伤寒、伪狂犬病等均有明显的预防和治疗效果；增强仔猪体质，提高仔猪成活率；提高抗应激能力，可在长途运输前应用。

5. 用法与用量：皮下或肌内注射，每 50 千克体重注射本品 1 毫升，连用 3 天，重症加量。

6. 贮藏：低温冷冻保存。

7. 注意事项：忌与酸碱溶液一起注射，用前摇匀，开瓶后一次用完。内有轻微混浊为正常，不影响产品品质。

（十五）猪用转移因子

1. 主要成分：转移因子。

2. 性状：无色或淡黄色液体。

3. 作用机制：转移因子为 T 淋巴细胞释放的一种低分子量多核苷酸肽，可将供体的某种特定的细胞免疫功能特异地传递给受体，并能非特异性增强一般细胞的免疫机能。

4. 作用与用途：将供体免疫信息转移给受体淋巴细胞，使之致敏而获得较持久的免疫力。增强机体免疫机能，提高机体抵抗力，减少免疫抑制、免疫麻痹、免疫失败、免疫不全、免疫应激发生的比例。适用于猪慢性病毒病，如猪传染性胃肠炎、细小病毒病、流行性腹泻、圆环病毒病、伪狂犬病、蓝耳病等，配合各种抗生素，可有效控制大肠杆菌病、慢性呼吸道病及其他混合感染。

5. 用法与用量：皮下或肌内注射，每 40 千克体重使用本品 1 毫升。配合活疫苗一起使用，一次即可。预防，每日 1 次，连用 1 ~ 3 次。配合抗菌、抗病毒、解热镇痛药物等使用，每日 1 次，连用 3 天，重症加量。

6. 贮藏：低温冷冻保存。

7. 注意事项：不得与酸碱溶液同时注射；开启后一次用完，有污染勿用；可以和活疫苗同时使用；妊娠、哺乳母猪使用无毒副作用。

三、免疫接种操作规程

1. 猪群的免疫接种工作应指定专人负责，包括免疫程序的制订，疫苗的采购和贮存，免疫接种时工作人员的调配和安排等，接触过病畜的人员，应在更换衣服、鞋帽并经必要的消毒后，方可参与疫苗接种。根据免疫程序的要求，有条不紊地开展免疫接种工作。

2. 疫苗需专人负责保管，活疫苗要求在低温冰冻的条件下运输和贮存，灭活疫苗需在 4 ℃左右的普通冰箱内贮存。

3. 疫苗使用前要逐瓶检查苗瓶有无破损，封口是否严密，标签是否完整，有效日期、使用方法、头份是否记载清楚，要有生产厂家、批准文号和检验号等，以便备查，避免伪劣产品。

4. 灭活油乳剂苗接种前应将疫苗充分摇匀，但不可剧烈振摇，防止产生气泡。

5. 免疫接种工作必须由兽医防疫人员执行，接种前要对注射器、针头、镊子等器械进行清洗和蒸汽消毒。备有足够的碘酊棉球、稀释液、免疫接种记录本和肾上腺素等。

6. 疫苗仅用于接种健康猪。免疫接种前应检查了解猪群的健康状况，对于精神不良、食欲欠佳、呼吸困难、腹泻、便秘、慢性病、寄生虫病、临产母畜及处于疫病潜伏期的猪只暂不能接种。

7. 如果注射的是针对细菌病、支原体的活疫苗，在注射前 3 天后 7 天的时间段，饲料或饮水中不能添加抗菌药物。

8. 要求肌内注射的疫苗操作要点是：用 10 毫升或 20 毫升金属注射器，或连续注射器；注射部位有颈部、臀部和后腿内侧等几处供选择（要求轮换选点，不在一点重复接种）；吸入苗液，排出气泡，调节用量；接种前对术部进行消毒；接种时将注射器垂直刺入肌肉深处；注射完毕拔出针头，消毒、轻压术部。

9. 对哺乳仔猪、保育猪进行免疫接种时，需要饲养员协助保定，保定时应做到轻抓轻放。接种时动作快捷、熟练，尽量减少应激。接种怀孕母猪时，保定和注射动作应轻柔，以免影响胎儿，防止因粗暴操作导致母猪流产。

10. 免疫接种时应按照说明书的要求进行（个别疫苗需增加免疫

剂量)。一旦开封，应于当日用完。每接种一头猪更换一个针头，注射部位先消毒后接种。

11. 疫病暴发时，免疫接种应先从安全区开始，再到受威胁区，最后到疫区。

12. 预防接种最好安排在气候适宜的季节，在猪群喂料以前空肚时进行，如需在炎热季节接种，应选在清晨或者傍晚进行。

13. 接种过程中须做好记录，注明接种猪品种、大小、性别、数量、接种时间、疫苗批号和注射剂量等。在疫苗接种后，观察 7 ~ 10 天，并详细记载有关情况。

14. 免疫接种后 2 小时内要有人巡视检查，遇有过敏反应的猪应立即用肾上腺素等抗过敏药物抢救。

15. 使用后的棉球、用具、疫苗瓶、包装物和未用完的疫苗等应集中进行消毒，不得乱弃，以防污染环境。

第二章　养猪场疫病综合防控体系的建立

第一节　养猪场疫病流行的特点

一、规模化养猪生产疫病流行特点

（一）饲养管理不科学导致疫病增加和流行速度加快

近年来，随着规模化养猪业的快速发展，猪只数量急剧增加，导致疫病在猪群中传播速度增快。而且，规模化养猪实行集约化经营，在生产中逐步应用各种养猪设备对猪群实行高密度大群饲养。高密度集约化饲养，使猪只彼此间距离变小，一些接触传播性疫病的传播变得极其容易，那些在传统养猪业中不易流行的疫病常常暴发流行。最典型的例子为猪疥螨、猪痢疾的发生与流行。与传统养猪业相比较，规模化养猪中猪只在生产中的流动性大为增加，不同来源、不同年龄的猪群之间的疫病水平传播的可能性增大，在各群体中蔓延流行的速度也大大增快。当前我国滞后的良种繁育体系建设，使得不同地域间、不同繁育体系间疫病的传播越来越多。猪痢疾、猪传染性萎缩性鼻炎、伪狂犬病的流行与此是分不开的。“全进全出”是规模化养猪的一项重要技术措施，不但能保证生产的计划性，而且有利于猪群的保健和对疫病的控制、扑灭和净化。但在当前许多猪场由于条件的限制，多采用流水式连续生产方式，各个阶段不能做到彻底空栏、清洗、消毒，使得病原微生物在猪群中持续传播，毒力增强，流行趋势越来越强。在高密度集约化饲养条件下，为了保证猪群的正常生产，必须有效地控制猪舍内的环境，诸如温度、湿度、光照、灰尘和有害气体浓度、病原微生物数量等。猪舍内环境的这些条件一旦达不到要求，极易损害猪的健康，降低其抗病力，病原体就易侵入猪体而导致疫病的发生和流行。规模化养猪业均采用了繁殖性能优良、生长速度快、瘦肉率高、胴体品质好的优良外国猪种，为了保证猪的这些优良品质得到充分发挥，必须供应充足的、营养价值全面的配合饲料，实行标准化饲养。然而由于多数猪场受到资金短缺和饲料市场不规范的困扰，饲料供应常不能满足生产的需要，不仅影响了生产的正常进行，也使得一些非传染性疾病和一些条件性病原体所致疫病极易发生与流行。对猪场污染物如何实行无害化处理，是每一个猪场必须面对的难题。一旦处理不当，就会对人类的生存环境造成巨大的破坏，还会成为有害生物的滋生地、栖息地，也给防疫带来了无穷的隐患。

（二）呼吸道疾病较为突出

近年来，猪呼吸道疾病成为养猪生产中的主要问题。由于生产上发生的呼吸道疾病往往不是单一病因所致，因此称为猪呼吸道疾病综合征。猪呼吸道疾病综合征是由一种或多种细菌、病毒，加上环境应激因素和猪群抵抗力下降等相互作用引起的感染，表现为发热、结膜炎、食欲下降、呼吸困难、喘气、腹式呼吸、咳嗽、消瘦、生长缓慢、死亡率高。规模化猪场几乎都存在呼吸道疾病，发病率通常在30%～60%，死亡率5%～30%，预防和控制都非常困难，给养猪生产造成了巨大的损失。当前，我国猪群中存在的与猪呼吸道疾病综合征相关的疾病主要有猪繁殖与呼吸综合征、猪气喘病、猪圆环病毒Ⅱ型感染、猪伪狂犬病、猪瘟、猪流感、猪传染性胸膜肺炎、猪传染性萎缩性鼻炎及副猪嗜血杆菌病等。引发猪呼吸道疾病综合征的病原体一是原发性感染病原体，二是继发性感染病原体。原发性感染病原体包括猪肺炎支原体、猪繁殖与呼吸综合征病毒、猪圆环病毒Ⅱ型、猪伪狂犬病病毒、猪流感病毒、猪瘟病毒、猪呼吸道冠状病毒、猪传染性胸膜肺炎放线杆菌、猪支气管败血波氏杆菌等；继发性感染病原体主要有副猪嗜血杆菌、猪多杀性巴氏杆菌、猪链球菌、猪沙门杆菌等。除病原体以外，猪群饲养密度过大、不同日龄的猪只混养、猪舍通风不良、环境卫生差、温度变化和猪群免疫功能下降等应激因素成为呼吸道疾病暴发的诱因。

（三）继发感染十分普遍

继发性感染现象在规模化养殖场十分普遍，特别是在猪群存在原发性感染的情况下，一旦应激因素和饲养不良，就容易发生继发感染。如繁殖与呼吸综合征病毒、猪圆环病毒Ⅱ型感染的猪群，可继发猪链球菌病、猪附红细胞体病、仔猪副伤寒、猪巴氏杆菌病、副猪嗜血杆菌感染、猪传染性胸膜肺炎等；在猪支原体肺炎严重的猪场则容易继发猪传染性胸膜肺炎、猪巴氏杆菌和副猪嗜血杆菌感染。

（四）病原体多重感染严重

临床上，动物发病往往不是以单一病原体所致疾病的形式出现，而是两种以上的病原体相互协同作用所致，主要表现为病原体的多重感染、混合感染。尤其在规模养猪场，常导致猪群的高发病率和高死亡率，危害极其严重。在多重感染中，既有病毒的混合感染，也有细菌的混合感染，还有病毒与细菌的混合感染。如猪繁殖与呼吸综合征病毒、猪圆环病毒Ⅱ型、猪伪狂犬病病毒、猪瘟病毒之间的多重感染较为严重。此外，还有猪繁殖与呼吸综合征病毒、猪圆环病毒Ⅱ型、猪伪狂犬病病毒之间的三重感染。在生产实践中，猪肺炎支原体、猪传染性胸膜肺炎放线杆菌、猪多杀性巴氏杆菌的多重感染，猪肺炎支原体、蓝耳病、猪圆环病毒病之间的多重感染也是十分普遍的。这种病原体的多重感染，临床表现复杂，病情严重，临床诊断不易判断，而且实际控制效果也不明显。

（五）繁殖障碍性疾病危害加大

近年来，由于突出的呼吸道疾病问题，掩盖了繁殖障碍疾病的危害。猪繁殖障碍疾病一般分为非传染性与传染性两类。非传染性的主要是先天性繁殖障碍、机能性繁殖障碍、子宫内膜炎、营养性繁殖障碍、应激性繁殖障碍所致；传染性的主要是病毒、细菌等引起。传染性的引起繁殖障碍的疫病主要是猪瘟、猪繁殖与呼吸综合征、猪圆环病毒Ⅱ型感染、猪细小病毒病、猪流行性乙型脑炎、猪流感、猪衣原体病、钩端螺旋体病、弓形虫病、猪伪狂犬病、猪附红细胞体病、布鲁杆菌病所致。

（六）免疫抑制性疾病仍然存在

在引起猪体免疫抑制的因素中，以猪繁殖与呼吸综合征和猪圆环病毒Ⅱ型感染危害最大，被公认为猪的两大免疫抑制性疾病，危害性极大。这两种病毒可直接侵害猪的免疫器官和免疫细胞，造成细胞免疫和体液免疫抑制，使机体抗病能力减弱，整体健康水平下降。在我国猪群中，这两种病毒的感染率都很高，而且在许多猪场呈双重感染，感染率可达50%以上。所以，这两大免疫抑制性疾病的存在是我国近几年来疫病越来越多、复杂程度加剧的根本原因。

（七）疫病防控不到位

规模化养猪业是吸纳了大量先进的养猪技术、采用了全新的养猪工艺设备的密集型产业，各类技术人才短缺是其突出的问题。其中特别是缺乏熟悉规模化养猪疫病防治的兽医技术人员，使得疫病综合防治远远落后于养猪业的发展，培养和训练一支高素质的兽医技术队伍已是当务之急。

二、猪病未来流行趋势

从近年有关疾病的发生和流行情况来看，若上述存在的诸多问题不能得到有效的解决，很可能会导致疾病在今后仍有发生和流行，给养猪业造成更为重大的损失。

（一）猪瘟发病率可能有增加的态势

首先是多种免疫抑制性疾病如猪蓝耳病、圆环病毒Ⅱ型感染、支原体病等普遍存在，再加上饲料中霉菌毒素的污染，无论使用哪种猪瘟疫苗接种，免疫失败出现的几率都会增大，免疫失败猪群极易遭受野外强毒的攻击，引发疫情，使用效果较好的霉菌毒素处理剂控制饲料中的霉菌毒素成为提高猪瘟免疫效果的重要措施之一。其次是猪瘟病毒在短期内仍难以控制，隐性带毒猪和免疫空白猪的同时存在，均有可能出现散发性疫情。由于目前已普遍进行免疫接种，猪瘟的流行一般较为缓和，不大可能引起大范围疫情的出现。

（二）多种疾病混合感染依然是今后猪病的主体

当前许多猪病都是由多种致病因子共同作用造成的，它们导致的复合性疾病危害极为严峻，且难以控制，其中较为严峻的是多种病毒感染相加（特别是蓝耳病病毒、圆环病毒Ⅱ型、猪瘟病毒、流感病毒的混合感染）；其次是多种病毒（特别是蓝耳病病毒、圆环病毒Ⅱ型、猪瘟病毒、流感病毒）和多种细菌（特别是副猪嗜血杆菌、支原体）感染相加；再者就是多种细菌相加，往往是有几种不同病原体，有的为原发，有的为继发或并发，而一些免疫抑制性疾病的存在，更使病情加重。

（三）以高致病性蓝耳病为主的猪“高热病综合征”仍将占据猪病的主角

从以往的经验来看，一种危害大、现有条件下难以有效控制的流行性疾病的一般流行规律是：首先是急性的暴发流行引起大量急性死亡，接着是轻微缓和的更普遍流行。2006 年 5 月我国发生的“高致病性蓝耳病”的大流行，目前已进入第五个年头，应该进入第二个阶段，即“稍缓和的更普遍流行”阶段，由于还没有行之有效的控制方法，猪的“高热病综合征”在个别地区仍有流行加重的趋势。

（四）细菌性疾病的发生有增加趋势

随着病毒性疾病发病率的增多，并发或继发细菌性感染的发病率将居高不下，尤其要重点关注“副猪嗜血杆菌病”的发生和流行。细菌性疾病的普遍存在及耐药性增强，主要原因是猪群中存在的病毒性疾病没有控制好、免疫抑制的严峻存在、大量使用及滥用抗生素，加之饲养环境的恶劣，致使猪群中细菌性疾病发病率高，死亡率也增高，严重威胁着养猪业的健康发展。

（五）猪繁殖障碍综合征依然普遍存在

随着猪繁殖与呼吸综合征、细小病毒感染、伪狂犬病、乙型脑炎、衣原体感染和繁殖障碍性猪瘟的发生，该病依然会普遍存在，需要注意的是要关注“猪衣原体”和“霉菌毒素”感染对养猪业造成的危害。

（六）免疫抑制性疾病危害深重

免疫抑制性疾病除了本身的直接危害外，还会造成免疫抑制，可使低致病性的病原体引起多种疾病综合征的发生，甚至达到难以控制的程度。免疫抑制性疾病的危害对畜禽健康的威胁日益增加，当前最常发生并且危害严峻的猪免疫抑制性疾病多是猪的蓝耳病、圆环病毒Ⅱ型、支原体感染等。

第二节　养猪场疫病综合防控体系建立的基本原则

疫病预防通常包括采取隔离、检疫等措施不让传染源进入尚未发病的地区或猪场；采取集体免疫、集体药物预防以及改善饲养管理和加强环境保护等措施，保障一定的畜群不受已存在于该地区的疫病传染。疫病的防控就是采取各种措施，减少或消除疫病的病源，以降低已出现于畜群中疫病的发病数和死亡数，并把疾病控制在局部范围内。因此，养猪场疫病综合防控体系的建立，要遵循以下基本原则：

第一，坚持“预防为主、防重于治”的原则，重点研究提高猪群整体健康水平、防止外来疫病传入猪群、控制与净化猪群中已有疫病的策略与技术措施。搞好饲养管理、防疫卫生、预防接种、检疫、隔离、消毒等综合性防治措施，以提高动物的健康水平和抗病能力。实践证明，只要做好平时的工作，很多传染病都可能避免发生，即使发生了传染病，也能及时得到控制。随着集约化养猪业的发展，“预防为主”方针的重要性就显得更加突出。

第二，疫病的发生和流行都与其决定因素相关，任何一种疫病的发生与流行都不是单一因素造成的。通常可将这些因素划分为致病因子、环境因子和宿主因子，三者相互依赖、相互作用。采用单一措施常不能有效地预防、控制或消灭疫病，也不能提高群体的健康水平，必须采用综合性防治措施。

第三，目前传染性疾病依然是规模化养猪业的最大威胁，传染病特别是烈性传染病对生产所造成的危害十分巨大。必须学习和运用流行病学知识，针对传染病流行过程的三个基本条件（传染源、传播途径、易感动物）及其相互关系，采取消灭传染源、切断传播途径、提高猪群体抗病力的综合防疫措施，才能有效降低传染病的危害。

第三节　养猪场疫病综合防控体系的基本内容

家畜传染病的流行是由传染源、传播途径和易感动物三个因素相互联系而造成的复杂过程。因此，采取适当的防疫措施来消除或切断造成疫病流行的三个因素之间的相互联系，也就是消灭传染源、切断传播途径、保护易感动物，就可以使疫病不能传播。规模化养猪业的综合性防控体系的建立要以兽医流行病学、家畜传染病学的基本理论为指导，依据《中华人民共和国动物防疫法》等兽医法律、法规的要求，根据养猪生产的规律，从“养、防、检、治”四个方面，在日常生产中全面而系统地对猪群实行保健和疫病管理。

一、加强饲养管理

加强饲养管理，可以增强机体抵抗疾病的能力，保证机体产生良好的免疫应答，是预防猪病的重要措施。主要包括良好的环境卫生和科学的饲养管理。

（一）良好的环境卫生

1. 场址选择：建在地势高燥、排水良好、易于组织防疫的地方，场址用地应符合当地土地利用规划的要求。猪场周围3 000米无大型化工厂、矿厂、皮革厂、肉品加工厂、屠宰场或其他畜牧场污染源。猪场距离干线公路、铁路、城镇、居民区和公共场所1 000米以上，猪场周围有围墙或防疫沟，并建立绿化隔离带。猪场生产区应在生活区的下风向或侧风向处，污水粪便处理设施和病死猪处理区应在生产区的下风向或侧风向处。场区净道和污道分开，互不交叉。

2. 气候环境卫生：猪舍小气候环境适宜，才能充分发挥优良品种猪的遗传潜力，增强猪的抵抗力和免疫力，降低发病率和死亡率。适宜的小气候环境主要包括：适宜的温度、湿度、光照，新鲜的空气，适宜的饲养密度等。

（1）适宜的温度：适宜的环境温度对保证猪只健康生长、发育、繁殖是非常重要的。气温过高或过低都会影响猪只的生长发育、饲料利用率、机体抵抗力和免疫力，易诱发各种疾病。猪生长发育的适宜温度范围为15～25℃，仔猪最适宜温度为：1日龄35℃，2～4日龄33～34℃，5～7日龄28～30℃，8～35日龄20～28℃，随着日龄的增加舍温可逐渐降低。仔猪在40日龄以内舍温应高于19℃，昼夜温差不大于6℃。

（2）适宜的湿度：猪的适宜湿度范围为65%～75%。在任何情况下，湿度过高、过低对猪只都是不利的。湿度过高有利于各种病原微生物、寄生虫的繁殖，猪易患疥癣、湿疹等皮肤病，同时高湿易使饲料发霉，还可加剧冷、热的刺激，猪只抵抗力、免疫力降低，猪群发病率增高。湿度过低猪只的皮肤和呼吸道黏膜表面蒸发量加大，使皮肤和黏膜干裂，对病原微生物的防卫能力减弱，猪易患皮肤病和呼呼道病。哺乳母猪和仔猪舍对湿度的要求更严格，更要采取措施，保持适宜的湿度。

（3）良好的空气质量：规模化猪场猪群密度大，猪舍密闭，猪呼吸时排出二氧化碳，粪便挥发产生有害气体，如排出不畅，这些有害气体聚积猪舍，刺激呼吸道，易引起呼吸道疾病，还可使猪食欲下降，生产性能下降，体质变差，抗病力下降，发病率和死亡率升高。因此，猪舍经常通风换气，保持空气新鲜是非常重要的。同时通风还可调节猪舍内的温度和湿度。一般自然通风结合机械排风为宜。猪舍内空气中有害气体的最大允许值：二氧化碳为 0.15%，硫化氢为 0.001%，氨气为 0.002%。

（4）适宜的光照：适宜的太阳光照，对猪舍的杀菌、消毒，提高猪只的免疫力及抵抗力都有很好的作用，特别是可以促进维生素 D 的合成，保证正常钙、磷的需要，促进骨骼生长，预防佝偻病。不同生长阶段的猪对光照需要量不同。对仔猪来说，日光是生长发育的必要条件，成年公猪和母猪也需要适当的自然光照，而 40 千克以上的肥育猪对光照的需要较低，因此，要根据猪不同的生长阶段给以适当的光照。

（5）适宜的饲养密度：猪的饲养密度过大，一方面影响猪舍的空气卫生，另一方面对猪的采食、饮水、睡眠、运动等有很大影响，从而间接地影响猪的健康和生产力。因此，猪群饲养密度要适宜。

（二）科学的饲养管理

1. 坚持自繁自养。养猪场（户）最好能自养公猪和母猪，繁育仔猪，自己育肥，防止从外地买猪而带进疫病。实践证明，坚持“自繁自养”是预防传染病传入的重要措施。

2. 实行“全进全出”的饲养制度。从防疫的要求出发，在生产线的各主要环节上，分批次安排猪的生产，做到全进全出，使每批猪的生产在时间上拉开距离以进行隔离消毒，得以消除连续感染、交叉感染，有效地切断疫病的传播途径，为控制和净化疫病奠定基础。猪群离舍后，猪舍应彻底清扫、冲洗、消毒、熏蒸并空圈半个月以上方可再进新的猪群。

3. 保证饮水卫生。水是猪生长必不可少的物质，一要供给充足的饮水，满足机体需要；二要供给清洁卫生的饮水。有条件的猪场应做水质化验分析，水质应符合饮水卫生要求，不含有害物质和病原微生物。

4. 供给营养均衡的全价饲料。饲料是保证猪健康生长、发育、繁殖和生产的物质，要根据不同品种、年龄喂给全价配合饲料，特别是蛋白质、维生素、微量元素等，否则，就会发生营养代谢疾病；此外，要保证饲料清洁卫生，防止饲料和饲养用具被病原体污染。严禁饲喂发霉变质的饲料，防止中毒。

5. 隔离。将猪群控制在一个有利于生产管理和便于防疫的范围内进行饲养的方法称为隔离。隔离是国内外普遍采用的最有效的基本防疫措施之一。猪场必须有一个安全的生物环境，应远离各种动物的饲养场及其产品加工厂、工厂和矿山、城镇居民区和村落，与交通干道、河流和水渠、污水沟等保持足够距离。保持较远的距离是最好、最有效的隔离，一般认为这一距离至少不得少于500～1 000米。猪场内按功能可划分为生产区、生活区、管理区（辅助生产区），场内三区应严格分隔开来，一般来说生活区应建在生产区的上风处，管理区以在生产区下风处为宜。生产区内不同的猪群（种公母猪、产仔哺乳母猪、保育猪、青年猪、肥育猪等）应实行隔离饲养。相邻猪舍间也应保持相应距离。场区外围，特别是生产区外围应依据具体条件使用隔离网、隔离墙、防疫沟等建立隔离带，以防止野生动物、家畜（禽）及人进入生产区内；生产区只能设置一个专供生产人员及车辆出入的大门，一个只供装卸猪只的装猪台；粪便收集和外运系统。此外，还应在生产区下风向处设立病猪隔离治疗舍、引进种猪的隔离检疫舍、尸体剖检及处理设施等。有条件的还应在猪舍内安装防鸟、防鼠设备等。为了使隔离措施得到贯彻落实，必须依据本企业具体条件制定严格的隔离制度。

二、消毒

传染病发生后，传染源向外排出大量的病原体，污染环境、用具、人员、物品等。消毒就是采用物理学、化学、生物学手段杀灭和减少生产环境中病原体的一项重要技术措施。其目的在于切断疫病的传播途径，防止传染性疾病的发生与流行，是综合性防疫措施中最常采用的重要措施之一。

（一）消毒分类

1. 日常消毒：又称预防性消毒，是根据生产的需要采用各种消毒方法在生产区和猪群中进行的消毒。主要有日常定期对栏舍、道路、猪群的消毒，定期向消毒池内投放消毒剂等；临产前对产房、产栏及临产母猪的消毒、对仔猪的断脐、断尾、断牙、剪耳号、阉割时的术部消毒；人员及车辆出入栏舍、生产区时的消毒；饲料、饮用水乃至空气的消毒；医疗器械如体温表、注射器、针头等的消毒。

2. 即时消毒：又称随时消毒，是当猪群中有个别或少数猪发生一般性疫病或突然死亡时，立即对其所在栏舍进行局部强化消毒，包括对发病或死亡猪只的消毒及无害化处理。

3. 终末消毒：又称大消毒，是采用多种消毒方法对全场或部分猪舍进行全方位的彻底清理与消毒。主要用于全进全出生产系统中，当猪群全部自栏舍中转出空栏后，或在发生烈性传染病的流行初期和在疫病流行平息后，准备解除封锁前均应进行大消毒。

（二）常用消毒方法

消毒方法分物理消毒法、化学消毒法和生物学消毒法三种。

1. 物理消毒法：是利用机械、热、光、放射能的方法进行的消毒，它又可分为机械消毒法、加热消毒法、光照消毒法等。

（1）机械消毒法：是指通过清扫、通风、过滤等方法进行的消毒。这种方法操作简单、易于广泛应用，可收到良好的效果，但不能杀灭病原体，只是机械地消除病原体，必须配合其他药物消毒方法进行。

（2）加热消毒法：包括焚烧、烧灼、煮沸、干热空气、湿热空气和高压蒸汽等。焚烧与烧灼是一种有效而彻底的方法，主要用于发生烈性传染病及抵抗力极强的病原体引发的传染病的尸体及污物的消毒；煮沸能使蛋白质迅速变性，是一种简便有效的消毒方法。一般病原菌在水温60 ℃时15 ~20 分钟即可死亡，加热到100 ℃时，1 ~2 分钟内死亡，煮沸1 ~2 小时可杀死所有病原体。在煮沸金属器械时，在水中加入1% ~2% 的碳酸钠或0.5% 肥皂等碱性物质，可增强杀菌效果；干热空气（相对湿度在20% 以下的热空气）、湿热空气（相对湿度在80% ~100% 的湿空气）和高压蒸汽主要用于实验室的玻璃器皿和工作服等的消毒。

(3) 光照消毒法：一般细菌在太阳光直射下数小时即死亡，但芽孢和痰内的结核杆菌须40 ~50 小时日晒才能死亡。日光消毒简便易行，不损坏物品，但其作用仅限于物体表面病原微生物，且受天气的影响较大。紫外线灯产生的紫外线为阳光中有效紫外线的50 倍，但紫外线是直射出来的，对不能照到的地方没有消毒效果，而且紫外线对人体和动物体有害，长时间消毒时，人和动物必须离开，消毒后再进入室内，对人体的消毒时间最好不要超过15 分钟。

2. 化学消毒法：采用化学药物（消毒剂）杀灭病原是消毒中最常用的方法之一。理想消毒剂必须具备抗菌谱广、对病原体杀灭力强、性质稳定、维持消毒效果时间长、对人畜毒性小、对消毒对象损伤轻、价廉易得、运输保存和使用方便、对环境污染小等特点。使用化学消毒剂时要考虑病原体对不同消毒剂的抵抗力、消毒剂的杀菌谱、有效使用浓度、作用时间、对消毒对象及环境温度的要求等。消毒剂的效力随温度变化而变化，一般温度高时效果好，但有些消毒剂受温度的影响较小。冬天消毒时要选用低温时仍然保持消毒效果的消毒剂。另外，水的硬度会影响消毒效果，配制消毒液时要注意水的质量。目前常用消毒剂有：碱类，如氢氧化钠（烧碱）和氧化钙（生石灰）；酚类，如复合酚；醛类，如福尔马林；季铵盐类，如新洁尔灭、拜洁、50% 百毒杀；酸类，如灭毒净；卤素类，如有机氯、碘（碘酊、碘甘油）及综合碘（聚碘及聚能碘）；氧化剂类，如高锰酸钾、过氧乙酸等；醇类，如70% 乙醇。

3. 生物学消毒法：是利用一些微生物来杀死或清除病原微生物的一种方法。生产中产生的大量粪便、污水、垃圾及杂草采用发酵法消毒，利用发酵过程嗜热细菌所产生的高热杀灭其中的病原体，是各地广泛采用的方法。可采用堆积发酵、沉淀池发酵、沼气池发酵等。条件成熟的还可采用固液分离技术，并可将分离的固形物制成高效有机肥料，液体经发酵后用于渔业养殖。生物学消毒法过程缓慢，需要较长的时间才能达到消毒目的，但成本低、效果好，有推广价值。

（三）消毒设施和设备

消毒设施主要包括生产区大门的大型消毒池、猪舍出入口的小型消毒池、人员进入生产区的更衣消毒室（有条件的可建立淋浴更衣室）及消毒通道、消毒处理病死猪尸体的尸体坑、粪污消毒处理的堆积发酵场、发酵池等。常用消毒设备有手动、电动、机动喷雾器、高压清洗机、高压灭菌容器、煮沸消毒器、火焰消毒器、粪污的固液分离器等。

（四）消毒操作规程

根据消毒种类、对象、气温、疫病流行的规律，将多种消毒方法科学合理地加以组合而进行的消毒过程称为消毒程序。例如全进全出系统中猪舍的消毒程序可分为以下一些步骤：彻底清扫→高压水冲洗→喷洒消毒剂→清洗→熏蒸→转进猪群。消毒程序还应根据自身的生产方式、主要存在的疫病、消毒剂和消毒设备设施的种类等，因地制宜地加以制定。消毒制度要按照生产日程、消毒程序的要求，将各种消毒制度化，明确消毒工作的管理者和执行人，使用消毒剂的种类及其使用浓度、方法，消毒间隔时间和消毒剂的轮换使用，消毒设施设备的管理等，都应详细加以规定。

1. 猪舍消毒：舍内的猪必须全部出清，彻底清扫猪舍内外的粪便、污物，取出舍内饲槽、垫板、电热板、保温箱等并洗净、晾干，置阳光下暴晒或喷洒消毒药液；舍内的地面、走道、墙壁等处用自来水或高压泵冲洗，对栅栏、笼具进行洗刷和抹擦；闲置1天，自然干燥后进行消毒。喷雾消毒要求喷洒均匀，不留死角。熏蒸消毒法（每立方米28毫升甲醛，14克高锰酸钾），猪舍必须封闭严密，熏蒸3天后将门窗打开充分通风，消除甲醛异味后方能进猪；冬季需将舍内温度升到20~25℃，保持恒温。产房的消毒更加严格，要根据猪舍污染情况，有针对性地进行消毒。消毒后进行消毒效果监测，如果消毒效果不好，可重新筛选有效的消毒剂再进行消毒。母猪进入产房前要进行消毒，用0.1%高锰酸钾溶液对外阴和乳房消毒。消毒剂可轮换使用，也可选择两种消毒剂先后使用，但不能将几种消毒剂同时或混合使用。消毒后需闲置净化2天以上才能进猪。猪场内每周要进行一次带猪消毒，坚持每天打扫猪舍。

2. 门卫消毒：

（1）大门消毒：主要供出入猪场的车辆和人员通过，要避免日晒雨淋和污泥浊水入内，池内的消毒液3~5天彻底更换一次，所用的消毒剂要求作用较持久、稳定。

（2）洗手消毒：猪场进出口除了设有消毒池、消毒鞋外，还需进行洗手消毒，此项工作很方便，也很重要。采用的消毒剂对人的皮肤无刺激性、无异味。

（3）车辆消毒：进出猪场的运输车辆，特别是运猪车辆，车厢内外都需要进行全面的喷洒消毒，采用的消毒剂对猪无刺激性、无不良影响。

3. 临时消毒：是在发生可疑疫情或在特殊的情况下，对局部或部分区域、物品随时采取应急的消毒措施。包括以下几方面的内容：

（1）带猪消毒：当某一猪圈内突然发现个别病猪或死猪，若怀疑传染病时，可在消除传染源后，对可疑被污染的场地、物品和同圈的猪所进行的消毒；可用手提喷雾器作喷雾消毒，要求使用安全、无公害、无二次污染的消毒剂。

（2）空气消毒：在寒冷季节，门窗紧闭、猪群密集、舍内空气严重污染的情况下进行的消毒。要求消毒剂不仅能杀菌，还有除臭、降尘、净化空气的作用。采用喷雾消毒，消毒剂用量0.5 升/米^3。

（3）饮水消毒：饮用水中细菌总数或大肠杆菌数超标或有可疑污染病原微生物的情况下，需进行消毒，要求消毒剂对猪体无毒害，对饮欲无影响。

（4）注射器、针头等物品的消毒：将器械洗净后，尽量采用蒸汽消毒。浸泡在消毒剂中（防止器械生锈可加入0.5%亚硝酸钠）30分钟后即可使用，在免疫接种时，若针头不够，可即泡即用。

（5）其他消毒：坚持每天清扫生产区道路、猪舍及运动场，每月消毒一次。猪舍应注意通风，夏季防暑，冬季防寒。粪便、垫草等猪场垃圾，经堆积发酵或其他无害化处理后方能出场。养猪用具、运料车及其他运输车辆等猪场内用具都应定期清洗，保证清洁。饲养员要注意个人卫生消毒，进猪场换工作服，进猪舍严格消毒。

三、杀虫与灭鼠

一些有害昆虫及鼠类是许多传染病的传播媒介和传染源，杀灭猪场中的有害昆虫、老鼠等，是消灭疫病传染源和切断其传播途径的有效措施。

1. 杀虫：有害昆虫主要指蚊、蝇、虻等媒介节肢动物。杀灭方法可分为物理学、化学和生物学方法。物理学方法除捕捉、拍打、黏附等外，电子灭蚊灯在猪场中有一定的应用价值。生物学灭虫法就是采取一定措施使有害昆虫失去繁衍滋生场所，达到杀灭的目的。生物学灭虫法的关键在于环境卫生状况的控制。猪舍、猪场及周围的污水、粪便、垃圾、杂草等常常是蚊蝇滋生、藏身的场所。因此，首先要搞好猪舍内的清洁卫生，及时清除舍内地面及排粪沟中的积粪、饲料残屑及垃圾；其次应保持场区内的环境清洁卫生，割除杂草，填埋积水坑洼，保持排水、排污系统的畅通，加强粪污管理和无害化处理。化学杀虫法则是使用化学杀虫剂，在猪舍内进行大面积喷洒，向场区内外的蚊蝇栖息地、滋生地进行滞留喷洒，每月在猪舍内外和蚊蝇容易滋生的场所喷洒几次。

2. 灭鼠：鼠类是很多传染病的传播媒介和传染源，它可以传播炭疽、布鲁杆菌病、李氏杆菌病、伪狂犬病等，因此，灭鼠是减少传染病的措施之一。常用灭鼠法可分为生态学灭鼠法、化学灭鼠法和物理学灭鼠法。生态学灭鼠主要是改变和破坏鼠类赖以生存的环境，断绝鼠粮、捣毁隐蔽场所。如保持猪舍及周围地区的整洁，及时清除饲料残渣，将饲料贮藏在鼠类不能进入的房舍内；在建场之初，就要考虑到房屋的防鼠要求，对于有洞的地方，随时用铁丝网或水泥等封住。物理学灭鼠也就是器械灭鼠，主要利用食物作诱饵，用捕鼠器械捕杀鼠类，或者用挖洞、堵洞的方法捕杀鼠类。由于规模化猪场占地面积大，猪只高度密集，采用鼠夹、鼠笼、电子猫等物理法灭鼠效果较差。药物灭鼠就是直接用毒鼠药毒杀鼠类，常用的毒鼠药有敌鼠钠盐、安妥、磷化锌等。使用化学杀鼠法多在冬、春季食物较少时进行，在场外可使用快效杀鼠剂，一次投足剂量；场内可使用慢效杀鼠剂全面投布，逐日检查，对已食完的点应及时添加。对鼠尸应及时收集处理，防止猪只误食后发生二次中毒，参加灭鼠的人员应注意自身的保护，防止中毒。此法如运用得当，效果非常好，可用于大面积灭鼠。在有鼠害的猪场，应在对害鼠的种类及其分布和密度调查的基础上制定灭鼠计划。为了能有效地控制鼠害，应动用全场工作人员，人人动手，但严禁养猫捕鼠。

四、驱虫

驱虫是将患畜身体内、外的寄生虫杀灭或驱出体外的措施。各种寄生虫病严重影响着畜产品的数量和质量，严重地危害着家畜和人类的健康。驱虫在规模化猪场综合防疫体系中，是建立生物安全体系、提高猪群健康水平的又一重要措施。有不少猪场只注重猪的驱虫但不注意环境卫生，今日驱了虫，但不久猪又重复感染。

（一）猪体驱虫

规模化猪场中常见的寄生虫种类主要有猪蛔虫、猪结节虫、猪鞭虫、猪球虫、弓形虫和猪疥螨等，少数猪场可能还有肺丝虫、肾虫和类圆线虫等。理想的驱虫药必须在高效、低毒、广谱的基础上，做到使用剂量小、适口性好、使用方便、价格低廉、猪只体内残留量低等。伊维菌素、阿维菌素是新一代抗生素驱虫药物，对肠道寄生虫有较好驱杀效果，对猪疥螨也有良好的杀灭力。硫咪唑可驱除宿主体内多种寄生线虫和绦虫甚至一些吸虫。虫螨净不仅能杀死猪体表寄生的疥螨，而且也能杀死体内寄生的多种线虫。许多驱虫药可抑制寄生虫的代谢，使其不能生存和生育，低剂量抑制排卵，适量杀虫。药物在体内要维持一定的浓度，为了提高驱虫效果，常常连续给予 2 ~ 3 次驱虫药。对于一些体表寄生虫，如疥螨，驱虫药只能杀死虫体，而不能杀死虫卵。用一次药后，虽杀死了皮内的成虫，但留在皮内的虫卵并未死亡，以后它又孵出幼虫再发育为成虫，即又复发。因此正确的用药方法是在第一次用药后 1 周再用药 1 次，才能防止此病的复发。寄生虫生活在家畜体内或体表的这个阶段是其生活史中较易被消灭的环节；如果寄生虫生活在自然界中，因虫体很小，散布很广，往往难以扑灭。但是，几乎所有的驱虫药都不能杀灭蠕虫子宫中或已排入消化道或呼吸道中的虫卵。这样，驱虫后含有崩解虫体的排泄物如果任意散布，就会给外界环境造成严重的污染。在驱虫工作中，必须做到以下几个方面：首先，驱虫应在专门场所进行，要便于粪便的收集和清扫。其次，动物驱虫应有一定的隔离时间，直至被驱出的病原物质排完为止。因驱虫药的种类不同，驱除虫体的时间也不同。有的驱虫药如敌百虫、左咪唑用药后几个小时宿主开始排出；有的驱虫药用药后要经 1 ~ 2 天或更长的时间才能排出。第三，驱虫后排出的粪便和其场院病原物质均应集中处理，使之“无害化”。驱虫应有适宜的时间，对于大多数蠕虫，秋、冬季驱虫最为重要。秋、冬季不适于虫卵和幼虫发育，此时驱虫可以大大减少牧场院的污染，在生产中常把它定为一种固定实施的防治制度。

当从粪便中检查出虫卵时，说明宿主体内已经寄生了大量的成虫，虽然用驱虫药可以将成虫驱除，但已经给家畜造成了危害。仔猪最易感染寄生虫，为了防止它们的感染，应在仔猪补料时就使用少量驱虫药来预防。事实上，现在市售的乳猪料中都加有一定剂量的驱虫药，而且添加的驱虫药常为广谱驱虫药，一旦仔猪从外界吃入寄生虫时即可尽早将其消灭，从而保障猪只正常生长发育。

（二）外界环境除虫

因现有的驱虫药只能驱除虫体，而不能杀灭虫卵，许多寄生虫的虫卵和幼虫对外界环境有一定的抵抗力，所以，宿主经驱虫后排出的虫卵会污染厩舍成为新的污染源。为了防止猪重复感染，必须消灭外界环境中的虫卵。环境卫生是减少家畜感染或预防感染的重要措施之一。而要做到扑灭寄生虫，仅仅依靠动物驱虫是不行的，还必须杀灭外界环境中的寄生虫虫卵和幼虫。

外界环境除虫包括许多方面的内容，除了加强饲养管理，搞好厩舍清洁卫生工作外，更为重要的是依据对寄生虫生活史和流行病学的了解，制订有效的方案，在最适宜的地点和时间，攻破它们的流行环节。猪体内寄生虫的虫卵随时从粪便排出，有的虫卵在外界适宜条件下很快发育成为感染性幼虫。因此，猪舍内的粪便应及时清除。对于寄生虫严重感染的猪场，除了一般的清洁卫生外，还应对猪舍和运动场进行消毒，杀灭虫卵和幼虫，或铲除一层表土，换上新土，并用石灰消毒。消灭粪便中虫卵最经济的方法是将粪便集中于贮粪池内并密闭或用堆集发酵的方法杀死虫卵。猪的粪便和垫草清除出圈后，要运到距猪舍较远的场所堆积发酵，或挖坑沤肥，用产生的生物热来杀灭虫卵。在已控制或基本消灭寄生虫的猪场，当引入猪只时，应对外来猪先隔离饲养，进行粪便检查，以确定其有无寄生虫寄生；发现患猪，须进行 1 ~2 次驱虫并检查无虫后才能并群饲养。

五、免疫接种

免疫接种就是使用疫苗等各种生物制剂，在平时对猪群有计划地进行预防接种，在可能发生或疫病发生早期对猪群实行紧急免疫接种，以提高猪群对某种疫病的特异抵抗力，使易感动物转化为不易感动物，以抵抗该种疫病的感染。免疫接种是规模化猪场综合性防疫体系中一个极为重要的环节，也是构建养猪业生物安全体系的重要措施之一。

（一）免疫接种的分类

根据免疫接种的动机不同，免疫接种可分为预防接种和紧急免疫接种。免疫接种是指在经常发生某些传染病的地区或受某些传染病威胁的地区，为了防止传染病的发生和流行，在平时有计划地给健康动物进行的免疫接种。紧急免疫接种是指在发生传染病时，为了迅速控制和扑灭传染病的流行，而对疫区和受威胁地区尚未发病的动物进行的应急性免疫接种。

（二）可预防疫病的种类

1. 常规应预防的疫病：这类疫病包括猪瘟、猪丹毒、猪肺疫、猪副伤寒、口蹄疫等，其中所有的猪场均必须进行猪瘟和口蹄疫的免疫注射。其余三种疫病视猪场所在地的流行状况及本场防疫条件选择应用。就目前我国防疫现状来看，多数场均须接种这三种疫苗。

2. 种猪必须预防的疫病：这类疫病主要有猪乙型脑炎、猪细小病毒病、猪伪狂犬病等。由于这类疫病危害甚烈，又无治疗可能，只能严格按免疫程序进行接种才有可能控制其危害。

3. 可选择性预防的疫病：主要有猪大肠杆菌病（仔猪黄痢、白痢和猪水肿病）、仔猪红痢、猪链球菌病、猪传染性萎缩性鼻炎、猪气喘病、猪传染性胃肠炎、猪流行性腹泻、猪衣原体病、猪传染性胸膜肺炎、副猪嗜血杆菌病等。这些疫病由于尚无理想疫苗，或由于呈现地区流行，应在诊断的基础上，选择较好的疫苗进行免疫接种。

（三）疫苗的选用

免疫接种必然要涉及疫苗的选择。疫苗按活力可分为强毒苗、弱毒苗和灭活苗；按来源可分为同种疫苗、异种疫苗和自家苗。目前所使用的疫苗有弱毒苗、灭活苗、亚单位苗等。近年来，随着生物技术的发展，又相继出现了活载体疫苗、DNA 苗和标记疫苗等。目前，灭活苗和弱毒苗使用较多，其余几种应用还不广泛。灭活苗无毒、安全，但免疫剂量大，产生免疫效果的速度不如弱毒活苗，但有持久、安全等优点。活疫苗用量少，产生免疫力快，但存在生物安全性差的潜在缺点。总之，疫苗要根据不同的情况而选用，总的原则是安全性好、免疫期长。

（四）免疫程序

一个地区、一个养猪场可能发生的传染病不止一种，可以用来预防这些传染病的疫苗性质又不尽相同，因此，养猪场根据养猪的生产特点、疫病流行规律及各种疫苗的免疫特性，合理地制订预防接种的次数、剂量、间隔时间，这就是免疫程序。免疫接种必须制订科学的免疫程序，并按免疫程序进行免疫。免疫接种前要进行流行病学调查，当地及周边地区有哪些传染病、流行范围及流行特点等，然后制订适合本场的免疫计划，有目的地开展免疫接种。猪群的免疫接种工作应指定专人负责，包括免疫程序的制订，疫苗的采购和贮存，免疫接种时工作人员的调配和安排等，根据免疫程序的要求，有条不紊地开展免疫接种工作。

免疫程序合理与否，是决定一个猪场免疫效果的重要因素。在制订免疫程序时，主要考虑以下几个方面的因素：当地猪群的疫病流行情况及流行程度；疫病流行特点；仔猪母源抗体水平；上次免疫接种后抗体水平；疫苗的特性及猪的免疫应答；免疫接种的方法；各种疫苗接种的配合，免疫对猪群健康的影响等。

（五）影响免疫效果的因素

猪的免疫力由先天性免疫和获得性免疫构成。免疫接种就属于获得性免疫。获得性免疫的成功与否，取决于个体、环境、疫苗、免疫程序以及饲料的营养水平及疫病等诸多因素，应多方面加以注意。

1. 遗传因素：疫苗接种的免疫反应在一定程度上受遗传因素影响，不同品种的猪对疫苗的应答能力均有差异，即使同一品种不同个体之间，对疫苗的免疫应答也有差异。

2. 营养因素：抗体的化学本质是免疫球蛋白，是一种由氨基酸组成的蛋白质。因此，猪饲料中蛋白质或氨基酸供货不足，或缺乏合成蛋白质所需的微量元素、维生素，抗体的生成就没有足够的原料，就很难保证产生较高效价的抗体，从而影响免疫效果。动物的营养因素尤其在紧急接种期间显得更加重要。

3. 环境因素：由于动物机体的免疫功能在一定程度上受到神经、体液、内分泌的调节，因此，当猪处于过冷、过热、通风不良、潮湿等应激状态时，均会不同程度地影响免疫力的产生。

4. 疫苗因素：疫苗是影响免疫效果的一个重要因素。疫苗的内在质量是由生产厂家所控制的，使用者需注意冻干苗是否失真空，油佐剂苗是否破乳，疫苗有无变质和长霉，疫苗中有无异物，疫苗是否过期，保存中有无因保存不当而致失效等。如发生上述情况时，这些疫苗均应废弃不用。如果疫苗质量不合格或超过有效期，或疫苗保存不当，疫苗的效价降低，或疫苗使用不当等都会影响免疫效果。

5. 母源抗体的影响：免疫母猪所产生的抗体（母源抗体）可传递给仔猪，母源抗体的存在，对保护仔猪免受早期感染具有不可替代的作用，可使仔猪在一定时间内被动地得到保护，但又给免疫接种带来影响，可干扰仔猪主动免疫的产生。仔猪母源抗体可干扰疫苗产生有效的免疫力。母源抗体水平越高，所产生的干扰作用也越强。仔猪母源抗体水平过高，疫苗会被母源抗体所中和，使仔猪不产生抗体，得不到应有的保护。母源抗体对活苗的影响程度大于对灭活苗的影响，因此，首免日龄应根据母源抗体水平而定。

6. 日龄因素：初生仔猪体内免疫器官发育尚未成熟，免疫应答能力也不完全，因此，过早免疫效果不好，甚至还会引起仔猪发病。

7. 药物因素：在接种菌苗前后 1 周使用抗生素，会影响菌苗免疫效果。如果超剂量或多次重复免疫接种，还会引起免疫麻痹，达不到免疫效果。

8. 疾病对免疫的影响：一般来说，成年猪在体格健壮、发育良好时，注苗后产生较高免疫力；而体弱、生病、生长发育较差的猪注苗后易发生不良反应，所产生的主动免疫力也较低，重症猪易发生早产、流产或影响胎儿发育。在无疫情时对这类猪的疫苗注射可暂缓进行。免疫抑制性疾病、中毒病、营养代谢病等疾病都会影响机体对疫苗的免疫应答能力，从而影响免疫接种效果。

（六）疫苗使用过程中的注意事项

1. 疫苗的选择：疫苗质量直接关系到免疫接种的效果，要选择有信誉的生产厂家生产的有批准文号的疫苗，并在动物防疫部门或生产厂家购买，不要贪图便宜在一些非法经营单位购买，以免买进伪劣疫苗。

2. 注意疫苗的运输与保存：疫苗是一种生物制品，有严格的运输、保存条件和有效期，一定要按疫苗说明书的要求运输、保存，这样才能保证疫苗质量和免疫效果。猪用疫苗一般分为冻干苗和液体苗。冻干苗随保存温度的升高保存时间相应缩短。在 -15 ℃以下保存时间多在 1 年或 1 年以上，在 4 ~ 8 ℃时保存时间只有 6 个月左右，当温度更高时其保存期还会大大缩短。冻干苗应严格实行冷藏运输和贮存，切忌反复冻融而导致效价下降。油剂苗的贮存切忌冻结，否则会造成破乳。

3. 疫苗使用前要做到四查、一对、两不准：查标签、品名和所需疫苗是否一致；查有效期是否已过；查疫苗瓶口封闭是否完好；查本瓶规定头份，对照所用稀释液与本疫苗要求是否相符。瓶签字迹不清和无标签疫苗不准使用；运输保管不当，变质、失效、瓶内为非真空状态的疫苗不准使用。

4. 稀释疫苗时的注意事项：煮沸消毒后的针头、针管冷却后再使用；铝胶稀释液使用前必须摇荡均匀；除去疫苗瓶口封蜡，用75%乙醇消毒，待乙醇挥发后再注入稀释液；严格按照说明书的规定稀释疫苗，稀释后的疫苗要放在阴凉处，防止日光直射和高温。

5. 使用疫苗时的注意事项：所用的器具在免疫接种前必须彻底清洗并煮沸或高压消毒；不同的疫苗要求的接种途径不同，要按照说明书的要求选择适宜的接种途径；要按照疫苗使用说明，注射方法、剂量和头份必须准确，防止漏注或重复；疫苗稀释后要立即使用，超过疫苗规定时间未使用完毕的疫苗应废弃；口服菌苗要均匀混在一定数量品质良好的饲料中喂服；在免疫前后1周不要使用抑制免疫应答的药物，对弱毒菌苗（猪肺疫、猪丹毒和仔猪副伤寒等，使用前后1周内禁用抗生素类药物，如出现此种情况，须在2周后补注1次。对注射器械、注射部位等严格消毒，防止交叉感染，每注射1头猪后均应更换针头，防止疫病的疫源性传播。

6. 选择责任心较强的员工专职做免疫接种：免疫接种工作必须由兽医防疫人员执行，要求操作人员要有极强的责任心，并要做到耐心、细致、诚实、记录详细。保证疫苗注射剂量的准确和注射的密度，避免注射剂量不足及漏注。很多猪场猪瘟超免失败的一个原因就是漏免或仔猪吃初乳后才免疫，或免疫完没有按照要求间隔就吃初乳，特别是夜间分娩比较多的猪场。

7. 注意观察免疫接种后的反应：预防接种后要加强饲养管理，在反应期内，对接种反应情况进行仔细观察，注意观察猪的精神、食欲、饮水、大小便等变化，对反应严重或发生过敏反应的猪只及时抢救。

（七）几种主要传染病的参考免疫程序

1. 猪瘟：种猪每年春、秋季用猪瘟兔化弱毒疫苗各免疫接种1次。后备种猪配种前1个月免疫接种1次；选留作种用时立即免疫接种1次。仔猪20～30日龄、65～70日龄各免疫接种1次。如本场存在猪瘟或非典型猪瘟，应在仔猪出生后吃初乳前1小时进行猪瘟的超前免疫，猪瘟细胞苗 2 头份。

2. 猪丹毒猪肺疫：种猪春、秋季分别用猪丹毒和猪肺疫菌苗各免疫接种 1 次；仔猪断奶后合群时分别用猪丹毒和猪肺疫菌苗免疫接种 1 次；70 日龄分别用猪丹毒和猪肺疫菌苗免疫接种 1 次。

3. 仔猪副伤寒：仔猪断奶后合群时（33 ~ 35 日龄）口服或注射 1 头份仔猪副伤寒菌苗。

4. 仔猪大肠杆菌病（黄痢）：妊娠母猪于产前的 40 ~ 42 天和 15 ~20 天分别用大肠杆菌腹泻三价灭活菌苗（K88 K99 987P）免疫接种 1 次。

5. 仔猪红痢病：妊娠母猪于产前 30 天和产前 15 天，分别用红痢灭活菌苗免疫接种一次。

6. 猪细小病毒病：种公猪、种母猪每年用猪细小病毒疫苗免疫接种 1 次；后备公猪及母猪在配种前 1 个月免疫接种 1 次。

7. 猪喘气病：成年种猪每年用猪喘气病弱毒菌苗免疫接种 1 次（右侧胸腔内）；仔猪 7 ~15 日龄免疫接种 1 次；后备种猪配种前再免疫接种 1 次。

8. 猪乙型脑炎：种猪、后备母猪在蚊蝇季节到来前（4 ~5 月）用乙型脑炎弱毒疫苗免疫接种 1 次。

9. 猪传染性萎缩性鼻炎：妊娠母猪在产仔前 1 个月于颈部皮下注射传染性萎缩性鼻炎灭活苗。仔猪 70 日龄注射 1 次。

10. 猪伪狂犬病：猪伪狂犬病弱毒疫苗用 PBS（磷酸盐缓冲液）稀释成每头 1 毫升；乳猪肌内注射 0.5 毫升，断奶后再注射 1 毫升；3 月龄以上猪只肌内注射 1 毫升。妊娠母猪及成年猪肌内注射 2 毫升。

11. 猪口蹄疫：猪 O 型口蹄疫高效疫苗，后备母猪及公猪配种前肌内注射 2 毫升；20 日龄时，在仔猪交巢穴注射 0.3 毫升；80 日龄时，肌内注射 2 ~3 毫升。

六、猪群保健

猪群保健就是采用一定的方法减少或消除各种致病因素，保持和提高机体本身的特异性和非特异性抗病能力，以达到保健防病和增加效益的目的。猪群保健的内容非常宽泛，主要包括改善环境、增强体质、合理免疫和药物预防等。改善环境是猪群保健的基础，主要从场址选择、场内布局、场内小环境改造及消毒制度几方面着手；增强体质是关键，主要从选种和加强饲养管理方面考虑；合理免疫是根本，主要从免疫程序和疫苗方面入手；药物预防是保障，主要是在饲料或饮水中加入抗生素、微量元素、氨基酸、复合多维等药物，以达到预防和控制疾病的目的。具体内容详见有关章节，本节仅介绍不同生产阶段猪的保健方案。

（一）哺乳仔猪保健

1. 保健目标：预防哺乳仔猪的腹泻；增强仔猪体质，提高成活率；预防细菌及病毒性疾病的发生。

2. 保健方案：

（1）将1克长效阿莫西林稀释于30毫升双蒸水中给仔猪注射。1日龄0.5毫升/头，7日龄1.0毫升/头；或复方氟苯尼考注射液1日龄0.5毫升/头，7日龄1.0毫升/头。

（2）在仔猪出生后7日龄补料，15日龄补硒，断奶前1天肌内注射长效阿莫西林2.0毫升或复方氟苯尼考注射液1~2毫升。

（3）仔猪在断奶前后5~7天用加强型氟苯尼考1 000克/吨+黄芪多糖200~400克/吨拌料，多维康100~300克/吨饮水或拌料，断奶前1天和后1天分别肌内注射长效阿莫西林2.0毫升，或复方氟苯尼考注射液1~2毫升。可有效防治仔猪断奶后腹泻，促进增重，提高断奶整齐度，预防仔猪水肿病、腹泻、链球菌病、呼吸道综合征、副伤寒及附红细胞体病，并可提高仔猪免疫力，对抗圆环病毒病等。

（二）断奶仔猪保健

1. 保健目标：减少断奶时的各种应激反应；增强仔猪体质，提高成活率；预防断奶后腹泻、水肿病及呼吸系统疾病。

2. 保健方案：该阶段由于母源抗体降低，同时由于不同来源的断奶仔猪混群饲养，易导致不同疾病的水平传播。

（1）在断奶后转群至保育舍3天内，于饲料或饮水中添加电解多维，以减少应激；其后于饲料中添加药物酒石酸泰乐菌素1 000克/吨+圆蓝瘟康散1 000克/吨，连续使用5天；间隔10天后于饲料中添加药物加强型氟苯尼考1 000克/吨，连续使用5天；转群前5天于饲料中添加药物利高霉素500克/吨+清肺散1 000克/吨。

（2）多维康50克+盐酸沙拉沙星50克溶解于1吨清水中，从断奶前3天到断奶后1周自饮，可减少断奶时的各种应激反应，提高成活率。

（3）由断奶前3天使用至断奶后1周，加强型氟苯尼考1 000克/吨+阿散酸60克/吨+亚硒酸钠VE 500克/吨拌料，可以有效地降低腹泻、水肿病、呼吸道疾病的发生。

（4）仔猪在转群前3~5天，每吨饲料中添加药物进行预防，喘气病严重场用泰妙菌素100克、环丙沙星200克、金霉素300克、安乃近200克；或用泰妙菌素100克、金霉素300克、阿莫西林200克、乳酸三甲氧苄氨嘧啶80克，连续使用7~10天。萎缩性鼻炎、副猪嗜血杆菌、胸膜肺炎、链球菌严重的场用环丙沙星200克代替上方中的泰妙菌素和金霉素，连续用药1周。

（5）保育后期，可在每吨饲料内添加磺胺-5-甲氧嘧啶钠1 000克、乳酸三甲氧苄氨嘧啶200克、碳酸氢钠（苏打粉）500克、安乃近粉200克，连续饲喂5~7天。另外，为预防仔猪拉稀可在每吨饲料内添加痢菌净200克，连续饲喂3~5天即可。

（三）育肥猪保健

1. 保健目标：提高料肉比；预防呼吸道疾病的发生；增强体质，

提高免疫力，缩短出栏时间。

2. 保健方案：

（1）进入保育与育肥阶段的仔猪，每月定期用加强型氟苯尼考粉抖料 7～10 天，可有效控制发热、拉稀、呼吸道疾病等，并可改善饲料利用率，提高增重。

（2）猪群在夏季定期（每隔 2 周）使用加强型氟苯尼考粉拌料 5～7 天，同时添加生命源 300 克，可有效控制附红细胞体、弓形虫以及多种细菌性疾病和呼吸道病，提高猪群生物安全性。育肥阶段重点是呼吸系统疾病的防治，尤其是 13～15 周龄、18～20 周龄，该病的最大危害就是饲料转化率降低，生长缓慢，猪群整体的均匀度降低，猪的质量下降，从而导致推迟上市。因此，必须在疾病易发前做好预防措施，减少转栏次数和混群次数；在 12～16 周龄时添加针对支原体肺炎和胸膜肺炎的药物，一般使用利高霉素和泰乐菌素或者替米考星。

（3）保育转群至育肥后于饲料中添加电解多维及药物加强型氟苯尼考粉 1 000 克/吨或酒石酸泰乐菌素 1 000 克/吨，连用 7 天；同时间隔 10 天后再次使用药物利高霉素 500 克/吨＋阿莫西林可溶性粉 1 000克/吨，饲喂 7 天。

如遇呼吸系统疾病较为严重时可选择脉冲式给药，即使用常规剂量 2 倍的药量，连用 3～5 天，然后减半使用 3～5 天，这样比常规用药 10～15 天的治疗效果要好，也可以防止细菌耐药性的产生，延长抗生素的使用时间。同时可添加中药圆蓝瘟康散或清肺散，有明显的辅助治疗作用。

（4）每吨饲料中集中投药，氟甲砜霉素 55 克、金霉素 300 克、三甲氧苄氨嘧啶 100 克，持续 5 天，以提高猪群的抵抗力；或用泰妙菌素 55 克、金霉素 165 克、阿莫西林 150 克、三甲氧苄氨嘧啶 80 克；或环丙沙星 50 克、阿莫西林 150 克、三甲氧苄氨嘧啶 40 克，连续用药 5 天。

（四）后备母猪保健

1. 保健目标：严格控制呼吸道疾病的发生，预防细菌或病毒性疾病的出现，控制了猪呼吸道疾病，也就减少了感染其他病原菌的机会，减少对其他疾病的药费支出；清除后备母猪体内病原菌及内毒素，抑制体内病毒数量及活性，用药物对猪场内的常见病进行净化；增强后备母猪的体质，提高机体免疫力，促进发情，获得最佳配种率。

2. 保健方案：

（1）母猪配种前 10 天，在饲料中添加加强型氟苯尼考粉 1 000 克/吨，饮水中添加生命源 200 克/吨，连用 5 ~ 7 天，可有效控制、净化支原体、胸膜肺炎、肠道疾患、病毒感染等多种病症，提高机体抗病能力，促进多排卵，护宫安胎。有效提高受胎率，减少弱胎、死胎、木乃伊胎，提高产仔质量及产仔成活率。

（2）后备母猪引入本场第 1 周及配种前 1 周时，于饲料中适量添加抗应激药物如电解多维生命源添加剂等，有条件时在饮水中添加适量多维康等效果更佳；同时饲料中添加广谱的抗生素药物如加强型氟苯尼考粉、利高霉素、泰乐菌素、阿莫西林、硫氰酸红霉素等。

（3）每吨饲料中添加加强型氟苯尼考粉 1 000 克或利高霉素 500 克或阿莫西林可溶性粉 1 000 克等。

（4）后备母猪在引种后的预防，可在每吨饲料中加入泰妙菌素 110 克、金霉素 330 克、阿莫西林 200 克；或者应用上方同时加入乳酸三甲氧苄氨嘧啶 100 克。连续用药 1 周，停药 2 天，再用药 1 周。

（五）公猪及妊娠母猪保健

1. 保健目标：清除体内毒素，疏通肠道，增强体质，提高免疫力，预防各种疫病通过精液、胎盘传播，提高妊娠质量。

2. 保健方案：

（1）新引进种猪，用加强型氟苯尼考粉 1 000 克/吨拌抖连用 5 ~ 7 天，防止带进病原微生物，并有利于引进种猪迅速适应新环境。妊娠母猪产前 1 ~ 2 周应使用安全性能较高的驱虫药全面驱虫，可使用

“驱虫散”（伊维菌素、芬苯哒唑）驱虫1次，拌料7天。母猪产前1周至产后1周用加强型氟苯尼考粉1 000克/吨 + 阿莫西林可溶性粉1 000克/吨拌料，可有效净化母猪内环境，减少初生仔猪红痢、黄白痢等病发生，提高仔猪成活率，减少母猪发病，提高泌乳量。产后用氟苯尼考注射液或长效阿莫西林或青链霉素注射1次，效果更佳。

（2）每季度根据不同疾病流行特点（尤其是弓形虫、附红细胞体等）对公猪、妊娠前期猪进行一次饲料用药，如加强型氟苯尼考粉1 000克/吨或利高霉素500克/吨或阿莫西林可溶性粉1 000克/吨等，使用7天。对于妊娠后期，因期间接种疫苗较多，同时考虑仔猪疾病的预防，可于转入产房前1周进行药物预防，饲料中添加利高霉素500克/吨 + 多维康200克/吨或绿康健1 000克/吨。

（3）分娩前半个月，在每吨饲料中添加四环素粉400克、安乃近粉200克，连续饲喂半个月（至分娩）。

（4）配种期种猪群，配种前后每吨饲料中加入磺胺嘧啶钠1 000克、乳酸三甲氧苄氨嘧啶200克，连续用药1周。

（六）哺乳母猪保健

1. 保健目标：预防母猪产前、产后无名高热及仔猪10天内腹泻；减少母猪无乳或少乳现象；减少母猪乳房炎与产道炎症的发生；提高母猪体质，减少应激；改善断奶母猪发情。

2. 保健方案：

（1）为了防止母猪在产仔、哺乳过程中把过多的病原菌传染给仔猪，必须在母猪产前至产后10天的饲料中添加一定量的抗生素或磺胺类药物，如强力霉素、土霉素、阿莫西林、泰乐菌素、利高霉素、氟甲砜霉素、磺胺类药物等。

（2）阿莫西林可溶性粉1 000克/吨或加强型氟苯尼考粉1 000克/吨或利高霉素500克/吨 + 磺胺 - 5 - 甲氧嘧啶250克/吨 + 三甲氧苄氨嘧啶50克/吨等，连续使用。配合使用中药圆蓝瘟毒康、加强型清瘟败毒散对提高猪的免疫力及抗病毒有明显的协同作用。

（3）每吨饲料中添加乳酸环丙沙星200克、阿莫西林250克、乳酸三甲氧苄氨嘧啶100克，连喂10～15天。

（4）磷酸泰乐菌素（8.8%）1 200克、15%金霉素2 500克、安乃近200克，连续饲喂15天，或产前、产后各饲喂7天。

（5）如本场存在猪支原体病，需在每吨母猪饲料内添加支原净100克、金霉素400克、安乃近200克，连喂10～15天。

（七）常规保健方案

断奶、转群、疫苗免疫、驱虫、运输等前1天以及后3天，在饮水或饲料中添加电解多维每吨水500克，以减少应激。每个月针对一种疾病采用一套药物防治方案，对全场公、母猪及育肥猪进行投药。

1月，预防气喘病、链球菌病、副猪嗜血杆菌病及传染性胸膜肺炎等呼吸道传染病，可选择以上抗菌药物配方在饲料中添加药物饲喂7～10天。

2月，驱除体内外寄生虫病，按本书驱虫模式或畜必胖1 500千克/吨在饲料中添加药物，连喂5天。

防治腹泻类疾病，饲料中添加痢菌净200克/吨，连喂5～7天。

3月，预防猪弓形虫病，按前述配方在饲料中添加磺胺间甲氧嘧啶钠，连续饲喂7～10天。

预防猪附红细胞体病，在饲料中添加尼可苏，连喂5天。

4、5、6月，7、8、9月和10、11、12月分别重复1、2、3月的药物防治方案，并适当调整药物种类。

目前，市场上销售的抗菌药物大多是预混剂，且已经按配方配好，只要按量添加并混合均匀即可。

另外，在深秋、早春等气候多变期，可按生长育肥猪加药方案进行投药预防，连喂5～7天以提高猪群的抵抗力。药物主要是用来对付敏感细菌的。药物选择应依据场内的疾病状况而定。所以，最佳的用药指南是多次的药物敏感试验。随着时间的变化，用药方案以药物敏感试验的结果为准。药物方案应用2个月后，在有条件的场可取消仔猪萎缩性鼻炎的免疫，减少喘气病疫苗的使用次数。

新生仔猪在1~3日龄注射牲血素1.5毫升，10~14日龄复查，对补铁不足的个别猪再补铁1.5毫升。

仔猪黄白痢发生较多的场，在仔猪7、14、21日龄注射长效土霉素25毫克+硫酸新霉素25毫克，或者得米先0.5~1.0毫升加等量的硫酸新霉素注射。

仔猪在5日龄口服百球清1毫升+1毫升生理盐水。

灭毒净还可以作为酸化剂，在生长育肥猪的饲料中按1:(1 000~2 000)稀释拌料，以提高高温季节生长猪的采食量。灭毒净1:100时对圆环病毒有很好的杀灭能力。

七、检疫与疫病监测

对猪群健康状况的定期检查，以及常见疫病及日常生产状况资料的收集分析、监测各类疫情和防疫措施的效果，对猪群健康水平的综合评估，对疫病发生的危险度的预测预报等是检疫与疫病监测的主要任务，在规模化养猪业防疫体系中甚为重要，也是当前各规模化猪场防疫体系中最薄弱的环节。

（一）检疫

动物检疫是遵照国家法律，运用强制性手段和科学技术方法预防和阻断动物疾病的发生以及疾病从一个地区向另一个地区间的传播。检疫的目的一是保护农、林、牧、渔业生产；二是促进经济贸易的发展；三是保护人民群众的身体健康。目前涉及动物检疫方面的法规有《中华人民共和国进出境动植物检疫法》、《中华人民共和国进出境动植物检疫法实施条例》和《中华人民共和国动物防疫法》以及有关的配套法规等。检疫可分为产地检疫、运输检疫和国境口岸检疫。①产地检疫是畜禽生产地区的检疫，包括乡镇内的集市检疫和畜禽收购检疫。②运输检疫就是对运输过程中的动物进行的检疫，可分铁路检疫和交通检疫两种。③国境口岸检疫就是在国境各重要口岸设立动物检疫机构，由中华人民共和国出入境检验检疫局对进出境的动物及其产品执行检疫任务，按照国家制定的《动物检疫操作规程》实施检疫。目的是为了维护国家主权和国际信誉，保障我国农牧业生产安全，既不允许国外动物疫病传入国内，也不允许将国内动物疫病传到国外。

另外，对于养殖场也要做好引种检疫和日常检疫工作。引种检疫就是对采购的猪只进行检疫。凡需要从外地购买猪只时，必须调查了解当地传染病流行情况，以保证从非疫区健康猪群中购买。再经当地动物检疫机构检疫，签发检疫证明后方可启运。运回场后，要隔离饲养30天，在此期间进行临床检查、实验室检查和疫苗注射，确认健康无病后方可进入生产区健康猪舍。日常检疫就是由兽医人员定期或不定期对猪群进行系统的检查，观察各个猪群的状况，大群检查时应注意从猪的外表、动态、休息、采食、饮水、排粪、排尿等各方面进行观察，必要时还应抽查猪的呼吸、心跳、体温三大指标。对种猪群还应检查公母猪的发情、配种、怀孕、分娩及新生仔猪的状况。对获取的资料进行统计分析，发现异常时要进一步调查其原因，作出初步判断，提出相应预防措施，防止疫病在猪群中扩大蔓延。

（二）疫病监测

1. 实验室检验：可用于规模化养猪业的实验室检验方法甚多，但目前最受场家关注的是主要传染性疾病的抗体水平监测。这些传染性疫病主要为猪瘟、口蹄疫、细小病毒病、乙型脑炎、猪伪狂犬病、猪传染性萎缩性鼻炎、猪气喘病、衣原体病、传染性胸膜肺炎以及弓形虫病等。通过抗体水平的检测，在评价免疫注射的质量、免疫程序的制订、猪群中潜伏的隐性感染、疫病防治效果的评估等诸多方面都具有极高价值。实验室检测主要是用血清学试验检测血清的抗体水平，对于中小规模养猪场，由于条件限制，可能在本场无法进行实验室检测。目前市场上有快速检测抗体水平的试纸条，操作简便快捷，可随时检测猪群抗体水平。

2. 其他监测：对规模化养猪业的其他各项措施如消毒、杀虫、灭鼠、驱虫、药物预防与临床诊断等方面的效果进行检测，最佳防治药物的筛选等，都可进一步提高防疫质量。而对猪舍内外环境如水质、饲料等检测也都有益于猪场的疫病防制。

3. 疫病统计资料的收集与分析：通过对猪群的生产状况如繁殖性状、生长肥育性状资料，疫病流行状况如疫病种类、发病率、死亡率、防疫措施的应用及其效果等多种资料的收集与分析，以发现疫病变化的趋势，影响疫病发生、流行、分布的因素，制订和改进防疫措施；通过对环境、疫病、猪群的长期系统的监测、统计、分析，对疫病进行预测预报。

八、日常诊疗与疫情扑灭

（一）日常诊疗

兽医技术人员应每日深入猪舍，巡视猪群，主要观察猪群的精神状态、采食状况、粪便性状、体温等，对猪群中发现的病例均应及时进行诊断治疗和处理。对内、外、产科等非传染性疾病的单个病例，有治疗价值的予以治疗，无治疗价值的尽快予以淘汰。对怀疑或已确诊的常见多发性传染病病猪，应及时组织力量进行治疗和控制，防止其扩散。

（二）发生传染病时的防治措施

1. 发现疑似传染病时，及时严格隔离，请兽医确诊，并迅速上报有关部门，报告内容包括发病动物种类、发病时间、地点、发病数、死亡数、临诊症状、剖检病变、初步诊断、防治情况等。对不能确诊为何种传染病时，应及时采取病料送科研院所或有关部门实验室进行病原分离鉴定、血清学试验、动物接种试验等，尽快确诊。隔离病猪舍的用具不能与健康猪舍混用。病猪排泄物、分泌物等应及时清理，经无害处理后才能运出隔离区。

2. 当确诊为某种传染病时，要迅速采取紧急封锁措施，划定疫区或疫点进行封锁。对发病猪群及邻近猪群，加强临床检查，发现病猪可根据具体情况或将其转移至病猪隔离舍进行诊断和治疗，或将其扑杀焚烧和深埋。在疫区封锁期间，应禁止生猪及其产品交易等活动，生产区内禁止猪群调动，禁止购入或出售猪只。直到最后一头病猪痊愈或死亡（或扑杀）后，经过该病的最长潜伏期，再无新的病例出现，经过全面彻底消毒后，方可解除封锁。

3. 经确诊为传染病后，对场内假定健康猪均应进行该病疫苗紧急接种或用药物预防，以防该病蔓延、传播。被传染病猪污染的场地、用具、猪舍、运动场、工作服及其他污染物必须随时彻底消毒。病、死猪一律不准在生产区内宰杀、肢解，不准食用；特别是烈性传染病病死猪一定要深埋或做其他无害化处理。在传染病流行期间，全场猪舍及用具应每周消毒 1～2 次，病猪隔离舍应每天消毒 1 次或随时消毒。病猪痊愈后，应隔离饲养一段时间，观察无异常后才能并入健康猪群。整个猪场再做一次彻底、全面消毒。

4. 在发生传染病期间，要改善饲料营养和卫生管理，以提高抗病能力。为保护易感猪群，对假定健康猪及受威胁区的健康猪应进行紧急预防接种，提高猪群的免疫力。对尚无菌苗的细菌性传染病可普遍饲喂抗生素或化学合成抗菌药 5～7 天，进行药物预防。

第三章 养猪场猪病诊断技术

猪病诊断是一项综合性的技术，是综合运用动物生理学、病理学、微生物学、毒理学、传染病学等多学科知识和技能进行传染病的诊断。养猪场对猪病的诊断方法主要有流行病学诊断、临床症状诊断、病理学诊断、血清学（免疫学）诊断、病原学诊断和分子生物学诊断。对任何一个传染病的确诊都需要多种诊断方法的综合应用。

第一节 流行病学诊断

流行病学诊断是用流行病学方法以宏观的、全局的观点对所发生的疾病进行诊断，它是以动物群体（包括健康动物、患病动物、病死动物）为单位，从疾病现场（疾病发生的实际地点和环境）着手，首先观察和搜集最原始的数据资料，然后再进行室内统计学分析和相应的实验室工作，它注重于对整个动物群体的发病率、死亡率、发病类型、发病概率的研究，其直接目的之一是探寻疾病和死亡的决定因素，以此为线索探讨和证实各种诱发病因，最终目的是明确病因学和获得相关知识，用以降低群体的发病率和死亡率。有些疾病（如口蹄疫、猪水疱病、水疱性口炎和水疱性疹等）虽然临床表现十分相似，但流行特点和流行规律却大不一样，因而可通过流行病学资料加以初步区分。

流行病学诊断与临床诊断和病理学诊断在诊断对象、诊断场所、诊断方法、研究目标、目的均有区别，但又是相互联系的，彼此间都有着某种桥梁作用。如临床诊断为病理剖检提供参考，病理学诊断为临床治疗提供理论依据。

流行病学诊断所应用的方法有跟踪调查和普查。跟踪调查是对一个动物群体内所有可能与发病事件有关的各种因素进行详细的、全面的调查研究。普查是对动物群体的一部分或全部个体有组织地进行数据的收集、稽核、分析、解释，以阐明群体内的疾病事件，作为制订防治措施和采取其他行动的依据。

一、流行病学调查

（一）收集资料

进行流行病学调查，主要通过询问、现场查看和追踪调查等形式向畜主、管理人员、当地居民收集有关疫病信息；亲临疫区查看情况，了解疫区内的兽医卫生状况、气候特点、饲养管理情况。保护已发病的动物群内未发病的动物，以及防止发生疾病向其他动物群传播。目标是追溯初发病例，并查清大群发生的开始及其发生原因，明确初次发生动物的来源。

（二）对流行病学调查主要掌握以下几个方面的情况

1. 基本情况：当地的经济概况、生产情况、养殖规模、引种和防疫情况。

2. 本次流行情况：力求查明传染源和传播媒介，包括发病起因和传染源，同时发病和相继发病的动物种类，以前是否有同类传染病，近期引入过何种动物，饲料、水质情况，饲养和管理状况，免疫程序、疫苗的来源及保管、接种技术，起始发病的时间、地点，目前疫情分布，疫区内饲养规模与分布，发病动物的种类、数量、年龄、性别等。

3. 疫源调查：当地历史上有无类似疫情及流行情况，此次流行之前有无引进动物或其产品、饲料，输出地有无同类疾病。

4. 传播途径和传播方式：当地有关动物饲养管理方式，动物流动、收购、调拨以及防疫状况，交通检疫、集市检疫和屠宰检验情况。

二、流行病学统计和分析

（一）流行病学统计和分析的内容

分析各传染病在所有传染病总数中所占的比例，以把握防疫重点；分析发病的不同时间，明确季节性分布；分析几年内发病率、死亡率的变化，找出变化原因，分析发病年龄、饲养管理等与传染病的关系，比较邻近地区的发病率。以此对发病率、死亡率进行分析。

根据疫病的潜伏期来寻找传染源的线索。搞清首发病例的日期，再向前推一个潜伏期，分析这一段时期的情况。以此对传染源和传播途径进行分析。

季节明显的传染病应分析气候季节、节肢动物、吸血昆虫等，并考虑当地的饲养条件和饲养管理情况。以此对自然和社会条件进行分析。

了解疫苗的来源、质量、运输、保管、使用，考察隔离、消毒、杀虫、灭鼠等情况。以此对防疫措施进行分析。

（二）流行病学统计分析常用的频率指标

常用的频率指标有流行率、发病率、感染率、死亡率、病死率等。

1. 发病率：是一定时期内某病在猪群中新病例发生的频率，它能反映某传染病的流行情况，但不能说明其整个流行过程，因为有些动物呈隐性感染而不出现临床症状，但也是感染源。

发病率 = 某病新病例数/某时期内该群动物的平均数 ×100%

2. 感染率：是通过临床诊断和各种检验方法检查出来的所有感染动物数（包括隐性感染动物）占被检查动物的百分比。它能反映疫病流行的情况，对某些慢性传染病具有特别重要的指导意义。

感染率 = 感染某传染病的动物总数/被检查动物总数 ×100%

3. 死亡率：是某病病死动物数占某群动物总数的百分比。它能表示该病在猪群中造成死亡的频率，但不能说明传染病发展的特性。

死亡率 = 因某病死亡的动物数/同时期某群动物总数 ×100%

4. 病死率（致死率）：是指某疾病致死的动物数占发病总数的百分比，它能反映某传染病的严重程度，故比死亡率更准确地反映传染病的流行过程。

病死率 = 因某病致死的动物数/该群动物患病总数 ×100%

第二节　临床诊断

动物发病后会表现出一系列临床症状，有些是普遍性症状，有些症状则有特征性，具有诊断意义。临床诊断就是利用人的感觉器官或借助一些简单的器械（如体温表、听诊器等）直接对动物进行检查，有时也包括血、尿、粪的常规检验，从而做出初步诊断。临床诊断简便易行，也是最基本的诊断方法。对于那些具有典型症状的疾病如破伤风、猪气喘病、猪萎缩性鼻炎等，通过仔细的临床检查，一般不难做出诊断。当然，临床诊断有一定的局限性，特别是发病初期（尚未表现特征性症状）、非典型病例（无症状隐性感染）以及类似疾病，仅靠临床诊断很难确诊，需要综合分析动物群体表现和借助其他诊断方法加以确诊。

一、猪的个体检查

（一）体表检查

猪的某些特定姿势常可反映某种疾病的性质。猪的卧地姿势有侧卧和平卧两种。当处于寒冷状态时，猪的四肢缩于腹下而平卧，以减少躯体与寒冷地面的接触。猪呈犬坐姿势提示呼吸困难，常见于肺炎、心功能不全、胸膜炎或贫血。如猪站立时头颈向前伸直也表示有呼吸障碍。患有胸膜炎的猪通常弓背站立。有跛行的病猪，通常不愿站立或是倚栏而立。有严重的前肢跛行的猪常常以鼻触地来避免前肢负重。

体型体态也可以反映动物的健康状况，动物的营养状况应与同栏猪比较。架子猪的体表不应有明显的骨结构，而应背弓腹圆，但过分弓背或驼背，且脊柱、肋骨或盆骨外凸均属异常。腹部应充盈但不膨胀。成年猪站立时背部平直或微弓，两侧腹壁平坦或微凸。

由于猪呼吸频率的正常范围较大，故应把病猪的呼吸频率与同栏健康猪进行比较。呼吸频率的正常范围见表 3.1。肺炎、心功能不全、胸膜炎、贫血、劳累和疼痛均可引起呼吸加快；肺炎和胸膜炎可引起腹式呼吸。

视诊之后，可根据需要将猪保定起来做仔细的全身检查。

观察猪全身皮肤的颜色，尤其要注意鼻、耳、腹下、股内侧、外阴和肛门部皮肤的颜色。在自然光或白炽灯下准确地观察皮肤的颜色。白猪皮肤的颜色变蓝提示循环障碍；变红提示充血、发热或有感染；苍白提示贫血；黄染提示肝脏功能不全或溶血；若呈灰色或出现结痂则提示寄生虫侵袭或营养失调。健康猪被毛光滑平整，如被毛粗乱则提示猪冷、有病或营养不良。如果发现皮肤有损伤，则应注意是局部的还是均匀分布的，病变部位是平坦的还是突起的，是弥漫性的还是界限分明的，还要注意患猪是否经常摩擦皮肤。当怀疑疥癣时，应从耳道内取皮屑进行检查。如果有特征性的皮肤损伤，则应从损伤边缘刮取皮屑进行检查。

采集皮屑的方法是用解剖刀刮取皮屑至微微出血。可用矿物油、10%氢氧化钾或甘油将皮屑从皮肤上转移到玻片上或试管内。

除观察皮肤的颜色外，还可以通过测定脉搏和心脏听诊来检查心血管系统。

（二）体温检查

所有恒温动物均能在不同环境条件下保持机体恒定的温度。健康动物的体温受生理因素（年龄、性别、品种、神经类型、生产阶段、营养状况等）、动物状态（剧烈运动、兴奋、采食、咀嚼等）、环境气候条件（地域、季节、气温、湿度、风力等）等方面的影响而引起一定的生理性波动，但一般在稳定的范围内变动。一般来说，小型动物比大型动物的体温高，母猪、孕猪及仔猪的体温相对较高，一日之中，清晨体温较低，午后3点最高。一般来说，除特殊生理阶段外，猪的正常体温为38.5～39.5℃，不同年龄猪的生理参数见表3.1。

表3.1 不同年龄猪的体温、呼吸和心率

年龄	直肠温度（±0.3℃）	呼吸（次/分）	心率（次/分）
初生猪	39.0	50～60	200～250
1小时	36.8		
12小时	38.0		
24小时	38.6		
哺乳仔猪	39.2		
断奶猪9～18千克	39.3	25～40	90～100
架子猪27～45千克	39.0	30～40	80～90
肥育猪45～90千克	38.8	25～35	75～85
妊娠母猪	38.7	13～18	70～80
母猪产前24小时	38.7	35～45	
母猪产前12小时	38.9	75～85	
母猪产前6小时	39.0	95～105	
产出第一头仔猪	39.4	35～45	
产后12小时	39.7	20～30	
产后24小时	40.0	15～22	
产后1周到断奶	39.3		
断奶后1天	38.6		
公猪	38.4	13～18	70～80

临床测定体温时，四肢动物以直肠温度为准。一般用水银式体温计进行测定。方法是先将体温计水银柱甩至35 ℃以下，用消毒棉球擦拭后涂上润滑油剂，一手将猪尾根提起并推向对侧，另一手持体温计徐徐插入肛门中，放下尾部，用夹子将温度计固定于尾毛上，3～5分钟后取出读数。排除生理性因素和其他正常因素影响后，体温的增减即属异常。

由病理性因素造成的体温升高称为发热。发热是动物机体对病原微生物及其毒素、代谢产物或组织细胞的分解产物的刺激以及某些有毒物质被吸收后所引发的一种反应。

（三）循环系统检查

心室每次收缩时向主动脉输送一定量的血液，同时引起动脉的搏动，可以通过触诊感知，称为脉搏（心率）。可在猪的股内动脉进行触诊。健康猪的脉搏频率变动范围比较恒定。

（四）呼吸系统检查

除了在最初视诊时要观察呼吸外，对呼吸系统的检查还要检查鼻漏是浆液性的、脓性的还是血性的，以及口鼻部解剖结构是直的、弯的还是短的。

对眼的检查应检查有无结膜炎、分泌物和视力。长期过量的眼泪生成或鼻泪管阻塞将导致内侧眼角下部皮肤的污染，形成不同程度的泪痕。

（五）消化系统检查

从口腔开始，首先检查牙齿的状况，牙龈是否损伤和感染，是否有水疱和溃疡。腹部应当圆鼓，而非瘪塌或过分膨胀。猪粪的正常颜色为棕黄、棕绿或暗棕色，主要取决于采食饲料的种类。如果粪便变红、变黑或变黄，特别是含有血液或黏液时，均表明胃肠道功能紊乱。正常质地的猪粪应能成形，掉到地上后能稍稍散开。只有在各种疾病状态下，猪粪才会呈水样或过于干硬。

（六）泌尿生殖系统检查

对乳房的检查应注意其皮肤颜色、质地、热度及疼痛反应。仔猪的行为可以反映母猪乳汁充足与否，仔猪吵闹不安、不时拱乳房通常提示吮乳不足。如果怀疑母猪有传染性乳房炎时，可采取乳汁做细菌分离培养。母猪乳头应突起，不应该有瞎乳头。乳腺应均匀分布于腹线两侧并充分前伸。

母猪生殖系统外观检查一般限于外阴检查。阴门应稍稍隆起，并呈一定角度以便于交配。健康母猪阴道黏膜的颜色为粉红色。有时可见外阴肿胀、撕裂或血肿等异常情况。产后母猪从阴道内排出一定量的恶露是正常现象，但恶露过多、呈脓性或难闻的臭味，则表明有异常情况。

对公猪睾丸的检查要着重了解两个睾丸是否大小一致，阴囊皮肤呈什么颜色，是否完整，触诊可发现发热、疼痛和质地异常。对阴茎的检查应先拉出阴茎，然后察看是否有损伤、溃疡、畸形、粘连和系带紧张等异常情况。检查包皮应注意包皮憩室是否有溃疡、是否蓄积尿液。

（七）运动系统检查

猪的运动问题，通常把对患肢的检查放在最后，因为检查过程中患肢常会疼痛，对猪产生刺激作用，从而影响其他系统的正常活动。在做跛行诊断时，一般强调对蹄、跗关节、膝关节、髋关节的检查。首先观察猪的运步姿势，神经性的运动功能障碍通常表现为运动无力、不全麻痹、共济失调、平衡失控、强直性痉挛或辨距不清，而创伤或感染引起的运动功能障碍多表现为步幅变短、姿势改变和减免患肢负重。运动功能障碍时，猪的姿势出现异常，表现出明显的弓背、患肢不同程度屈曲及肢体位置异常（或置于腹下，或向外伸展），这种姿势异常通常是猪为减免患肢负重而出现的结果。对蹄的检查应注意有无挫伤、开放性伤口、蹄裂或感染，蹄壳的坚实程度以及蹄壳是否有过度增生或磨损。关节检查应对比患肢与健肢相应关节的大小，观察是否发热、疼痛以及是否有捻发音。

二、猪的群体检查

对个体猪的检查一般是因为该猪具有典型症状，而这些症状已发生在猪群中的部分猪身上。当猪群暴发某种疾病或是整群猪生长发育不理想时，需对整个猪群做检查。除检查体格状况外，还要了解猪群动态、环境条件、饲养管理状况。

检查时应着重了解猪的饲养密度、猪群均一性、共用设施的数量（食槽数、饮水器数、躺卧区面积等与猪头数的比值）、猪与猪之间的群体关系（是否争斗、咬尾、咬耳）以及猪对饲养人员的反应等。

对环境的检查应注意猪舍温度是否与猪的年龄相适合，猪舍的通风情况如何，湿度是否适中以及有无气体与尘埃污染，湿度是反映通风是否良好的指标，在40%～60%范围内波动都是适宜的；检查地面的建筑材料是否合适，地面设计是否合理以及清洁度和干燥程度是否良好；还要注意观察排粪的情况，观察栏内猪是否簇拥；是否有鼠害，鸟和野生动物能否进入猪舍等。

饲料的检查应着重于营养分析，比较日粮的实际成分与设计配方中营养物质的含量；对磨碎的饲料应观察其磨碎的程度是否合适，对颗粒性饲料则要看颗粒是否完整。猪的饲料应该新鲜，没有霉菌和鼠类的粪便，不含变质或酸败成分。

最后是对猪场管理情况的检查，猪的流动是否实行全进全出。混群、分级和移动的具体数量有多大，以及这些工作是在什么时候进行的都应有记录。要查看发情和配种记录，配种多少次，具体在什么时间。

对整个猪群的完整的调查，需要对猪群及其生活环境进行全面的检查并详细询问饲养员。

要注意完整收集猪场在猪群安全、遗传、繁殖管理、产仔性能、死亡率、治疗和免疫、饲料、疾病暴发、同窝猪发生的疾病等历史资料，特别应注意发病猪群的资料。

第三节 病理剖检诊断

猪的许多疾病，往往不能单靠临床症状来作出诊断，病理剖检是一种极为重要的常规诊断方法。通过剖检可迅速作出正确的诊断。因此，任何一个集约化猪场，都应该设有专门的剖检室，配备一台显微镜及一般的微生物检验设备，以便及时对患猪作出正确诊断，采取有效的防治措施，减少经济损失。

在进行剖检之前，应尽可能先了解病猪的发病和死亡经过，以及猪群目前的情况。病猪的品种、性别、日龄、体重等项也应一一记录。如多头病猪同时剖检时，还应注意编号，以免混淆。剖检时对各个器官的病理变化应作出记录，以便根据其病理变化作出正确诊断。

尸体剖检时，必须进行细致全面的观察，客观描述，详细记录。结合流行病学、临床症状及微生物检验等方面的材料，进行综合分析判断，从而作出正确的疾病诊断。

一、剖检猪的方法和程序

（一）体表检查

病死猪应放在一个长方形（长 1.5 米、宽 0.8 米）的台上或地面，用自来水冲洗掉体表黏膜上的粪污。然后由头向后躯检查各天然孔（口、鼻孔、眼、耳、肛门、阴门）有无分泌物及排泄物，数量和性状、气味、黏膜的颜色，接着检查头部、颈部、前肢、胸部、腹部、后肢、臀部和皮肤颜色及形状、腹围大小、被毛光泽、关节大小、蹄部情况等。

检查时应注意倒卧侧，倒卧侧皮肤颜色发绀，并且舌向倒卧侧垂出口角。

（二）猪的剖检术式

体表、天然孔和皮肤检查完以后，剖检猪多取背卧位，使尸体仰卧，用刀沿两前肢内侧切断肩胛骨前缘的肌肉，在肩胛软骨上方切断斜方肌，然后切断肩胛骨后缘肌肉、胸肌、腋下血管和神经，最后切断肩胛骨上内方附着的肌肉至皮下，向前沿下颌骨内侧切至颌下，让两前肢倒向两侧；在股关节上面切断臀肌，然后沿两侧腹股沟于股骨大转子和坐骨结节之间切断股二头肌、半膜肌和半腱肌，切断股骨内侧各肌肉及关节囊中的纤维囊状韧带、圆韧带，两后肢倒向两侧。将四肢与躯体分离，又要保持一定的联系，使尸体平稳地呈仰卧状，这样可以借四肢固定尸体，避免尸体左右倾斜。必要时可剥去皮肤。在剥皮时应注意皮下脂肪量和颜色、血管状况、断端流出血液颜色、黏稠度、是否凝固、肌肉颜色等，体表淋巴结大小、颜色、周围组织状况及其切面是否外翻等。

体表淋巴结和肌肉检查完后，由下颌部切向胸骨柄，沿肋软骨与胸骨结合处切至耻骨前缘，将下颌及颈部皮肤、胸骨和部分腹壁切除下来，胸腔和腹腔就暴露出来了，胸腹腔是否有积水和炎症即可一目了然。

（三）体腔检查及内脏器官的摘出

腹腔剖开后，可见螺壳形结肠盘位于腹腔后 2/3 处稍偏于右方，盲肠位于左腰部，盲端位于盆腔内。小肠位于右前方，在胃与结肠间为网膜。腹腔脏器的摘出，可先取脾及网膜，其次为小肠、大肠、胃和十二指肠等，摘出顺序如下。

1. 脾与网膜的摘出：用手指将胃压向右侧，脾脏即露出，左手握住脾脏，分离网膜，取出脾脏。

2. 肠管的摘出：将螺壳形结肠盘向右，盲肠向左侧牵引，即可见到回盲韧带和回肠，在距盲肠入口约 15 厘米处结扎并切断回肠，左手拉住回肠断端，右手执刀依次分离回肠、空肠的肠系膜，直至十二指肠和空肠曲部再结扎切断，可取出空肠和回肠。

左手伸入盆腔握住直肠，挤出粪便，结扎（或不结扎），切断直肠，从断端向前分离肠系膜，至前肠系膜动脉根部，再将结肠与十二指肠、胰腺之间的联系加以分离，切断前肠系膜动脉根部的血管、神经和结缔组织以及结肠与背部之间的联系，将大肠全部取出。

此时除十二指肠外，全部肠管已经摘出，然后依次摘出胃、十二指肠、肾脏、肾上腺、胰脏和肝脏等。

临床上也可将胃肠一次性取出，即在腹腔中将食道、血管切断，把胃和肠道由腹腔向外移出，随着移动，逐步将肠系膜根处组织和韧带组织切断，即可将胃和肠道全部移出体外，最后切耻骨联合处，把直肠同结肠一同移出。

3. 脏器的摘出：接着将肝与横膈连接的韧带切断，整个肝脏由腹腔取出。最后剥除肾周围脂肪组织，将肾脏摘出。由颌凹处剥离喉头周围组织，将喉头与舌连接处切断，一手握着喉头，右手持刀将气管周围组织剥除，再将第一肋骨的胸腔口联合处切开，将喉头连同气管一起拉向胸腔，随拉随剥除联结组织，这样即将喉头、气管、肺和心脏一起由胸腔摘出。

4. 大脑和小脑的摘出：先将头部皮肤剥掉，由枕骨处将头骨与脊椎骨切割开，然后在两眼窝后部用刀轻轻砍开，砍至见硬脑膜，再沿两侧颞骨向两侧眼内侧方向，用刀砍头骨，砍至见硬脑膜，再沿两侧颞骨向枕骨大孔两侧，用刀砍至硬脑膜处，用镊子将头盖骨向上用力一掀，头盖骨与硬脑膜就被分离开，大脑与小脑即暴露出来。再用剪刀剪开硬脑膜，在剪开硬脑膜的过程中注意观察软脑膜上血管变化，脑回及脑实质的质度情况，最后将脑底 12 对脑神经剪断，大脑与小脑、延脑全部由颅腔取出。

二、各内脏器官的检查

（一）腹腔器官的检查

1. 胃：观察胃的大小、充盈度、浆膜颜色，然后沿胃大弯将胃剪开，注意胃壁的厚度、胃内容物的性状、黏膜的颜色、有无出血或溃疡面、黏膜下有无积液。

2. 小肠：小肠肠系膜血管充盈度，脂肪是否丰润，肠系膜淋巴结大小、颜色、切面情况，浆膜颜色，肠管充盈度。剖开肠管，肠管壁厚度，肠内容物颜色、数量、性状、气味、黏膜状况等。

3. 大肠：结肠与盲肠浆膜颜色，肠系膜状况，是否有水肿或出血，肠腔内容物的多少、性状、颜色，肠黏膜颜色，有无溃疡和出血。

4. 肝脏：颜色，被膜是否光滑，边缘是否钝，切面是否外翻，肝的质度，胆囊大小，胆囊壁及周围组织状况，黏膜颜色，有无溃疡。

5. 脾脏：颜色，被膜是否紧张光滑，边缘有无出血性坏死，脾脏大小、质度、切面状况等。

6. 肾脏：肾周围脂肪多少，肾包膜是否容易剥脱，肾的大小、颜色，肾表面有无出血灶与梗死灶，切面是否外翻，皮质与髓质部的状况，肾乳头与肾盂的情况，有无积尿。

7. 膀胱：大小，内容物性状，黏膜颜色，有无出血现象。

（二）呼吸系统检查

喉头黏膜颜色，会厌软骨黏膜有无出血，喉头腔有无积液、积液性状，气管黏膜颜色，气管腔有无积液。肺两侧大小，肺膜是否光滑，各个部位的肺小叶颜色，切面状况等。

（三）心脏检查

要着重观察心包是否积液，心外膜是否光滑，冠状沟、纵沟脂肪量和颜色，有无出血，心肌颜色、质度，心耳内外膜和两侧心室的内膜，以及两房室孔瓣膜的状况，心室是否积血，凝固状况等。

（四）脑的检查

要特别注意脑软膜充血和出血变化，脑室是否增大，大脑切面灰质与白质的变化。

尸体剖检中，若因临床表现不典型，仅凭肉眼观察难以确诊时，必须采取病理材料送诊断室做进一步检验。病理材料的采取、保存和送检见本书第一章第三节。

三、尸体剖检的准备及注意事项

进行尸体剖检，尤其是剖检患传染病尸体时，剖检人员既要注意防止病原的扩散，又要预防自身的感染，因此，必须做好如下准备工作。

1. 动物病死后，应立即进行尸体检查前的准备，尽早进行剖检，如果病尸放置过久，易发生死后变化而影响疾病的正确诊断。

2. 尸检前，应先观察健康猪群，然后检查病猪群状况。应仔细了解病猪生前发病情况、临床表现及治疗措施以及对尸检的要求，以便有目的、有重点地进行检查。

3. 为便于消毒和防止病原扩散，剖检应在病理解剖室进行。病理解剖室离居民点、交通要道、饮水池和畜舍等要有一定的距离，并要求便于运送尸体和清理废物。解剖室四周要设围墙。水的供应要方便，应设有下水道、废水池、尸坑和毁尸炉等。

如果条件不许可，剖检也可在室外进行。在室外剖检时，要选择距房舍、厩舍、畜群、道路和水源较远的地势高燥的偏僻地点。剖检前挖2米左右的深坑，坑内撒一点生石灰，坑前铺上破旧席子或其他代用品，将尸体放在席子上剖检。剖检完毕，立即将尸体、垫席和被污染的土层等一起弃入坑内，撒放生石灰和消毒药，然后用土掩埋，顶上的土层应高出地面0.5米，坑周围地面也应严密消毒。

4. 如用车搬运患炭疽或结核等烈性传染病的尸体时，在搬运前要用浸过消毒液的棉花堵塞尸体的天然孔，并用消毒液喷洒体表各部，以防病原扩散。确诊为炭疽的病畜尸体严禁剖检。应将尸体和污染场地进行严密处理。运送尸体的工具等要严格消毒与处理，污染的土层和草料应予深埋或烧毁。

5. 准备剖检器械和消毒用的药品，最常用的器械有剥皮刀、解剖刀、脑刀、肠剪、板锯、凿子、斧子、磨刀棒等。

剖检时常用的消毒液为0.1%新洁尔灭溶液、0.05%洗必泰溶液和3%来苏儿溶液。病理材料固定液为10%甲醛溶液和95%乙醇。为预防剖检人员的感染，还应准备3%碘酊、70%乙醇、棉花、纱布等。

6. 剖检人员要做好自身的防护工作，必须穿工作服，戴胶手套、线手套和工作帽，穿胶靴，必要时还需戴口罩和眼镜。运尸体工具、剖检人员所用器械、衣服、胶鞋都要经过消毒处理方能进入场内。

7. 剖检人员应边进行剖检，边采集病料，供病理组织学检查及病原学检查之用。

8. 根据剖检情况，应及时作出剖检初步诊断，制订防治措施。

第四节　实验室诊断

实验室诊断就是应用各种仪器、设备和诊断试剂（盒）在兽医实验室内对猪传染病进行诊断。在猪病的诊断方法中，病原学诊断、血清学诊断和分子生物学诊断都属于实验室诊断。

一、病原学诊断

病原学诊断主要指细菌与病毒等病原微生物的分离鉴定，是传染病诊断技术的基础，也是一项很基本的确诊方法。

（一）细菌分离与鉴定

1. 细菌培养基：培养基是按照微生物生长要求制成的一种人工营养制品，主要作为繁殖细菌微生物、分离细菌微生物、鉴定细菌微生物、保存和研究细菌微生物以及制造生物制品等用。培养细菌必须有适于细菌生长繁殖的培养基。不同种类的细菌对营养的要求有显著的差别。要培养好细菌，首先要掌握细菌生长需要的条件，以便制备各种培养基。

制备培养基时必须注意如下事项：①培养基必须含有细菌所需的各种营养物质，如蛋白胨、碳水化合物及盐类。②培养基必须含有合适的水分，因为细菌主要靠液体以弥散和渗透等方式摄取营养。③多数致病菌对酸碱值的变化均敏感，故所用的培养基需要调整 pH，通常 pH 值为 7.2 ~ 7.6，即适合多数细菌的生长。测 pH 值须在冷后测定，因培养基所含成分不同，在冷或热时测定 pH 值相差较大。④制造及装培养基的容器不应含有抑制细菌生长繁殖的物质，制造培养基的容器最好用搪瓷锅和铝锅，不用铜锅与铁锅。⑤制造培养基所用化学药品，均需化学纯以上，且各种成分要准确准量。⑥制造的培养基应均质透明。⑦培养基必须彻底灭菌，且作无菌检验合格。

随着微生物学的发展，培养基的种类与日俱增。同一种类的培养基，因原料品种的不同而有质量上的差异。因此选择用于特殊要求的合适培养基，需要有相当丰富的工作经验。为了保证工作质量，节约制备大量品种培养基的时间，目前通常采用现成的各种干粉培养基成品，用蒸馏水配制而成，此种培养基使用方便，可直接应用进行各种培养基的制备。

（1）普通培养基：①营养琼脂：取营养琼脂粉 45 克，加入 1 000 毫升蒸馏水中，加热煮沸溶解，121 ℃高压灭菌 15 分钟，冷却至 50 ℃左右分装试管、摆成斜面或倾注于平皿制成。置 37 ℃培养箱过夜，有污染者废弃，无菌者置冰箱备用。一般细菌生长的分离、纯培养、观察菌落性状及保存菌种用，为特殊培养基的基础。②鲜血琼脂：以无菌手术采取健康动物（通常是绵羊或家兔）血液，加到盛 5% 柠檬酸钠溶液的容器中（血与抗凝剂之比为 9∶1），混匀；或加到盛有灭菌玻璃珠的容器里，反复摇动多次制成脱纤血，制备成无菌鲜血，置冰箱中备用。将灭菌后的营养琼脂冷却至 45 ~ 50 ℃，按 5% ~ 10% 加入无菌鲜血，混匀，分装及无菌检验同普通营养琼脂。

（2）特殊培养基：主要是麦康凯琼脂，制作方法为：取麦康凯琼脂粉55克，加入1 000毫升蒸馏水中，加热煮沸溶解、灭菌、分装及无菌检验同普通琼脂。用于肠道菌培养常用的培养基。

其他还有三糖铁琼脂、SS琼脂等。

2. 细菌的培养：用于细菌分离培养和鉴定，病料的采集和运送参考本书第一章第三节。

(1) 病料的处理：采集的病料，在接种培养前，应对其性状进行观察并做记录，如是否脓性带血或腐败，有何异味。

各种病料在分离培养前均应涂片，做革兰染色、镜检，以了解细菌的形态、染色特性，并大致估计其含菌量。通过肉眼观察和显微镜下看到的结果，对病料中可能含有的病原菌作出初步的估计。

如果病料是病变组织，又是用无菌方法采集的，在接种前一般无须作特别处理。但如果病料被杂菌污染严重，则需根据要分离的病原菌的特性，采用一些对病原菌无害但对杂菌有杀灭或抑制作用的方法，以抑制杂菌生长。如从粪便中分离沙门杆菌，可将粪样接种于亚硒酸钠肉汤中，作增菌处理。在这种培养基中，其他杂菌被抑制，而沙门杆菌则能自由繁殖。又如，分离布鲁杆菌、胎儿弯曲杆菌、炭疽杆菌、副结核杆菌可用选择性抗菌琼脂。分离链球菌和猪丹毒杆菌用叠氮钠结晶紫血琼脂等。如果从肠道内容物或从污染有不产生芽孢的杂菌培养物中分离能形成芽孢的细菌（如魏氏梭菌、破伤风梭菌等），可将病料在80 ℃加热15分钟，以杀死不形成芽孢的杂菌，再接种培养基，即容易获得纯培养物。

有些病料（如乳汁、尿等）含菌太少，则应先做集菌处理，然后接种，以提高检出率，其集菌方法有离心法和过滤法。离心法取沉淀物作培养物；过滤法取沉积于滤板上表面的病料作培养。

(2) 细菌的分离与接种：培养细菌时，须将标本或细菌培养物接种于培养基上，常用接种方法有如下几种：①平板划线接种法：本法为最常用的分离培养细菌的方法，通过平板划线后，可使细菌分散生长，形成单个菌落，有利于从含有多种细菌的标本中分离出目的菌，分离培养用的平板培养基应表面干燥，可于临用前置 37 ℃孵育箱内 30 分钟，这样表面既干燥有利于分离培养，又使培养基预温，对培养某些较娇弱的细菌有利。常用的平板划线接种法有以下几种：a. 分区划线法：此法多用于脓汁、粪便等含菌量较多的标本的分离。其方法是首先将接种环灭菌后，蘸取标本均匀涂布于平板培养基边缘一小部分（第一区），将接种环火焰灭菌，待冷却后只通过第一区 3～4 次后连接划线（为第二区），依次可划线 3～5 区，每一区细菌数可逐渐减少，直至分离出单个菌落为止。b. 连续划线法：该法多用于含菌数量较少的标本。其方法是首先用白金耳将标本均匀涂布于平板培养基边缘一小部分，然后由此开始，在培养基表面自左向右连续划线并逐渐向下移动，直至下边缘。划线接种时，尽可能做到直、密、匀，有效地利用培养基表面达到充分分离的目的。如果标本含菌较多，接种在强选择培养基（如 SS 琼脂）上时或标本含菌较少时，采用分区划线法接种，接种环可一直划完各区，中间不必灭菌。②斜面接种法：采用该法目的是进行纯培养。其方法是从平板分离培养物上用接种环挑取单个菌落或者是取纯种，移种至斜面培养基上，先从斜面底部自下而上划一条直线，再从底部开始向上划曲线接种，尽可能密而匀，或者直接自下而上划曲线接种。③倾注培养法：此法适用于乳汁和尿液等液体标本的细菌计数。其方法是取原标本或经适当稀释（一般是 10^{-1}～10^{-5}倍稀释）的标本 1 毫升，置于直径 9 厘米无菌平皿中，倾入已溶化并冷却至 50 ℃左右的培养基约 15 毫升，立即混匀待凝固后倒置于 37 ℃培养 18～24 小时，做菌落计数。

其他还有穿刺接种法和液体接种法等接种方法。

（3）细菌的培养方法：根据培养细菌的目的和培养物的特性，培养方法分为一般培养法、二氧化碳培养法和厌氧培养法 3 种。本书仅介绍一般培养法。将已接种过的培养基置 37 ℃培养箱内 18～24 小时，需氧菌和兼性厌氧菌即可于培养基内生长。少数生长缓慢的细菌，需培养 3～7 天直至 1 个月才能生长。为便于培养箱内保持一定湿度，可在其内放置一杯水。培养时间较长的培养基，接种后应将试管口塞棉塞后用石蜡凡士林封固，以防培养基干裂。

3. 细菌的鉴定：通过分离培养获得的病原菌，必须达到不含有其他微生物的纯培养程度，才能进行系统鉴定。系统鉴定就是通过病原菌的形态结构、生长特性、生理生化特性、抗原性和病原性大小等检测，并用已知标准免疫血清确定分离细菌的属、种和型。微生物鉴定的程序通常是根据其形态、生长、生化特性等定种，最后根据抗原的免疫血清学检测定型。

（1）形态学检查：各种细菌的形态，在适宜的环境下是相对稳定的。但环境的改变，如培养基条件的改变，抗生素和化学药品的作用等，均可使细菌产生不规则的形态，并可出现细胞壁的缺陷和多样性。为此，在做细菌形态鉴定时，必须按被检菌的生长要求，选择适宜的培养基和培养条件，以及适宜的培养时间和检查方法，才能做出正确的形态学鉴定。形态学检查一般包括两方面：肉眼观察和显微镜观察。①肉眼观察：肉眼观察主要观察细菌在固体、液体、半固体及鉴别培养基上的生产情况。在固体培养基上要观察菌落人小、形态、颜色是否均匀一致，表面是光滑湿润，还是干燥无光或呈皱纹状，边缘是否整齐，菌落是隆起、扁平，还是乳头样，是透明、半透明或不透明。在半固体培养基上应观察细菌是否沿着接种线生长，是呈刷样生长还是均匀生长，上下生长是否一致。在液体培养基中，要观察培养基是否呈均匀混浊，管底有无沉淀，液面有无菌膜，是否产气等。在鉴别培养基上，应观察其生长情况是否与预期的相一致。在血琼脂培养基上还要观察是否溶血及溶血圈的特点。在某些培养基上还要注意一些其他特性，如是否有臭味等。②显微镜观察：在做细菌个体形态学检查时，要根据被检菌的种类和检查项目，注意选择合适的培养基以及恰当的培养细菌的时间，并选用相应的染色方法，才能达到预期的目的。一般以 18 ~24 小时（生长时间长的细菌除外）的幼嫩培养菌为宜。例如，做革兰染色检查时，培养时间长的陈旧细菌，可能由阳性变为阴性。做细菌运动性检查时，液体培养基的幼嫩培养物（几小时到十几小时）最为适宜。做炭疽荚膜染色时，因炭疽杆菌在一般培养基上不形成荚膜，而在动物体内形成明显的荚膜，因此，应先接种小鼠，取死亡动物的病料作涂片标本镜检。作鞭毛染色时，以液体培养基为宜。芽孢的形成，因细菌种类不同，往往对培养条件如培养基、空气和培养时间等而异，但一般均要求较长时间。镜检时除注意其基本形态结构和大小（要用测微计测量）外，还应注意其排列状态、菌端形态、有无两极染色、有无形成芽孢和荚膜等。必要时可用电镜观察其微细结构。

（2）细菌的生化试验：细菌在人工培养条件下，在其生长繁殖过程中，不同菌种所产生的新陈代谢产物各异，表现出不同的生长特性。应用生物化学的方法来检测这些产物的性质，有助于对细菌的鉴别和鉴定。细菌的生化反应在种、型鉴别工作中具有重要价值，是继形态学鉴定之后的又一重要鉴别依据。

常用的生化试验方法有糖（醇）类分解试验、甲基红（M.R）试验、V-P试验、淀粉水解试验、吲哚（靛基质）试验、枸橼酸盐利用试验、硫化氢试验、凝固血清液化试验、硝酸盐还原试验、尿素酶试验、氧化酶试验、过氧化氢酶（触酶）试验、苯丙氨酸脱氨酶试验等。

（3）细菌血清型鉴定及血清学试验：血清型鉴定是微生物鉴定的特异方法。首先要求鉴定的细菌必须纯净，不能混有其他种细菌，而且要新鲜，细菌要在适当的条件下培养，尽量减少传代，以防发生变异，其次是要有特异性强和效价高的已知标准免疫血清（包括单克隆抗体）和标准菌株。有些种类细菌，如大肠杆菌和沙门菌不仅种、型繁多，而且抗原结构复杂，应购置专门的分型血清以备应用。最后是根据其菌体构造和抗原成分以及实验室的设备条件，选择相应的一种或几种血清学试验方法进行鉴定。

（4）细菌毒力测定：病原性细菌致病能力的强弱称为毒力。通常毒力越大，致病性就越强。同一种病原菌，因菌株不同，致病力大小也不相同，有强毒、弱毒和无毒株之分。用来表示微生物毒力大小的单位有最小致死量（M. L. D）或最小感染量（M. I. D）和半数致死量（LD50）或半数感染量（ID50）两种。

最小致死（感染）量是能使特定的动物感染后，在一定时限内发生死亡（感染）的最小的微生物量或毒素量。

半数致死（感染）量是在一定时限内使半数实验动物发生死亡（感染）所需的微生物或毒素量。试验时要选择年龄、大小、体重一致的动物，将动物分成若干组，每组动物数量相等。然后用等量的试验材料感染同一组动物。各组动物所用的试验材料量均有一定差数。对每组动物加以记录，然后用数学方法计算半数致死（感染）量。

（二）病毒的分离与鉴定

病毒分离与鉴定是病毒性疾病检疫、诊断和流行病学调查的重要方法之一，其主要目的是对患病的个体或群体进行科学的诊断，以便及时处理；对动物进行检疫，确定是否带有某种病毒病原；对病毒引起的疾病进行流行病学调查、追踪调查或者回顾性调查；对未知新病毒进行分类鉴定等理论研究。

1. 病毒分离用样品的采集与保存参考本书第一章第三节。

2. 病毒分离前样品的实验室处理方法：病毒含量较高的样品浸出液或体液，可不经过病毒分离直接用于诊断鉴定。病毒含量较少的样品，则需通过病毒的分离增殖来提高诊断的准确性和鉴定的可靠性。病毒分离首先要对样品进行适当的处理，然后接种实验动物或培养的组织细胞。

(1) 组织器官样品的处理：用无菌操作取一小块样品，充分剪碎，置乳钵中加玻璃研磨或用组织捣碎机制成匀浆，随后加 1～2 毫升 Hank's 平衡盐溶液制成组织悬液，再加 1～2 毫升继续研磨，逐渐制成 10%～20% 的悬液；加入复合抗生素（注：Hank's 平衡盐溶液和复合抗生素的配制见附）；以 8 000 转/分离心 15 分钟，取上清液用于病毒分离。

（2）粪便样品的处理：加 4 克粪便于 16 毫升 Hank's 平衡盐溶液中制成 20% 的悬液；在密闭的容器中强烈振荡 30 分钟，如果可能则加入玻璃球；6 000 转/分低温离心 30 分钟，取上清液再次重复离心；用 450 纳米的微孔滤膜过滤；加 2 倍浓度的复合抗生素。然后直接用于病毒分离或进行必要的浓缩后再行病毒分离。

（3）无菌的体液（腹水、骨髓液、脱纤血液、水疱液等）和鸡胚液样品：可不做处理，直接用于病毒分离。

（4）样品的特殊除菌处理：样品经过上述一般处理即可用于病毒分离，但对某些样品用一般方法难以去除的污染，则应考虑配合如下方法进行处理。①过滤除菌：可用陶土滤器、瓷滤器、石棉滤器或 200 纳米孔径的混合纤维素酯微孔滤膜等除菌，但对病毒有损失。②离心除菌：用低温高速离心机以 18 000 转/分（5.74 厘米转子）离心 20 分钟，可沉淀除去细菌，而病毒（小于 100 纳米）保持在上清液中。必要时转移离心管重复离心一次。③乙醚除菌：对有些病毒（如肠道病毒、鼻病毒、呼肠孤病毒、腺病毒、痘病毒、小 RNA 病毒等对乙醚有抵抗力）可用冷乙醚对半加入样品悬液中充分振荡，置 4 ℃过夜。取下层水相分离病毒。④染料普鲁黄（Proflavin）除菌：由于其对肠道病毒和鼻病毒很少或没有影响，常用作粪或喉头样品中细菌的光动力灭活剂。

（5）病毒分离样品脂类物质的去除：有些病毒样品（如组织样品）脂类和非病毒蛋白含量很高，必要时在浓缩病毒样品之前可用有机溶剂（如正丁醇、三氯乙烯、氟利昂等）抽提。方法是将预冷的等量有机溶剂加入样品中，强烈振荡后，1 000 转/分离心 5 分钟，脂类和大量非病毒蛋白将保留在有机相中，病毒保留在水相中。应当注意的是，病毒必须对这些有机溶剂有抗性。

附：①Hank's 平衡盐溶液 + 贮存液（HBSS，10 ×）的配制：

甲液成分：氯化钠 80 克，氯化钾 4.0 克，$SO_4 \cdot 7H_2O$ 1.0 克，

$Cl_2 \cdot 6H_2O$ 1.0 克，氯化钙 1.4 克，葡萄糖 10 克，双蒸水 800 毫升。

乙液成分：磷酸二氢钠 1.15 克，磷酸氢二钾 0.2 克，双蒸水 200 毫升。

制备方法：依照上列顺序称取各试剂，并依次溶解于水中。将甲液和乙液分别于 121 ℃ 10 分钟高压灭菌或过滤除菌。冷却后，将乙液缓慢加入甲液中，并持续搅拌。分装于 100～500 毫升灭菌瓶中，盖紧塞子，贮存于室温或 4 ℃。使用时用灭菌双蒸水稀释，根据需要加入酚红指示剂（终浓度百万分之二十）、青霉素、链霉素，用碳酸氢钠调 pH 到所需值。

②抗生素的配制及使用浓度：抗生素的贮存浓度通常为使用浓度的 100～200 倍，特别是在细胞正常传代时尽量避免使用，或仅用 100 国际单位/毫升青霉素、链霉素，其他抗生素是在做病毒分离、鉴定时，怀疑污染或已出现污染时才参考使用。

二、血清学诊断

20 世纪 70 年代后期，我国畜牧业开始大力发展，不断引进国外的优良品种，疾病的种类也不断增多，畜禽的死亡率也逐渐升高，由此国外的诊断技术也开始传入我国。我国政府对此也十分重视，重视培养合格的员工及从事这一领域的工作人员。我国各有关科研单位和高校也纷纷开展此项研究，并初步投入使用。但在此阶段，各基层单位及畜禽场的疾病诊断还是多凭流行病学、临床症状、病理剖检等经验。最近几年，畜禽疾病的发展出现了许多新情况、新特点，仅靠经验通过对病畜禽的剖检来确诊疾病已经不很现实。若再有并发症、继发症或混合感染，单靠病理剖检诊断就更加困难。

而应用实验技术诊断起来就容易得多，而且有特异性与针对性。这是实验技术得到应用的必然条件之一。另一方面，是实验技术的简单化，如试剂盒的出现，使之易掌握、易应用，这也是被应用的条件之一。总之，实验技术的应用可以及时确诊疾病，有助于提高经济效益，也是科学技术向生产力转化的必然结果。

这些实验技术很多，有凝集类实验（包括普通凝集试验、血凝和血凝抑制试验、间接血凝试验和反向间接血凝试验、乳胶凝集试验）、沉淀类实验（包括琼脂凝胶免疫扩散试验、环状沉淀试验、絮状沉淀试验）、中和类实验（包括病毒毒价的测定、中和试验）、补体结合类实验（包括抗体稀释法补体结合试验、补体稀释法补体结合试验）、变态反应类实验等。此外还有标记类试验（包括免疫荧光技术、酶联免疫吸附试验、免疫酶技术、放射免疫分析）和其他血清学试验（免疫电镜技术、病毒蚀斑技术、变态反应）。

三、常见猪病的实验室诊断与监测

（一）猪瘟抗体检测

进行猪瘟抗体水平检测的试验主要是间接血凝试验。

1. 试验原理：抗原与其对应的抗体相遇，在一定条件下会形成抗原抗体复合物，但这种复合物的分子团很小，肉眼看不见。若将抗原吸附（致敏）在经过特殊处理的红细胞表面，只需少量抗原就能大大提高抗原和抗体的反应灵敏性。这种经过猪瘟抗原致敏的红细胞与猪瘟抗体相遇，红细胞便出现清晰可见的凝集现象。

2. 试验器材与试剂：96 孔 $110^0 \sim 120^0$V 型医用血凝板；0 ~ 100 微升可调微量移液器；塑料嘴；猪瘟间接血凝抗原（诊断液），每瓶 5 毫升，可检测血清 25 ~ 30 头份；阴、阳性对照血清，每瓶各 2 毫升；样品稀释液每瓶 10 毫升；待检血清每份 0.2 ~ 0.5 毫升（56 ℃水浴灭活 30 分钟）。

3. 操作步骤：

（1）加稀释液：在血凝板上 1 ~ 6 排的各 1 ~ 9 孔；第 7 排的 1 ~ 3 孔，第 5 孔；第 8 排的 1 ~ 12 孔各加稀释液 50 微升。

（2）稀释待检血清：取 1 号待检血清 50 微升加入第 1 排第 1 孔，并将塑料嘴插入孔底，右手拇指轻压弹簧 2 ~ 3 次混匀（避免产生过多的气泡），从该孔取出50微升移入第2孔，混匀后取出50微升移入第3孔，直至第9孔混匀后取出50微升丢弃。此时第1排1～9孔待检血清的稀释度（稀释倍数）依次为1∶2、1∶4、1∶8、1∶16、1∶32、1∶64、1∶128、1∶256、1∶512。各孔的血清倍数可表示为$1:2^n$。取2号待检血清加入第2排第1孔，同样按上法稀释；取3号待检血清加入第3排第1孔，直到第6排。

注意：每取1份血清时，必须更换塑料嘴1个。

（3）稀释阴性对照血清：在血凝板的第7排第1孔加阴性血清50微升，对倍稀释至第3孔混匀后丢弃50微升。此时阴性血清的稀释倍数依次为1∶2、1∶4、1∶8。第5孔为稀释液对照。

（4）稀释阳性对照血清：在血凝板的第8排第1孔加阳性血清50微升，对倍稀释至第12孔，混匀后从该孔取出50微升丢弃。此时阴性血清的稀释倍数依次为1∶2～1∶4 096。

（5）加血凝抗原：被检血清各孔、阴性对照血清各孔、阳性对照各孔、稀释液对照孔均各加血凝抗原（充分摇匀，瓶底应无红细胞沉淀）25微升。

（6）振荡混匀：将血凝板置于微量振荡器上振荡1～2分钟，如无振荡器用手轻摇匀亦可，然后将血凝板放在白纸上观察各孔红细胞是否混匀，不出现红细胞沉淀为合格。盖玻板，室温下或37 ℃下静置1.5～2小时判定结果，也可延至第2天判定。

4. 判定标准：“－”表示红细胞100%沉于孔底，完全不凝集（红细胞全部沉入孔底形成边缘整齐的小圆点）。

“＋”表示约有25%的红细胞发生凝集（红细胞大部分沉于孔底，边缘稍有少量红细胞悬浮）。

“＋＋”表示50%红细胞出现凝集（少量红细胞沉入孔底，大部分红细胞悬浮于孔内）。

“＋＋＋”表示75%红细胞凝集。

“＋＋＋＋”表示90%～100%红细胞凝集。

5. 结果判定：移去玻板，将血凝板放在纸上，先观察阴性对照血清1∶8孔，稀释液对照孔，均应无凝集或出现“+”凝集。

阳性血清对照1∶2～1∶256各孔应出现“++～++++”凝集，为合格。

在对照孔合格的前提下，再观察待检血清各孔以呈现“++”凝集的最大稀释倍数为该份血清的抗体效价。例如1号待检血清各孔，以呈现“++～++++”凝集，第7孔呈现“++”凝集，第8孔呈现“+”凝集，第9孔无凝集，那么就可以判定该份血清的猪瘟的抗体效价为1∶128（$1:2^7$）。

接种猪瘟疫苗的猪群免疫抗体达到1∶16（第4孔呈现“++”凝集）为免疫合格。

6. 注意事项：勿用90^0或130^0血凝板，以免误判；污染严重或溶血严重的血清样品不宜检测；如为冻干诊断液，检测前必须加稀释液浸泡7～10天方可使用，否则易发生自凝现象；用过的血凝板应及时冲洗干净，勿用毛刷或其他硬物刷洗板孔，以免影响孔内光洁度；使用血凝抗原时，必须充分摇匀，瓶底应无红细胞沉积；液体血凝抗原4～8℃贮存有效期4个月，可直接使用，冻干血凝抗原4～8℃贮存有效期3年；如来不及判定结果或静置2小时结果不清晰，也可放置第二天判定；每次检测，均需设阴性、阳性血清和稀释液对照；稀释不同的试剂要素时，必须更换塑料嘴；血凝板和塑料嘴洗净后，自然干燥，可重复使用。有时会出现“前滞”现象，即第1至第2孔红细胞沉淀，而在第3至第4孔又出现凝集，这是由于抗原抗体比例失调所致，不影响结果的判定。

（二）口蹄疫抗体检测

用于口蹄疫抗体水平检测的试验也是间接血凝试验。

该试验是以口蹄疫O、A、C、Asia－Ⅰ型病毒的细胞培养物经PEG浓缩，蔗糖密度梯度超离后纯化的病毒抗原分别致敏戊二醛鞣酸处理的绵羊红细胞而制成的血凝抗原，用于快速检测动物血清中的口蹄疫特异抗体水平。该法简易、快速、特异、直观，是当前检测抗体的实用方法。根据试验目的可分为用于鉴别诊断和用于监测疫苗接种动物的抗体水平的检测方法。

检验方法和结果判定同猪瘟抗体检测。

经实验室测定，口蹄疫 O 型灭活疫苗的免疫猪群血清中 O 型抗体效价达到 1∶128 及其以上时，猪群可耐受 20 个 O 型强毒发病量的人工感染。

（三）猪伪狂犬病鉴别诊断

用于猪伪狂犬病鉴别诊断的试验方法为阻断 ELISA 方法。

1. 原理：免疫效果很好的伪狂犬疫苗很多都是 gE 基因缺失疫苗。免疫 gE 基因缺失疫苗的猪可以产生抗伪狂犬病毒的抗体，猪伪狂犬 gE 基因抗体诊断试剂盒可以直接诊断猪血清中的 gE 基因抗体。如果没有感染野毒，检测会是阴性。如果感染野毒，检测就会是阳性。此试剂盒可以检测用 gE 基因缺失疫苗免疫的猪是否感染伪狂犬。

2. 试剂盒的组成：包被伪狂犬病毒的 96 孔板；阳性样品（黄色）；阴性样品（蓝色）；酶标抗体（红色）；10 倍浓缩的洗液；样品稀释液；TMB 底物；终止液。

3. 试剂的准备：试剂使用前必须使其达到室温。清洗液和稀释液由于盐分高可能结晶，使用前必须摇匀溶解。在 37 ℃水浴条件下很快溶解，在未完全溶解前勿使用。为了避免形成结晶在重悬前先使溶液达到室温。取 1 份清洗液加入 9 份灭菌水或去离子水中，稀释好的清洗液可在 4 ℃保存 3 天或 −20 ℃保存 30 天。

4. 操作步骤：

（1）将试剂放在室温中，并轻摇混匀。

（2）将阴、阳性血清和被检样品分别稀释 1 倍，各加入 100 微升稀释好的阳性、阴性对照及样品，并做好记录。盖上膜，在 37 ℃作用 60 分钟。

（3）去膜，用 300 微升的洗液洗 3 遍，并在吸水纸上将平板弄干（颠倒，在纸上轻敲）。

（4）各孔中加入100微升酶标抗体，盖上膜在37 ℃反应30分钟。

（5）去膜，用洗液（300微升）洗3次，弄干。加入100微升的底物，轻摇板2秒，将平板放在黑暗中在18 ~25 ℃作用15分钟。

（6）加入100微升的终止液，轻敲平板混匀。用柔软的东西轻拭平板上的脏物，在450纳米下读数并记录结果。

5. 结果的计算：用血清抗体平均阻断率（INH%）来说明检测的结果，以下是它的计算方式：

INH% =［(阴性对照值 - 样品的OD值)/(阳性对照)］×100

6. 结果判定：可行的结果的条件是阴性对照值 - 阳性对照值 > 0.6，INH%对照值 > 60%。若试验不成立，应再操作一次。

如果被检样本的阻断率大于45%，该样本就可以被判为阳性。

如果被检样本的阻断率小于40%，该样本就可以被判为阴性。

如果被检样本的阻断率在40% ~45%，该样本就可以被判为可疑。

说明：本试剂盒可以用来检测新鲜的、冷藏或冷冻的血样，血样和对照在用前要稀释1倍（加入50微升的稀释液和50微升的样品或对照）。

（四）猪蓝耳病检测

用ELISA的方法检测猪血清中的PRRSV抗体。

1. 原理：利用间接ELISA的原理制成。PRRSV被包被在96孔板上。样品被加在孔中，PRRSV抗体与包被的病毒结合，没结合的物质可被洗掉，再加上酶标的抗猪抗体，洗去没结合的二抗，加上底物反应，包含PRRSV抗体的样品会显色。

2. 试剂盒的组成：包被PRRSV的96孔板5块；20倍浓缩的洗液120毫升；3倍浓缩的样品稀释液100毫升；酶标抗体（红色）30毫升；阳性样品（黄色）2.2毫升；阴性样品（蓝色）2.2毫升；

THB 底物 30 毫升；终止液 30 毫升；封盖膜 5 块。

3. 用前准备：

(1) 样品的准备（样品要用稀释液稀释 200 倍）：阳性和阴性样品已经准备好了，不需要稀释。

(2) 试剂的准备：试剂必须在使用前使其达到室温。

清洗液（20×） 将浓缩清洗液用灭菌水或去离子水作 20 倍稀释，配好的液体要在 7 天内用完。

样品稀释液（3×） 将浓缩样品稀释液用灭菌水或去离子水作 3 倍稀释，本液体是不能保存的，必须现配，剩余液要倒掉。

4. 操作程序：

(1) 将试剂放在室温，并轻摇混匀，记录好所测样品和对照在平板的位子，阴阳性对照要双份。

(2) 去膜，加入 50 微升阴阳对照样品和稀释了 200 倍的所测样品，盖上膜，在 37 ℃作用 60 分钟。

(3) 去膜，用 300 微升的洗液洗 3 遍，并在吸水纸上将平板弄十（颠倒，在纸上轻敲），在每个孔中加入 50 微升酶标抗体，盖上膜在 37 ℃反应 60 分钟。

(4) 去膜，用洗液（300 微升）洗 3 次，晾干。加入 50 微升的底物，轻摇板 2 秒。将平板放在黑暗中在 18 ~25 ℃作用 10 分钟。

(5) 加入 50 毫升的终止液，轻敲平板混匀。

(6) 用柔软的东西轻拭平板上的脏物，在 450 纳米下读数并记录结果。

5. 结果的分析：本实验要在 450 纳米下读数，阳性对照要大于 0.8，即阳性样品的读数是阴性的 4 倍，阳性值和阴性值之差不小于 0.5。

用 IRPC 来说明检测的结果。IRPC = [（样品的 OD 值 - 阴性对照值）/（阳性对照值 - 阴性对照值）] ×100

6. 结果说明：

IRPC	样品
≤20	阴性
>20	阳性

（五）猪细小病毒抗体检测

乳胶凝集试验（LAT）是用猪细小病毒培养液致敏乳胶抗原来检测动物血清中的抗体。具有简便、快速、特异、敏感的优点。

1. 试验材料：猪细小病毒病乳胶凝集试验抗体检测试剂盒包括猪细小病毒致敏乳胶抗原、阳性血清、阴性血清和稀释液、玻片、吸头及使用说明书。

2. 操作方法：

（1）定性试验：取检测样品（血清）、阳性血清、阴性血清、稀释液各1滴，分置于玻片上，各加乳胶抗原1滴，用牙签混匀，搅拌并摇动1~2分钟，于3~5分钟内观察结果。

（2）定量试验：先将血清作连续稀释，各取1滴依次滴加于乳胶凝集反应板上，另设对照同上，随后再加乳胶抗原1滴，如上搅拌并摇动，判定。

3. 结果判定："++++"全部乳胶凝集，颗粒聚于液滴边缘，液体完全透明。

"+++"大部分乳胶凝集，颗粒明显，液体稍混浊。

"++"约50%乳胶凝集，但颗粒较细，液体较混浊。

"+"有少许凝集，液体呈混浊。

"-"液滴呈原有的均匀乳状。

对照试验出现如下结果试验方可成立，否则应重试；阳性血清加抗原呈"++++"；阴性血清加抗原呈"-"；抗原加稀释液呈"-"。以出现"++"以上凝集者判为阳性凝集。

4. 注意事项：

（1）试剂在 2～8 ℃冷暗处保存，暂定 12 个月。

（2）乳胶抗原在使用前应轻轻摇匀。

（3）被检样品采集及处理按常规方法分离血清，要求无腐败。

（六）猪乙型脑炎抗体检测

乳胶凝集试验（LAT）是用乙脑弱毒疫苗毒株经纯化、浓缩等程序后致敏乳胶，制成乳胶凝集试验用抗原，用于检测动物血清中的乙脑病毒抗体，可在现场进行，具有安全、简便、快速、特异、敏感的优点。

1. 试剂盒的内容：本品包括猪乙型脑炎致敏乳胶抗原、阳性血清、阴性血清。其他同猪细小病毒病。

2. 制品用途：用于猪乙脑血清学诊断。

3. 使用方法及结果判定：同猪细小病毒病。

（七）衣原体病

衣原体属的三个种都存在共同的属特异性抗原。衣原体病间接血凝试验，则是用已知的属抗原检测畜禽血清或分泌物中的抗体。具有特异、敏感、简便、快速的优点。

1. 试剂盒内容：包括衣原体属抗原致敏红细胞、阳性和阴性对照血清。

2. 试验方法：

（1）将生理盐水滴于 V 型反应板各孔中，每孔 75 微升，共做 3 孔。

（2）取被检样品（血清或分泌物）25 微升于第 1 孔中，与生理盐水混匀后吸 25 微升加于第 2 孔，依次做 2 倍稀释至第 3 孔。

（3）每孔加抗原 25 微升，作定性检查时只需加前两孔。哺乳动物血清只加 1:32 和 1:64 两孔。如做定量试验则可根据实际需要自行决定。

试验：设阳性血清 + 抗原、阴性血清 + 抗原、生理盐水 + 抗原各一孔。

3. 结果判定：

（1）判定标准：“＋＋＋＋”红细胞全部凝集，形成一层均匀的膜，布满整个孔底。

“＋＋＋”红细胞在孔底形成一层薄膜，面积比前者稍小。

“＋＋”红细胞在孔底形成薄层凝集，边缘松散或呈锯齿状。

“＋”红细胞在孔底呈稀薄、散在、少量凝集，孔底有小圆点。

“＋/－”红细胞沉于孔底，但周围不光滑或中心有空斑。

“－”红细胞完全沉于孔底，呈光滑的圆点。

“＋＋”以上的凝集判为阳性凝集。

（2）对照试验出现如下结果试验方可成立，否则应重试，阳性血清＋抗原呈“＋＋＋＋”；阴性血清＋抗原呈“－”，抗原＋生理盐水呈“－”。

（3）被检样品判定标准：以“＋＋”为判定终点，哺乳动物血清效价≥1∶64者判为阳性，效价≤1∶16者判为阴性，介于二者之间判为可疑。

（八）弓形虫病诊断

本试验系用弓形虫间接红细胞凝集试验冻干抗原（IHA 抗原），检测人和动物血清中弓形虫抗体的方法。检测在 96 孔 110^{0}V 型有机玻璃（聚苯乙烯）微型反应板上进行。

1. 操作方法：

（1）将 IHA 抗原按瓶签所标毫升数用灭菌蒸馏水稀释摇匀，1 500～2 000 转/分离心 5～10 分钟，弃上清液，加等量稀释液摇匀，置 4 ℃左右 24 小时后使用。稀释后诊断液 10 天内效价不变。

（2）每孔加稀释液 75 微升。定性检查时，每个样品加 4 孔，定量检查加 8 孔。每块板上不论检测几个样品，均应设阳性、阴性血清对照，对照均加 8 孔。

（3）第 1 孔加入待检样品或阴、阳性对照各 25 微升，混匀后吸

25 微升加入第 2 孔，依次做倍比稀释。定性检查时，稀释至第 3 孔，定量和对照稀释至第 7 孔。定性检查的第 4 孔，定量和对照的第 8 孔，为稀释液对照。各孔的稀释度见表 3.2。

表 3.2　各孔的稀释度

孔号	1	2	3	4	5	6	7	8
稀释度(1:)	4	16	64	256 或稀释液对照	1 024	4 096	16 384	稀释液对照

（4）将诊断液摇匀，每孔加 25 微升。加完后将反应板置微型振荡器上，振荡 1～2 分钟。置 22～37 ℃下 2～3 小时后观察结果。

2. 结果判定：以“＋＋”为判定终点，在阳性对照血清滴度不低于 1:1 024，阴性对照血清除第 1 孔允许存在前滞现象（＋）外，其余各孔均为（－），稀释液对照为（－）的前提下，对被检血清进行判定，在第 3 孔出现“＋＋”以上，即 1:64 时为阳性，否则为阴性。

（九）猪传染性胸膜肺炎

本品系用猪胸膜肺炎多血清型放线杆菌抗原致敏戊二醛处理的绵羊红细胞，冻干后做诊断抗原，供做间接血凝反应检测猪传染性胸膜肺炎抗体之用。

1. 试剂盒材料：

（1）10% 抗原致敏红细胞：置 6～8 ℃或低温保存，使用时每瓶加稀释液 10 毫升，即为 1% 抗原致敏红细胞，供做抗原之用。

（2）阳性、阴性血清：置 4～8 ℃或低温保存，使用时每瓶各加稀释液 1 毫升，混匀后，供做阳性、阴性血清对照之用。

（3）稀释液：含 1% 健康兔血清的 0.15 摩/升，pH7.2 磷酸盐缓冲盐水（PBS）。

2. 操作方法：

（1）将样品稀释液滴于 V 型反应板中，每孔 25 微升。

（2）取被检血清 25 微升于第 1 孔中，与稀释液混匀后吸 25 微升加于第2孔，依次做2倍稀释至所要求的稀释度。

（3）每孔加抗原25微升，作定性检查时加4孔，定量检查加8孔。每块板上不论检测几个样品，均应设阳、阴性血清对照，对照均加8孔。加完后将反应板置微型振荡器上振荡1~2分钟，置37℃下2~3小时观察结果。

3. 结果判定：

（1）判定标准：判定标准与方法同猪衣原体病的监测。

（2）在阳性对照血清滴度不低于1∶128（第7孔），阴性对照血清除第1孔允许存在前滞现象（+）外，其余各孔均为（-），稀释液对照为（-）的前提下，对被检血清进行判定，否则应重试。

（3）被检血清判定标准：以"++"为判定终点，血清效价≥1∶8者判为阳性，效价≤1∶4者判为阴性。

4. 注意事项：试剂在2~8℃下，保存期为1年。稀释后应在1周内用完，以免活力降低。

四、分子生物学诊断

应用分子生物学的手段对猪的传染病进行诊断。这些手段包括核酸探针技术、单克隆抗体技术、核酸扩增、核酸电泳、免疫印迹技术、图谱分析、核酸序列分析、DNA芯片技术，以前三种手段应用最多。分子生物学诊断对实验室条件和仪器设备及技术力量要求较高，本书不再讲述。

第四章　养猪场安全用药技术

第一节　养猪场常用抗菌药物

抗生素原称抗菌素，是细菌、真菌、放线菌等微生物的代谢产物，以其低微浓度就能抑制和杀灭其他种病原微生物。抗生素除能从微生物的培养液中获取外，随着化学合成的发展，现在不少品种能人工合成或半合成。

常用抗菌药物比较多，归纳起来分为两大类即抗生素类药物和合成药物。抗生素药物包括青霉素类、头孢菌素类、氨基糖苷类、四环素类、大环内酯类、氯霉素类等。合成抗菌药包括磺胺类、喹诺酮类、呋喃类和抗菌增效剂等药物。

一、养猪场常用抗生素

（一）青霉素类

1. 青霉素（苄青霉素、青霉素 G）：

（1）性状：青霉素钠、钾盐易溶于水，临用时溶于注射用水中，水溶液不稳定、不耐热，室温中 24 小时大半被分解失效，故需随用随配。

（2）作用与用途：主要对链球菌、葡萄球菌、猪丹毒杆菌、破伤风梭菌、炭疽杆菌等多种革兰阳性菌和少数革兰阴性球菌有抑菌和杀菌作用。青霉素可治疗各种敏感菌所致的疾病。

（3）用法与用量：肌内注射一次量，每千克体重 2 万 ~3 万单位，1 天 2 次。

（4）注意事项：青霉素不宜与四环素、土霉素、卡那霉素、庆大霉素、多黏菌素 E、磺胺药钠盐以及碳酸氢钠、维生素 C、去甲肾上腺素、阿托品、氯丙嗪等混合使用。

2. 氨苄青霉素（氨苄西林）：

（1）性状：为白色晶粉。内服片剂为氨苄青霉素的水合物。注射剂为钠盐，易溶于水，水溶液碱性强（pH 8 ~ 10），极不稳定，遇碱性物质能迅速分解失效。

（2）作用与用途：对革兰阳性和阴性细胞有抑菌作用。

（3）用法与用量：内服一次量，每千克体重 20 ~ 40 毫克，1 天 2 次。肌内注射一次量，每千克体重 10 ~ 20 毫克，1 天 2 次。

3. 羟氨苄青霉素（阿莫西林）：

（1）性状：为白色或类白色晶粉，味微苦，在水中微溶，在乙醇中几乎不溶。0.5% 水溶液的 pH 为 3.5 ~ 5.5。

（2）作用与用途：作用、应用、抗菌谱与氨苄西林基本相似。对肠球菌和沙门杆菌的作用较前者强 2 倍。

（3）用法与用量：内服一次量，每千克体重 10 ~ 15 毫克。1 天 2 次。肌内注射一次量，每千克体重 4 ~ 7 毫克，1 天 2 次。

（二）头孢菌素类

头孢菌素类又名先锋霉素类，是一类广谱半合成抗生素。根据发现时间的先后，可分为第一、二、三、四代头孢菌素。具有杀菌力强、抗菌谱广（尤其是第三、四代产品）、毒性小、过敏反应较少。

第一代：头孢噻吩（先锋Ⅰ）、头孢氨苄（先锋Ⅳ）、头孢唑啉（先锋Ⅴ）、头孢羟氨苄。

第二代：头孢孟多、头孢西丁、头孢克洛、头孢呋辛。

第三代：头孢噻肟、头孢唑肟、头孢曲松、头孢哌酮、头孢他啶、头孢噻呋。

第四代：头孢吡肟。

头孢菌素类只有头孢氨苄、头孢羟氨苄和头孢克洛可以口服给药，其他均需通过注射途径给药。

头孢菌素的抗菌谱与广谱青霉素相似，对革兰阳性菌、阴性菌及螺旋体有效。

第一代头孢菌素对革兰阳性菌（包括耐药金葡菌）的作用强于第二、三、四代，对革兰阴性菌的作用则较差，对绿脓杆菌无效。

第二代头孢菌素对革兰阳性菌的作用与第一代相似或有所减弱，但对革兰阴性菌的作用比第一代增强；部分药物对厌氧菌有效，但对绿脓杆菌无效。

第三代头孢菌素对革兰阴性菌的作用比第二代更强，尤其对绿脓杆菌、肠杆菌属、厌氧菌有很好的作用。但对革兰阳性菌的作用比第一、二代弱。

第四代头孢菌素除具有第三代对革兰阴性菌有较强的作用外，抗菌谱更广。

（1）作用与用途：主要用于耐药金葡菌及某些革兰阴性杆菌如大肠杆菌、沙门杆菌、伤寒杆菌、痢疾杆菌、巴氏杆菌等引起的消化道、呼吸道、泌尿生殖道感染。如果是革兰阳性菌引起的疾病，使用第一代比第三代更好。

（2）用法与用量：头孢噻吩钠（噻孢菌素钠、先锋霉素Ⅰ）肌内注射一次量，每千克体重 10 ~ 20 毫克，1 天 1 ~ 2 次。

头孢氨苄胶囊、预混剂（2%）内服，一次量，每千克体重 10 ~ 30 毫克。1 天 3 ~ 4 次。

注射用头孢噻肟钠，静脉注射，一次量，每千克体重 20 ~ 30 毫克，1 天 4 次。静脉、肌内或皮下注射，一次量，每千克体重 25 ~ 50 毫克，1 天 2 ~ 3 次。

注射用头孢噻呋钠，肌内注射，一次量，每千克体重 3 ~ 5 毫克，1 天 1 次，连用 3 天。

（三）氨基糖苷类

1. 链霉素：

（1）性状：常用的硫酸链霉素，易溶于水，但遇氧化剂、还原剂、醇、酸等易失效。

（2）作用与用途：主要对革兰阴性菌有效。用于治疗巴氏杆菌、痢疾杆菌、沙门杆菌、大肠杆菌引起的急性感染。

（3）用法与用量：肌内注射一次量，每千克体重 10～15 毫克，1 天 2～3 次。

2. 庆大霉素：

（1）性状：硫酸庆大霉素为白色粉末，易溶于水，水溶液较稳定。

（2）作用与用途：对金黄色葡萄球菌、炭疽杆菌、链球菌等多种革兰阳性菌和阴性菌有良好的抗菌作用。用于敏感菌引起的败血症，肠道、泌尿道、呼吸道等严重感染。

（3）用法与用量：肌内注射（或静脉注射）一次量，每千克体重 2～4 毫克，1 天 2 次。内服一次量，每千克体重 5～10 毫克，1 天 2 次。

3. 卡那霉素：

（1）性状：常用其硫酸盐，为白色或类白色晶粉，溶于水，性质稳定。

（2）作用与用途：对大肠杆菌、巴氏杆菌、沙门杆菌、变形杆菌等大多革兰阴性菌有较强的抗菌作用。卡那霉素适用于敏感菌引起的败血症，呼吸道、泌尿道、肠道等感染。对猪喘气病和萎缩性鼻炎有一定疗效。

（3）用法与用量：肌内注射一次量，每千克体重 10～15 毫克，1 天 2 次。

4. 阿米卡星（丁胺卡那霉素）：

（1）性状：为半合成的抗生素，其硫酸盐为白色或类白色晶粉。

几乎无臭，无味。有引湿性，在水中极易溶解，在甲醇中几乎不溶。内服吸收不良。

（2）作用与用途：作用、抗菌谱与庆大霉素相似，且对庆大霉素、卡那霉素耐药的绿脓杆菌、大肠杆菌、变形杆菌等仍有效。对金黄色葡萄球菌有较好作用。

（3）用法与用量：肌内注射，一次量，每千克体重5～7.5毫克，1天2次。

5. 壮观霉素（大观霉素）：

（1）性状：呈弱碱性，其二盐酸盐具酸性，易溶于水，在酸性水溶液中稳定，pH值超过8.0则易失效。

（2）作用与用途：用于控制猪链球菌、葡萄球菌、大肠杆菌、巴氏杆菌和沙门杆菌感染。与林可霉素联合应用比单一药物有效。用于防治仔猪腹泻、猪的喘气病。

（3）用法与用量：肌内注射一次量，每千克体重20～25毫克，1天1次，连用4天。内服，一次量，每千克体重20～40毫克，1天2次。

（四）四环素类

1. 土霉素（氧四环素）：

（1）性状：为淡黄色至暗黄色的结晶性粉末或无定形粉末，无臭，易溶于稀盐酸，难溶于醇，极难溶于水。遇光、热、氧化剂等稳定性降低。

（2）作用与用途：具有广谱抗菌作用。除对革兰阳性和阴性菌有抑制生长繁殖作用外，对衣原体、支原体（如猪肺炎支原体）、立克次体、螺旋体也有一定程度的抑制作用。可用于防治猪巴氏杆菌病、炭疽、大肠杆菌和沙门杆菌感染和猪支原体肺炎等。也可作为猪饲料药物添加剂，以改善饲料利用率和促进增重等，同时对一些疾病也有一定的防治作用。

（3）用法与用量：粉剂内服一次量，每千克体重10～25毫克，

1 天 2 次。混饲每 1 000 千克饲料 300 ~ 500 克（治疗）。静脉或肌内注射，一次量，每千克体重 5 ~ 10 毫克，1 天 2 次。静脉注射用 5% 葡萄糖注射液或灭菌生理盐水溶解，肌内注射配成 2.5% 浓度。

2. 四环素：

（1）性状：为灰黄色晶粉，微溶于水，易溶于稀酸或稀碱液中。常用其盐酸盐，性质较稳定，易溶于水，水溶液性质不稳定，宜临用时配制。

（2）作用与用途：与土霉素相似，但对革兰阴性杆菌的作用较强。

（3）用法与用量：内服和静脉注射剂量同土霉素。

3. 强力霉素（脱氧土霉素、多西环素）：

（1）性状：其盐酸盐为淡黄色或黄色晶粉。易溶于水，水溶液较四环素、土霉素稳定。

（2）作用与用途：临床用途同土霉素。本品不仅抗菌作用强，且半衰期长，静脉注射后还可通过血脑屏障。

（3）用法与用量：内服一次量，每千克体重 3 ~ 5 毫克，1 天 1 次。混饲每 1 000 千克饲料 150 ~ 250 克。

（五）大环内酯类

1. 红霉素：

（1）性状：为白色碱性晶状物，与酸结合成盐后易溶于水，在酸性（pH 4）溶液中迅即被破坏。

（2）作用与用途：抗菌谱与青霉素相似。对多种革兰阳性菌有较强的抑制作用，对阴性菌作用微弱。主要用于治疗耐青霉素的金黄色葡萄球菌感染。

（3）用法与用量：内服，一次量，每千克体重 10 ~ 20 毫克，1 天 2 次。静脉或肌内注射一次量，每千克体重 3 ~ 5 毫克，1 天 2 次。临用前先用注射用水配成 5% 溶液（不可与生理盐水等含无机盐类溶液配制，以免产生沉淀），然后用 5% 的葡萄糖注射液稀释成 1% 溶液，缓慢静脉注射或分点肌内注射。

2. 泰乐菌素：

(1) 性状：为白色结晶，具弱碱性，微溶于水，其盐类易溶于水，水溶液性质较稳定。

(2) 作用与用途：对革兰阳性菌和一些阴性菌有抗菌作用。作为添加剂，促进幼猪生长。

(3) 用法与用量：内服一次量，每千克体重 7～10 毫克，1 天 3 次。混饲，每 1 000 千克饲料 10～100 克。肌内注射一次量，每千克体重 5～13 毫克，1 天 1～2 次。

3. 替米考星：替米考星系由泰乐菌素的一种水解产物半合成的动物专用抗生素，药用其磷酸盐。

(1) 作用与用途：具有广谱抗菌作用，对 G 阳性菌、某些 G 阴性菌、支原体、螺旋体等均有抑制作用；对胸膜肺炎放线杆菌、巴氏杆菌及支原体具有比泰乐菌素更强的抗菌活性。

(2) 用法与用量：本品禁止静脉注射。混饲，每 1 000 千克饲料 200～400 克。皮下注射一次量，每千克体重 10～20 毫克，1 天 1 次。

(六) 氯霉素类

1. 氯霉素：氯霉素抑制骨髓造血功能，导致不可逆的再生障碍性贫血，目前已禁用于食品性动物。

2. 氟苯尼考（氟甲砜霉素）：

(1) 性状：是氯霉素的第三代衍生物，为白色或类白色结晶性粉末，无臭，在甲醇中溶解，在冰醋酸中略溶，在水或氯仿中微溶。

(2) 作用与用途：属动物专用的广谱抗生素，主要用于细菌性疾病。如猪传染性胸膜肺炎、黄痢、白痢。但本品有胚胎毒性，故怀孕母猪禁用。

(3) 用法与用量：混饲，每 1 000 千克饲料 50 克，连喂 3～5 日。内服一次量，每千克体重 20 毫克，1 天 1 次。肌内注射一次量，每千克体重 20 毫克，2 天 1 次。

（七）其他抗生素

1. 林可霉素（洁霉素）：

（1）性状：为碱性物质，可溶于水及多种有机溶媒。其盐酸盐为白色结晶粉末，易溶于水。

（2）作用与用途：抗菌作用与红霉素相似，但抗菌谱较红霉素窄。对革兰阳性菌如金黄色葡萄球菌（包括耐青霉素的金黄色葡萄球菌）、链球菌、肺炎球菌有较高的抗菌活性。炭疽杆菌、破伤风杆菌、多数产气荚膜杆菌对本品亦敏感。

（3）用法与用量：内服一次量，每千克体重10～15毫克，1天1～2次。肌内注射或静脉注射一次量，每千克体重10毫克，1天1次。

2. 泰牧菌素（泰妙菌素、泰妙灵、支原净）：

（1）性状：为白色或淡黄色结晶粉末，可溶于水（6%）。

（2）作用与用途：对革兰阳性菌、多种支原体和某些螺旋体均有较强的抗菌作用。常用以治疗猪支原体肺炎、嗜血杆菌胸膜肺炎和密螺旋体痢疾。本品不宜与聚醚类抗生素如盐霉素等混合应用。

（3）用法与用量：混饲每1 000千克饲料40～100克，连用5～10天。混饮每1 000千克水90～120克，连用3～5天。

二、养猪场常用合成抗菌药

（一）磺胺类药物

1. 磺胺嘧啶（SD）：

（1）性状：为白色或类白色结晶粉末，遇光渐变暗，易溶于碱性溶液，微溶于乙醇或丙酮，不溶于水。

（2）作用或用途：抗菌作用较强。因其与血浆蛋白结合率较低（25%以下），故可通过血脑屏障。适用于治疗脑部细菌性感染、流行性乙型脑炎混合感染、出血性败血症、猪弓形虫病以及呼吸道、泌尿道、消化道和体表感染等。

（3）用法与用量：内服一次量，每千克体重首次量 0.14～0.2 克，维持量 0.07～0.1 克，1 天 2 次。磺胺嘧啶钠注射液静脉或肌内注射一次量，每千克体重 0.05～0.1 克，1 天 1～2 次。

2. 磺胺甲基异噁唑（SMZ、新诺明）：

（1）性状：白色结晶性粉末，味微苦，在水中几乎不溶，在稀盐酸、氢氧化钠溶液中易溶。

（2）作用与用途：抗菌谱与 SD 相似，但抗菌作用较强。主要用于呼吸道和泌尿道感染。与甲氧苄氨嘧啶联合应用，可明显增强其抗菌作用，抗菌范围与用途也相应扩大。本品与血浆蛋白结合率高，溶解度较低，排泄较慢，容易出现结晶尿和血尿等。

（3）用法与用量：内服一次量，每千克体重首次量为 0.05～0.1 克，维持量 0.025～0.05 克，1 天 2 次。

3. 磺胺间甲氧嘧啶（磺胺－6－甲氧嘧啶、制菌磺、SMM）：

（1）性状：为白色或类白色结晶粉末，遇光色渐变暗，在丙酮中略溶，乙醇中微溶，水中不溶，稀盐酸或氢氧化钠溶液中易溶。

（2）作用与用途：是抗菌作用最强的磺胺药，对细菌感染效果较好，对猪弓形虫病、仔猪水肿病疗效也较高，对猪萎缩性鼻炎亦有一定疗效，与甲氧苄氨嘧啶合用可增强疗效。

（3）用法与用量：内服一次量，每千克体重首次量为 0.05～0.1 克，维持量 0.025～0.05 克，1 天 1～2 次。静脉或肌内注射一次量，每千克体重 0.05 克，1 天 1～2 次。

4. 磺胺二甲嘧啶（SM_2）：

（1）性状：为白色或微黄色结晶粉，味微苦，遇光色渐变深，在热乙醇中溶解，水或乙醚中不溶，稀酸或稀碱溶液中易溶。

（2）作用与用途：抗菌作用较 SD 稍弱，用途同 SD。

（3）用法与用量：内服一次量，每千克体重首次量 0.14～0.2 克，维持量 0.07～0.1 克，1 天 1～2 次。静脉或肌内注射一次量，每千克体重 0.05～0.1 克，1 天 1～2 次。

5. 磺胺脒（SM、SG、磺胺胍）:

（1）性状：为白色或类白色结晶。

（2）作用与用途：其结构中有强碱性胍基，解离度大，脂溶性小，内服后吸收少（新生仔猪例外），故能在肠内维持较高浓度。适用于肠炎和菌痢的防治。

（3）用法与用量：内服一次量，每千克体重0.1~0.2克，1天2次。

（二）喹诺酮类药物

1. 氟哌酸（诺氟沙星）:

（1）性状：为类白色粉末，味微苦，几乎不溶于水。

（2）作用与用途：抗菌谱较广。对革兰阴性杆菌的作用明显强于吡哌酸，且二者无交叉耐药性，对革兰阳性菌也有较强的抗菌作用。主要用于泌尿道、肠道、呼吸道和皮肤感染。对于炎症细菌的清除率高于氨苄青霉素、红霉素、庆大霉素等。

（3）用法与用量：内服一次量，每千克体重10~20毫克，1天1~2次。肌内注射一次量，每千克体重10毫克，1天2次。

2. 环丙沙星（环丙氟哌酸）:

（1）性状：类白色粉末，味苦。

（2）作用与用途：用于革兰阴性菌和阳性菌引起的呼吸系统、泌尿系统、全身感染以及仔猪黄白痢、猪肺疫等。

（3）用法与用量：内服一次量，每千克体重5~15毫克，1天2次。肌内或静脉滴注一次量，每千克体重2.5毫克，1天2次。

3. 恩诺沙星（乙基环丙沙星）:

（1）性状：为最新型氟喹诺酮类衍生物。

（2）作用与用途：具有广谱和极高的抗菌作用。适用于仔猪白痢、黄痢、水肿型大肠杆菌、仔猪副伤寒、猪肺疫、丹毒、支原体肺炎、萎缩性鼻炎、地方性流行性肺炎、胸膜肺炎、肠炎、腹泻、子宫炎、链球菌等。

（3）用法与用量：内服一次量，每千克体重2.5～5毫克，1天2次。肌内注射一次量，每千克体重2.5毫克，1天1～2次。

（三）抗菌增效剂

1. 三甲氧苄氨嘧啶（TMP）：

（1）性状：为白色或类白色结晶性粉末，无臭、味苦，在氯仿中略溶，水中几乎不溶，冰醋酸中易溶。

（2）作用与用途：抗菌谱与磺胺相似。内服吸收迅速而完全。单独应用时，细菌能迅速产生耐药性，若与磺胺药合用，由于对细菌、叶酸的双重阻断，可使抗菌效力提高数倍至数十倍。常以1∶5与磺胺合用。复方制剂主要适用于链球菌、葡萄球菌及革兰阴性杆菌引起的呼吸道、泌尿道感染，以及败血症、腹膜炎、蜂窝织炎，亦用于仔猪肠道感染及猪萎缩性鼻炎。

（3）用法与用量：内服一次量，每千克体重10毫克，12小时1次。复方磺胺嘧啶片，内服1日量，每千克体重30毫克（以SD计），2次分服。复方磺胺甲基异噁唑片（复方新诺明片）剂量同复方磺胺嘧啶片。

2. 二甲氧苄氨嘧啶（敌菌净、DVD）：

（1）性状：为白色或微黄色结晶性粉末，几乎无臭，在水、乙醇、乙醚中不溶，盐酸中溶解。

（2）作用与用途：抗菌作用比TMP弱，内服吸收较少，在胃肠内浓度高，故适用于肠道细菌性感染。常与磺胺配合应用，对猪弓形虫病亦有效。

（3）用法与用量：磺胺对甲氧嘧啶、二甲氧苄氨嘧啶预混剂（磺胺对甲氧嘧啶200克，二甲氧苄氨嘧啶40克，基质加至1 000克），混饲每1 000千克饲料添加1 000克。

（四）其他合成抗菌药

痢菌净（乙酰甲喹、甲喹甲酮）：

（1）性状：为鲜黄色微细结晶粉末，无臭，味微苦，遇日光及高温色渐变深，微溶于水，易溶于氯仿、苯、丙酮。

（2）作用与用途：具有广谱抗菌作用。对革兰阴性杆菌作用较强，对密螺旋体有特效。适用于猪密螺旋体痢疾（猪血痢），且复发率低，对仔猪下痢（白痢、黄痢）、猪腹泻亦有较好的治疗效果。

（3）用法与用量：痢菌净粉，内服一次量，每千克体重5～10毫克，1天2次。痢菌净注射液，肌内注射一次量，每千克体重2.5～5毫克，1天2次。

第二节　养猪场其他常用药物

一、解热镇痛药与糖皮质激素

（一）解热镇痛药

1. 安乃近：

（1）性状：为白色（供注射用）或略带微黄色（供口服用）的结晶或结晶性粉末，无臭、味微苦，易溶于水。

（2）作用与用途：解热镇痛作用较强，并有一定的消炎、抗风湿作用。用于肌肉痛、风湿症、发热性疾病。

（3）用法与用量：内服，一次量2～5克。安乃近注射液，皮下或肌内注射，一次量1～3克。

（4）注意事项：本品长期应用可引起粒细胞减少，还有抑制凝血酶原形成，加重出血的倾向。不宜长期应用和穴位注射。

2. 氨基比林：

（1）性状：为白色结晶或晶状粉末，无臭，味微苦，溶于水，水溶液呈碱性，易氧化变质，遇氧化剂易被氧化。

（2）作用与用途：解热镇痛作用强而持久，尚有抗风湿和消炎作用。内服吸收迅速，即时产生镇痛作用。用于发热性疾病、关节痛、肌肉痛和风湿症等。

（3）用法与用量：内服，一次量2～5克。皮下或肌内注射，一次量50～200毫克。复方氨基比林注射液（含氨基比林7.15%、巴比妥2.85%），皮下或肌内注射，一次量5～10毫升。

3. 水杨酸钠：

（1）性状：为无色、微红色结晶或片状粉末，易溶于水。光线、温热和金属均可促进氧化。

（2）作用与用途：解热镇痛作用弱于氨基比林和安乃近，但有显著的抗风湿作用，常用于急性风湿性关节炎等风湿症。

（3）用法与用量：内服，一次量2～5克。静脉注射，一次量2～5克。复方水杨酸钠注射液（含水杨酸钠10%、氨基比林1.43%、巴比妥0.57%、95%乙醇10%、葡萄糖10%），静脉注射，一次量20～50毫升。

（二）糖皮质激素

1. 氢化可的松：

（1）性状：为白色或几乎白色的结晶性粉末，略溶于乙醇或丙酮，微溶于氯仿，不溶于水。

（2）作用与用途：有影响糖代谢、非特异性抗炎和抗过敏等作用。用于发热性疾病、风湿症和过敏性疾病。

（3）用法与用量：静脉注射，一次量20～80毫克。醋酸氢化可的松注射液，肌内注射，一次量50～100毫克。

（4）注射事项：急性细菌性感染时应与抗菌药并用。禁用于骨质疏松症和疫苗接种期。

2. 地塞米松：

（1）性状：为白色或类白色结晶性粉末，无臭，易溶于丙酮，略溶于乙醇或氯仿，不溶于水。

（2）作用与用途：消炎作用与糖元异生作用约为氢化可的松的25倍，且水钠潴留作用较小。用途同其他糖皮质激素。也有报道可用于猪的引产。

(3) 用法与用量：肌内或静脉注射，一日量4~12毫克。严重病例可酌情增加剂量。醋酸地塞米松片，每片0.75毫克，内服，一日量2~5毫克。

(4) 注意事项：易引起孕猪早产，其他同氢化可的松。

3. 氢化泼尼松（强的松龙）：

(1) 性状：为白色结晶性粉末，无臭、味苦，几乎不溶于水，微溶于乙醇或氯仿。

(2) 作用与用途：抗炎作用强于氢化可的松（为氢化可的松的4倍），水钠潴留作用为氢化可的松的4/5。用途同氢化可的松。

(3) 用法与用量：静脉注射或静脉滴注（加生理盐水或5%葡萄糖注射液稀释），一次量10~20毫克，严重病例可酌情增加剂量。内服一次量，7~15千克体重2~5毫克；体重15千克以上5~15毫克。醋酸泼尼松软膏，0.5%，眼部外用，1天2~3次。

(4) 注意事项：除与氢化可的松相同外，角膜溃疡忌用。眼部细菌性感染时与抗菌药合用。

二、中枢兴奋药

1. 咖啡因：

(1) 性状：白色、有丝光的针状结晶，无臭、味苦、有风化性。易溶于热水或氯仿，略溶于丙酮或乙醇，微溶于乙醚。

(2) 作用与用途：中枢兴奋药。能加强大脑皮层的兴奋过程，兴奋呼吸及血管运动中枢。用于中枢性的呼吸、循环抑制。

(3) 用法与用量：一次量，静脉注射0.5~1克，皮下或肌内注射0.5~2克。

(4) 注意事项：忌与盐酸四环素、盐酸土霉素等酸性药物及鞣酸、碘化物等配伍，以免发生沉淀。

2. 尼可刹米（可拉明、二乙烟酰胺）：

(1) 性状：为无色或微黄色黏稠液体，能与水混合，制成澄明注射液，色泽变黄不应使用。

（2）作用与用途：具有直接、反射性地兴奋呼吸中枢的作用。用于呼吸中枢抑制的解救。

（3）用法与用量：皮下、肌内或静脉注射，一次量0.25～1克。

3. 樟脑磺酸钠：

（1）性状：易溶于水及热醇。

（2）作用与用途：具有直接和间接兴奋延脑呼吸中枢、大脑皮层的作用，亦有强心作用。用于治疗急性心衰、中枢抑制药中毒以及肺炎等引起的呼吸循环抑制。本品吸收迅速，适用于急救。

（3）用法与用量：皮下、肌内或静脉注射，一次量0.2～1克。

（4）注意事项：猪临屠宰前不宜使用，以免影响肉质。

三、生殖系统用药

1. 己烯雌酚：

（1）性状：为白色结晶性粉末，无臭，难溶于水。易溶于醇、醚或脂肪中。

（2）作用与用途：具有促进生殖器官发育，提高子宫对催产素的敏感性，加强收缩力，促进母猪发情等作用。主要用于治疗子宫蓄脓、胎衣滞留、子宫炎，并配合催产素用于分娩时肌无力。

（3）用法与用量：内服和肌内注射一次量，3～10毫克。

2. 黄体酮（孕酮）：

（1）性状：为白色或微黄色结晶性粉末，无臭，在空气中稳定。不溶于水。

（2）作用与用途：具有抑制子宫收缩，降低子宫肌对催产素的敏感性（安胎），抑制发情和排卵等作用。主要用于母猪的同步发情和分娩，治疗习惯性流产和先兆性流产等（必须是非感染性或非激素因素引起的流产）。

（3）用法与用量：肌内注射一次量，每千克体重15～25毫克。

必要时隔 5 ~ 10 天可重复注射。

3. 催产素（缩宫素）：

（1）性状：为白色粉末或结晶，能溶于水，水溶液呈酸性。

（2）作用与用途：催产素具有选择性兴奋子宫平滑肌作用。小剂量较少引起子宫颈兴奋。适用于催产，剂量加大，使子宫肌出现强直性收缩，适用于产后止血或产后子宫复原，胎衣不下。亦有催乳作用。

（3）用法与用量：静脉、皮下或肌内注射，一次量，子宫收缩用 30 ~ 50 单位。

（4）注意事项：催产时，子宫颈口尚未开放，胎位不正，骨盆过窄以及产道阻碍时忌用。

四、中毒解救药

（一）有机磷中毒的解救药

1. 阿托品：

（1）性状：为无色结晶或白色结晶性粉末，无臭，极易溶于水，易溶于乙醇。

（2）作用与用途：具有解除痉挛、抑制腺体分泌等作用。用于胃肠肌痉挛和有机磷中毒的解救等。

（3）用法与用量：皮下注射一次量，2 ~ 4 毫克（严重中毒时可增至每千克体重 1 毫克）。

2. 解磷定：

（1）性状：为黄色颗粒结晶或结晶粉末，无臭，味苦，遇光易变质，溶于水，不溶于乙醚。

（2）作用与用途：能使胆碱酯酶重新活化。用于有机磷中毒的解救。

（3）用法与用量：静脉注射，一次量，每千克体重 15 ~ 30 毫克。

（二）亚硝酸盐中毒的解救药

亚甲蓝（甲烯蓝）：

（1）性状：为深绿色有光泽的柱状晶粉，易溶于水和乙醇。

（2）作用与用途：既有氧化作用，又有还原作用，其作用与剂量关系密切。小剂量用于解救亚硝酸盐中毒，大剂量用于解救氰化物中毒。

（3）用法与用量：静脉注射，一次量，每千克体重 1 ~2 毫克（小剂量）可用于解救亚硝酸盐中毒。每千克体重 2.5 ~10 毫克（大剂量）可用于解救氰化物中毒。

（三）氰化物中毒的解救药

1. 亚硝酸盐：

（1）性状：为无色或白色、微黄色的晶粉，无臭、味微咸，有吸湿性，易溶于水，水溶液不稳定，呈碱性。

（2）作用与用途：具有解除组织细胞缺氧的作用，因而可用于解救氰化物中毒。

（3）用法与用量：静脉注射，一次量，0.1 ~0.2 克。

2. 硫代硫酸钠（大苏打）：

（1）性状：为无色透明的结晶或晶粉，无臭、味咸，极易溶于水，水溶液微碱性。不溶于乙醇。

（2）作用与用途：本品在体内可分解出硫离子，与体内氰离子结合形成无毒且较稳定的硫氰化物由尿排出。但作用较慢，常与亚硝酸钠或亚甲蓝配合，解救氰化物中毒。

（3）用法与用量：静脉或肌内注射，一次量，1 ~3 克。

（四）重金属与类金属中毒的解救药

1. 二巯基丙醇：

（1）性状：为无色易流动的澄明液体，极易溶于乙醇，在水中溶解，不溶于脂肪。

（2）作用与用途：能与金属或类金属离子结合，形成无毒、难以解离的络合物由尿排出。主要用于解救砷、汞、锑的中毒，也用于解救铋、锌、铜等的中毒。

（3）用法与用量：肌内注射，一次量，每千克体重2.5～5毫克。第1～2天每4～6小时1次，以后1天2次。

2. 二巯基丁二酸钠：

（1）性状：为白色粉末，易吸水潮解。溶于水，水溶液无色或微红色，不稳定，放置后变浊或土黄色时则不宜使用。

（2）作用与用途：作用同二巯基丙醇。主要用于锑、铅、汞、砷中毒的解救，也用于钡、银、钴、铜、铂、锌等中毒的解毒。本品对锑的解毒作用最强。

（3）用法与用量：静脉注射，一次量，每千克体重20毫克。临用前用灭菌生理盐水稀释成5%～10%溶液。急性中毒，1天4次，连用3天；慢性中毒，1天1次，连用5～7天。

3. 依地酸钙钠（乙二胺四乙酸二钠钙）：

（1）性状：为白色晶粉，无臭，无味，易潮解，溶于水。

（2）作用与用途：本品在体内能与铅形成稳定的可溶性络合物，由尿排出而产生解毒作用。主要用于解救铅中毒。也用于铜、锌、钴、锰等中毒的解救。

（3）用法与用量：静脉注射，一次量，1～2克。临用前以灭菌生理盐水稀释成0.25%～0.5%的溶液，1天2次，连用3天，以后酌情而定。

（4）注意事项：肾脏病猪禁用。对慢性中毒，连用3天后，应停药3～4天方可继续使用。

（五）氟中毒的解救药

乙酰胺（解氟灵）：

（1）性状：为白色结晶性粉末，无臭，溶于水。

（2）作用与用途：本品具有延长有机氟（氟乙酰胺）中毒的潜伏期，减轻氟中毒症状或制止氟中毒的作用。用于有机氟中毒的解救。

（3）用法与用量：肌内注射，一次量，每千克体重 50～100 毫克，1 天 2～4 次。

（4）注意事项：解毒时宜早期应用，严重中毒病例应配合镇静药。

第三节　养猪场预防用药知识

一、药物预防的作用

1. 预防或控制传染病的发生与流行：规模化猪场除了部分传染性疫病可使用免疫注射来加以防治外，许多传染病尚无疫苗或无可靠疫苗用于防治，在临诊上必须采用对整个猪群投放药物进行群体预防或控制。使用抗菌药物在猪可能发病的初期、可能流行的季节，对相关猪群进行群体投药，常可有效地防止疫病发生或终止其流行。这一措施在防治猪痢疾、猪传染性萎缩性鼻炎、猪气喘病、仔猪黄白痢、母猪的无乳综合征、猪流感时，都取得了较好的效果。

2. 预防营养缺乏与代谢障碍病：规模化猪场使用水泥地面，当饲料中营养调控不当时，易致猪群发生疾病。如仔猪的缺铁性贫血，生长发育猪及孕母猪的缺锌性皮肤病，蹄病，维生素 E、生殖激素缺乏所致的母猪不发情、低授配率等，在使用药物及时进行防治后均能收到明显疗效。在饲料中添加氨基酸、微量元素和复合多维，可预防营养缺乏和代谢障碍病；使用铁钴针可防治仔猪缺铁性贫血；使用锌制剂防治锌缺乏所致的皮肤病。

3. 防治猪群应激：猪群在转栏、合群、长途运输时常会导致猪的应激性增高，发生腹泻，使猪大量失水，电解质丢失，体液 pH 值下降，代谢紊乱，内分泌失调，造成猪的脱水、减重和死亡。在生产中适时合理地使用口服补液盐能预防或迅速缓解应激状况，大量而方便地给猪群补充水分和电解质，纠正酸中毒，调节猪体的代谢和内分泌。口服补液盐价格低廉，使用方便，值得推广。生产实践中，常在饲料或饮水中添加镇静剂、维生素类、微量元素、缓解中毒的药物来减少应激的发生。

4. 祛暑防病：我国大部地区夏季酷热，多数猪场尚缺乏对猪舍内环境温度、湿度的调控能力，高温致使生长猪日增重下降，母猪乏情，公猪精液品质不良，流产、早产、死胎比例上升等。为此在采取泼水、通风、遮阴等方法降低舍内温度的同时，利用我国特有的中草药资源，使用各种清热解毒凉血中草药的单剂或复方制剂给猪群服食，可减少暑热给生产带来的损害，是保障猪群安全度夏的一项措施。

二、药物预防的原则

1. 要根据猪场与本地区猪病发生与流行的规律、特点、季节性等，有针对性选择高疗效、安全性好、抗菌谱广的药物用于预防，不可滥用药物。

2. 使用药物预防和治疗之前，最好先进行药敏试验，以便选择高敏感性的药物用于预防和治疗。对用于预防的药物应有计划地定期轮换使用，防止耐药菌株产生。投药时剂量要足，混饲时搅拌要均匀，用药时间一般以 3 ~ 10 天为宜。

3. 保证用药的有效剂量，以免产生耐药性。药物预防时，要按规定的用药剂量，均匀地拌入饲料或完全溶解于饮水中，以达到药物预防的作用。用药剂量过大，不但造成药物的浪费，还可引起副作用。用药剂量不足，用药时间过长，不仅达不到药物预防的目的，还可能诱导细菌对药物产生耐药性。

4. 要防止药物蓄积中毒和毒副作用。有些药物进入动物机体后排出缓慢，连续长期用药，可引起猪体药物蓄积中毒。有的药物在预防疾病的同时，也会产生一定的毒副作用，在使用时应引起重视。

5. 要考虑猪的品种、性别、年龄与个体差异。仔猪、老龄猪和母猪，对药物的敏感性比成年猪及公猪要高，因此，药物预防时使用的剂量应当小一些。怀孕后用药不当易引起流产。同种猪不同个体，对同一种药物的敏感性也存在着差异，用药时也应加以注意。

6. 要避免配伍禁忌。当两种或两种以上的药物配合使用时，如果配合不当，有的会发生理化性质的改变，使药物产生沉淀、分解、结块或变色，减弱预防效果或增加药物的毒性，造成不良后果。

7. 选择最合适的用药方法。不同的给药方法，可以影响药物的吸收速度、利用程度、药效出现时间及维持时间，甚至还可引起药物作用性质的改变。药物预防常用的给药方法有混饲给药、混水给药及气雾给药等，生产实践中可根据具体情况，选择合适、正确的给药方法。

8. 新生仔猪补铁应在3日龄时进行，效果不佳时可在15日龄左右补注一次，注意一次不能补充过量，以免发生铁中毒。使用化学药物防治待宰猪的疫病时，应在宰前7～15天停药，防止因药物残留对人类产生不良影响。具体各种药物在猪上市前的停药时间，应依据各种药物的休药期而定。

三、猪内服剂量与饲料添加剂量的换算

在现代集约化养猪的感染性疾病控制中，一个最有效的措施就是群防群治。利用化疗药添加到饲料或饮水中，防治猪的细菌性疾病和寄生虫性疾病是现代规模化养猪用药的一个常用的方法。

因此，熟悉一个药物的内服剂量与饲料或饮水添加的剂量换算十分重要。内服剂量通常是以每千克体重使用药物重量来表示，饲料添加剂量是以单位饲料重量中添加药物的重量来表示。动物一次内服剂量的多少与动物的体重相关，成正比关系。而饲料添加给药剂量与动物每日耗料量相关，消耗饲料多，药物在饲料中的比例（浓度）减少，如果每日消耗饲料少，则药物在饲料中的比例增大。实践中，如

果已知猪口服某种药物的剂量，即可估算出药物在饲料或饮水中的添加剂量。

（一）药物用量的换算方法

如某种药物用量是 W 毫克/千克体重，用药次数为 N 次/天。即每千克体重每天用量为 $W\times N$ 毫克［$(W\times N)$毫克/(千克体重·天)］，那么每100千克体重每天用量为 $100\ W\times N$ 毫克［$(100\ W\times N)$毫克/(100千克体重·天)］。

一般认为：猪的每日采食量约为其体重的5%，即每100千克体重每天采食饲料5千克［5千克饲料/(100千克体重·天)］。

将每100千克体重每天的用药量（$100\ W\times N$ 毫克）混入每100千克体重每天的采食饲料量（5千克饲料）中，即（$100\ W\times N$）毫克/5千克饲料即（$100\div5\times W\times N$）毫克/千克饲料＝($20\ W\times N$）毫克/千克饲料。那么，每1 000千克饲料应添加药物的量为 $1\ 000\times20\ W\times N$毫克。

饲料添加剂量（克/1 000千克饲料）＝20×口服剂量（毫克/千克体重）×每日口服次数。

有些书籍资料写到某种药物在饲料中的用量为（百万分之一）□□ppm，每1 000千克饲料添加药物的克数。即药物在饲料中的含量用百万分含量表示，□□克/1 000千克。

（二）换算方法举例

1. 猪内服诺氟沙星剂量为10毫克/千克体重，2次/天，换算成混饲给药浓度为 $20\times10\times2=400$ 克/1 000千克饲料，即百万分之四百。

应用时，仔猪和母猪的用药量应在此基础上灵活调整。因为一般情况下，仔猪的每日采食量为其体重的6%～8%，种母猪以其体重的2%～4%计算，哺乳期以3%～5%计算。

应该说明的是，在生理条件下，猪的饮水量约为饲料摄入量的2倍，依此推理，饮水中添加药物剂量（比例）应为饲料中添加剂量的50%。诺氟沙星饮水用量为200克/1 000千克水，即百万分之二百。

2. 猪内服痢菌净的剂量为5～10毫克/千克体重，1天2次，换算成饲料添加剂量为：

痢菌净混饲治疗浓度为：$R=(5\sim10)\times2\times20=200\sim400$（克/1 000千克饲料），即1吨饲料中添加痢菌净200～400克。

3. 猪内服磺胺间甲氧嘧啶的剂量为25～50毫克，1天1次，换算成混饲给药剂量为：

磺胺间甲氧嘧啶在猪饲料中治疗添加比例为：$R=(25\sim50$ 毫克$)\times1\times20=500\sim1\,000$（克/1 000千克饲料），即1吨饲料中添加磺胺间甲氧嘧啶500～1 000克。

四、饲料添加用药应注意的问题

药物保健虽然是猪群保健中的补救措施，但其重要性亦不可因此而忽视。药物不可滥用，滥用药物的后果：一是药物残留对人体的间接损害；二是浪费资金；三是增强病原微生物的耐药性，猪只真的生病了反而无药可用或用药收效大打折扣；四是“是药三分毒”，即使是无毒或低毒的药物，在猪体内的分解也可能增加猪只肝肾功能的负担甚至直接损害肝肾功能。在下列情形下可考虑适当用药：通过长途运输的猪群，来源复杂的合群猪，猪群中出现有可疑为传染病个体的猪群；周边暴发烈性传染病时，为安全起见可以有针对性的适当投喂预防药物；为了预防营养缺乏与代谢障碍病；夏季防止猪群应激和祛暑防病。为了保证饲料添加用药安全有效，必须注意如下五点问题。

（一）预防剂量的控制

预防剂量一般为治疗剂量的25%～50%。在多数情况下，饲料添加药物是作为预防疾病使用，一般添加的时间较长，所以必须严格控制药物剂量，以免用药剂量过大造成蓄积中毒。特别注意：不要将用于治疗的口服剂量换算成饲料添加量用于长期预防。

（二）配合饲料中原有添加药物的确认

现代养猪配合饲料生产中绝大多数加有一定量的化疗药。所以在向饲料厂家生产的配合饲料中添加某一药物时，必须十分谨慎，避免同一药物重复添加，造成猪只的药物中毒。

（三）添加方式、期限要合适

可以将药物添加到饲料中用药，也可以添加到饮水中用药。添加到饲料中比较适合于疾病的预防，添加到饮水中比较适合于疾病的治疗。猪在发生传染性疾病时，由于病情原因致使食欲下降，严重时废绝，此时通过饲料给药，进入到动物体内的药量不足，达不到理想的治疗效果。但病猪特别是热性传染病，猪的饮水比较正常，有时略有增加，此时通过饮水添加用药常能达到预期效果。

对于可能受某种病原菌感染危险的猪群或感染前期还未表现出临床症状的猪群，此时猪的食欲较正常，在其饲料中添加化疗药物来控制疾病的暴发或流行是一种最经济、最有效的药物预防措施。

在对已表现出临床疾病的病猪进行单独注射用药治疗的同时，还必须对未表现出临床症状的猪群进行饲料添加用药，根据需要确定饲料添加用药的期限。一般易在猪场反复发生的顽固性疾病（如猪痢疾、猪气喘病、猪弓形虫病、猪传染性萎缩性鼻炎、猪传染性胸膜肺炎），应通过饲料添加药物根治消除。方法是：首先在整个猪群的饲料中添加治疗剂量的首选药物或次首选药连续使用 1 周，然后使用预防剂量（治疗剂量的 50%）的药物继续混饲给药 3 ~ 4 周，停止使用药物 4 周后，再使用预防剂量的药物混饲添加用药 4 周。

长期在饲料中添加抗生素的做法也是不可取的，一些非营养类功能性添加剂亦不可滥用。这类添加剂中的一部分可能短期促生长的效果较明显，但长远来看对猪的健康大多会有负面影响。有些则只在猪只生长的某个阶段起作用，如酶制剂和酸化剂对小猪效果明显，但大猪就没有必要使用了。有些则只在特定条件下有使用价值，如制霉剂只有加工的饲料长期放置才有必要添加，脱霉剂只在原料霉变的情况下才能发挥作用等。

（四）掌握一次给药的化疗药物在饲料中的添加方法

某些化疗药物特别是抗寄生虫药物如左旋咪唑、苯并咪唑类药物（如丙硫咪唑、甲苯咪唑）、伊维菌素类药物在防治疾病时多是内服或注射给药一次，即按规定剂量使用一次就可以达到防治疾病的效果。对于一次给药的抗寄生虫药物混饲添加方法为：首先根据体重计算动物所需要的药量，然后将药物（一次量）均匀地拌入猪一日量的日粮中喂给，有时，也可将一次量的药物拌入2～3天的日粮中喂给。

五、无公害生猪饲养兽药使用准则

饲养者应供给生猪适度的营养，加强饲养管理，采取各种措施减少应激，增强生猪自身的免疫力。生猪疾病以预防为主，应严格按《中华人民共和国动物防疫法》的规定防止生猪发病死亡。必要时进行预防、治疗和诊断疾病所用的兽药要符合《中华人民共和国兽药典》、《中华人民共和国兽药规范》、《兽药质量标准》、《兽用生物制品质量标准》、《进口兽药质量标准》和《饲料药物添加剂使用规范》的相关规定。使用兽药时还应遵循以下原则：

1. 使用消毒防腐剂对饲养环境、厩舍和器具进行消毒，必须符合农业行业标准的规定。

2. 优先使用疫苗预防动物疾病，但要使用符合《兽用生物制品质量标准》要求的疫苗对生猪进行免疫接种。

3. 允许使用《中华人民共和国兽药典》第二部及《中华人民共和国兽药规范》第二部收载的用于生猪的兽用中药材、中药成方制剂。

4. 允许在临床兽医的指导下使用钙、磷、硒、钾等补充药、微生态制剂、酸碱平衡药、体液补充药、电解质补充药、营养药、血容量补充药、抗贫血药、维生素类药、吸附药、泻药、润滑剂、酸化剂、局部止血药、收敛药和助消化药。

5. 慎重使用经农业部批准的拟肾上腺素药、平喘药、抗（拟）胆碱药、肾上腺皮质激素类药和解热镇痛药。禁止使用麻醉药、镇痛药、镇静药、中枢兴奋药、化学保定药及骨骼肌松弛药。

6. 允许使用农业行业标准中规定的抗菌药和抗寄生虫药，其中治疗药应凭兽医处方购买，同时还要严格遵守规定的用法与用量及休药期，没有规定休药期的品种，休药期不应少于 28 天。禁止使用未经国家畜牧兽医行政管理部门批准的用基因工程方法生产的兽药和未经农业部批准或已经淘汰的兽药。

7. 建立并保存免疫程序记录。建立并保存全部用药的记录，治疗用药记录包括生猪编号、发病时间及症状、治疗用药名称（商品名及有效成分）、给药途径、给药剂量、疗程、治疗时间等；预防或促生长混饲给药记录包括药品名称（商品名及有效成分）、给药剂量、疗程等。

第四节　养猪场化疗药物的合理使用

为了充分发挥化疗药物防治猪病的效果，降低药物对畜禽的毒、副反应，减少细菌耐药性的产生，提高药物治疗水平，应切实做到合理应用药物，严格执行以下临床用药的几项基本原则。

一、严格掌握适应证、正确选药

对疾病作出正确的诊断是选择药物的前提，有了确切的诊断，方可了解其致病菌，从而选择对病原高度敏感的药物。对细菌进行分离、培养、鉴定以及药物敏感试验是选择抗菌药物的有效方法，药敏及联合药敏试验与临床疗效的符合率为 80% 左右。因此，应尽量避免在无确诊指征或指征不强的情况下选用药物。猪场发生较严重的传染病时，为了控制疾病，最好立即请各方面专家会诊，通过分析，初步确定疾病的性质，如果怀疑为细菌性疾病或寄生虫疾病，应及时对病原进行鉴定，立即提出首选用药品种，以使病情达到及时控制。

抗菌药物必须严格根据适应证进行选择。对发热原因不明或病毒性疾病不要轻易选用；在对猪进行某些活菌疫苗接种时，若同时使用某些广谱抗菌药物，往往会影响疫苗的主动免疫效果，即使早用（接种前3天）或迟用（接种后1周）也能推迟预防接种的抗体形成。

对某种病原最敏感、治疗效果最佳的药物称为首选药。由于药物使用一定时间后，细菌对药物会产生耐药性，随着时间的推移，治疗某些细菌性疾病的“首选药”也会发生变化，例如在20世纪70年代治疗猪肺炎支原体病的首选药是土霉素，但到90年代，其首选药物为氟喹诺酮类抗菌药物如环丙沙星、乙基环丙沙星、诺氟沙星、单氟沙星等。20世纪60年代治疗猪痢疾的首选药物为痢特灵（呋喃唑酮），但在80年代治疗猪痢疾的首选药物为痢菌净（乙酰甲喹）。作为一个兽医师必须对药物的发展以及新药特性、制剂，药物的抗菌谱熟练掌握，不断接受新的知识。表4.1列出了目前我国防治猪细菌性疾病的首选药物。

表4.1 猪抗菌药物的选用

病原微生物	所致主要疾病	首选药物	次选药物
葡萄球菌	化脓创、败血症、呼吸（消化）道感染、心内膜炎、乳腺炎	青霉素G	红霉素、头孢菌素、强力霉素、林可霉素、复磺
耐青霉素金黄色葡萄球菌	化脓创、败血症、呼吸（消化）道感染、心内膜炎、乳腺炎	氨苄青霉素等半合成耐青霉素酶青霉素	红霉素、卡那霉素、庆大霉素、林可霉素
溶血性链球菌	猪链球菌病	青霉素G	红霉素、头孢菌素、复磺

续表

病原微生物	所致主要疾病	首选药物	次选药物
化脓性链球菌	化脓创、肺炎、心内膜炎、乳腺炎	青霉素 G	红霉素、四环素、氟苯尼考、复磺
破伤风梭菌	破伤风	青霉素 G	四环素、氟苯尼考、磺胺
猪丹毒杆菌	猪丹毒、关节炎、创伤感染	青霉素 G	红霉素
李氏杆菌	李氏杆菌病	四环素类	红霉素、青霉素、复磺
大肠杆菌	黄痢、白痢、水肿病	环丙沙星、诺氟沙星、乙基环丙沙星	
沙门杆菌	伤寒与副伤寒	诺氟沙星、乙基环丙沙星、氟苯尼考	四环素 + 链霉素、氨苄青霉素、磺胺、其他氟喹诺酮类
绿脓杆菌	烧伤感染，泌尿、呼吸道感染、败血症，乳腺炎，脓肿等	多黏菌素或庆大霉素	羧苄青霉素、四环素、头孢菌素、氟喹诺酮类
巴氏杆菌	猪肺疫	链霉素	氟喹诺酮类、复磺、四环素、青霉素
坏死杆菌	坏死杆菌病、溃疡脓肿	复方磺胺、磺胺	四环素
布氏杆菌	布氏杆菌病、流产	四环素 + 链霉素、氟苯尼考	磺胺
胎儿弧菌	流产	链霉素	青霉素 + 链霉素、四环素
嗜血杆菌	肺炎、胸膜肺炎	四环素、氨苄青霉素	氟喹诺酮类、链霉素、卡那霉素、头孢菌素
猪痢疾密螺旋体	猪痢疾	痢菌净	林可霉素、二甲硝咪唑、泰乐菌素
猪肺炎支原体	猪气喘病	氟喹诺酮类	土霉素、泰乐菌素、卡那霉素
败血波氏杆菌	猪萎缩性鼻炎	四环素类	复方磺胺

续表

病原微生物	所致主要疾病	首选药物	次选药物
胃肠道线虫	线虫病	伊维菌素	丙硫咪唑、左旋咪唑
螨	猪疥螨	埃维菌素、伊维菌素、摩西菌素、多拉菌素、爱比菌素	拟除虫菊酯类、有机磷酯类
弓形虫	猪弓形虫病	磺胺类 + 三甲氧苄氨嘧啶	

注：表中复磺，表示复方磺胺制剂即磺胺类药物十抗菌增效剂。

二、足量用药和避免耐药性

抗菌药物用量过大，常造成药物浪费，并可能引起毒、副作用。相反，用量不足或疗程过短，则容易出现细菌耐药性。如青霉素超大剂量可引起血液凝固障碍，如果是静脉注射青霉素 G 钾盐则可引起高血钾症。链霉素用药剂量过大，可引起肾脏功能障碍，并且可引起呼吸肌麻痹而发生呼吸困难，窒息。幼年动物使用氯霉素次数过多会导致造血功能障碍，发绀，呼吸困难，影响生长发育，变成“僵猪”。目前多种细菌如金黄色葡萄球菌、大肠杆菌、绿脓杆菌、痢疾杆菌对许多抗菌药物产生了一定的耐药性。为了防止耐药性的产生，临床用药时应注意如下几点：

1. 严格掌握适应证，不滥用抗菌药物，单一抗菌药物有效的就不要采用联合用药。

2. 保证用药剂量和用药持续时间：磺胺类药物、大环内酯类抗菌药物，首次剂量一般加倍，以便使血液中的药物浓度尽快达到抑菌浓度。多数抗菌药物 3 ~5 天为一疗程，在症状消失后再巩固用药1 ~2 天。停药过早，容易招致疾病复发，并能诱导细菌对药物产生耐药性。对于某些慢性疾病和容易在一个猪场反复发作感染流行的顽固性细菌性疾病，必须采取群防群治的措施。

3. 青霉素 G 钠盐和钾盐在临床上使用较多，由于长期应用，某些细菌特别是金黄色葡萄球菌对之产生了一定的耐药性。临床实践证明，猪按剂量每次 1 万 ~2 万国际单位/千克体重肌内注射，1 天 2 次，效果多不明显，因此推荐猪肌内注射青霉素 G 的剂量为 2 万 ~4 万国际单位/千克体重，1 天 2 次。猪静脉滴注青霉素 G，其治疗剂量推荐为 5 万 ~10 万国际单位/千克体重，1 天 1 次。磺胺嘧啶（SD）在动物体内的消除半衰期短（2 ~4 小时），因此，应注意加大剂量，或增加使用次数。败血症常需要连续用药 1 ~2 周。

三、选择合适的给药途径

化疗药物由于其理化性质不同，其药物动力学特点也不相同，用药的途径不同，产生的药效差异性较大。

青霉素 G 内服易被胃酸破坏，因此，猪内服青霉素 G 无效。半合成青霉素如氨苄青霉素、羟氨苄青霉素（阿莫西林）、乙氧萘青霉素、苯唑青霉素、青霉素 V、邻氯青霉素具有耐酸的特性，内服有效。

第一代头孢菌素，如头孢噻吩和头孢噻啶，肌内注射吸收较好，一般不用于口服，而头孢氨苄和头孢拉定既可内服给药也可注射给药。第二代头孢菌素头孢西丁、头孢孟多、头孢羟苄磺唑、头孢氯氨苄、头孢呋肟一般都采用注射给药。内服给药效果不佳。第三代头孢菌素有头孢噻肟、头孢三嗪、头孢噻呋，其中头孢噻呋是动物专用药，主要采用肌内注射或静脉注射给药。

红霉素水溶性散（硫氰酸红霉素）可以内服给药，或通过饮水添加给药治疗全身性感染疾病。红霉素粉针（乳糖红霉素）可行注射给药，注意注射前应以注射用水配成 5% 溶液，再用 5% 葡萄糖溶液稀释成 0.5% 溶液，缓慢静脉注射或分点肌内注射。

氨基苷类抗生素（链霉素、庆大霉素、卡那霉素、壮观霉素）内服不易吸收，在胃肠道内浓度高，本类药物注射给药后，有 80%

以原形经过肾脏排泄，所以注射给药是治疗泌尿系统感染的较好途径。

多肽类抗生素（多黏菌素、万古霉素）可注射给药，多黏菌素还可以局部应用治疗创面、眼、耳、鼻部感染，杆菌肽内服不易吸收，主要预防消化道细菌感染。

四环素类抗生素（四环素、金霉素、土霉素、去甲金霉素、甲烯土霉素、二甲胺四环素）化学性质比较稳定，耐酸，内服用于防治全身性感染性疾病，通过饲料添加给药可达到群防群治的目的。

氯霉素类如氟苯尼考内服吸收良好，也可注射给药，治疗全身性细菌感染疾病。

大部分磺胺类药物如磺胺噻唑、磺胺嘧啶、磺胺二甲嘧啶、磺胺甲基异噁唑、磺胺甲氧哒嗪、磺胺对甲氧嘧啶、磺胺间甲氧嘧啶、4-磺胺-2,6-二甲氧嘧啶（SDM）、磺胺邻二甲氧嘧啶（SDM）内服后容易吸收，生物利用度高达60%~90%，用于治疗全身性细菌感染疾病。而磺胺脒（磺胺胍、止痢片、克痢定）、琥磺胺噻唑、酞磺胺噻唑、酞磺胺醋酰，内服后不容易被吸收，生物利用度小于10%，因此，内服后胃肠道中浓度高，主要用于胃肠道细菌性感染疾病。外用磺胺药物包括磺胺醋酰、磺胺嘧啶银（烧伤宁）和甲磺灭脓（氨苄磺胺）。

值得说明的是，手术部位可能使用局麻药普鲁卡因，普鲁卡因代谢产物对氨基苯甲酸（PABA）可降低磺胺药物的抑菌作用。二氨基嘧啶类药物常用的是二甲氧苄氨嘧啶和三甲氧苄氨嘧啶。三甲氧苄氨嘧啶（TMP）内服吸收较好，可以与磺胺类药物一起内服应用治疗全身性感染疾病。二甲氧苄氨嘧啶（DVD）内服不易被吸收，主要与其他磺胺类药物内服治疗胃肠道细菌性疾病。

硝基呋喃类药物（包括呋喃唑酮、呋喃西林、呋喃妥英、呋吗唑酮）呋喃唑酮内服不易吸收，主要用于治疗胃肠细菌感染，所以又称为痢特灵（我国已禁用于食品动物）；呋喃西林毒性较大，主要是外用治疗局部炎症和化脓性感染，如伤口感染、结膜炎、膀胱炎、子宫内膜炎冲洗；呋吗唑酮最大的特点是溶于水，所以可通过混饮给药，内服吸收较好，可以治疗全身性细菌性疾病。

喹恶啉类药物喹乙醇和乙酰甲喹的生物利用度高达100%，内服给药防治相应敏感细菌所致的全身性疾病。

氟喹诺酮类药物，除乙基环丙沙星外，其他大部分药物如诺氟沙星、环丙沙星、氧氟沙星、沙拉沙星等猪内服后吸收不良（<20%~50%），所以用它们治疗猪的全身性感染性疾病时以肌内注射效果较好。有试验表明，猪内服和肌内注射同剂量的诺氟沙星后，其肌内注射的血药浓度比内服后的血药浓度高5~10倍。因此，猪内服本类药物治疗全身性疾病一定要保证充足的剂量，其内服剂量应是肌内注射剂量的2~3倍。

四、化疗药物的联合用药及配伍禁忌

所谓联合用药即指同时使用2种或2种以上的药物。化疗药物的联合用药主要是为了降低药物毒性，扩大药物的抗菌谱，增加疗效。联合用药必须有明确的临床指征：①病情危急和病因不明的严重感染；②一种抗菌药物不能控制的混合感染；③有可能对某种抗菌药已产生耐药性的细菌引起的感染。

根据抗菌药物抗菌的强度（抑菌或杀菌）和作用的快慢可将其分为四个类型：

第一类：繁殖期速效杀菌剂，包括青霉素类、头孢菌素类。

第二类：静止期慢效杀菌剂，包括氨基苷类、多黏菌素类。

第三类：速效抑菌剂，包括四环素类、大环内酯类、氯霉素类。

第四类：慢效抑菌剂，包括磺胺类。

第一类与第二类联合应用增强作用，例如青霉素G和链霉素合用，青霉素可破坏细菌细胞壁的完整性，有利于链霉素进入菌体内发挥作用，青霉素G主要作用于革兰阳性菌，链霉素主要作用于革兰阴性菌。

第一类与第三类联合应用会出现拮抗作用，降低两者的抗菌效果。例如青霉素G与四环素合用即出现拮抗作用，四环素迅速抑制细菌蛋白质合成，细菌细胞壁合成受阻，使青霉素G的作用减弱。

第一类与第四类联合应用可能无明显影响，在治疗脑膜炎时，两类药物合用可提高疗效，如青霉素G与磺胺嘧啶（SD）。磺胺嘧啶易透过血脑屏障，在脑部发生炎症时，青霉素G透过血脑屏障的量增加。青霉素G与磺胺类药物在体内是否有拮抗作用并没有经过研究或临床实践得到证实。

第二类与第三类药物合用可能有协同作用，包括增强作用和相加作用。

第三类和第四类药物联合应用，可获得相加作用，因为两者都属抑菌剂。

抗菌增效剂三甲氧苄氨嘧啶（TMP）和二甲氧苄氨嘧啶（DVD）具有明显增强其他抗菌药物（磺胺类和大多数抗生素类）的抗菌作用效果，磺胺类药是抑制细菌的二氢叶酸合成酶，TMP和DVD是抑制细菌的二氢叶酸还原酶，它们分别作用细菌同一代谢途径的两个不同环节，联合应用，对细菌具有“双管齐下”的作用，一般将磺胺类药物与TPM按5∶1的比例配合制成复方制剂，则组方中TMP可大大提高磺胺类药物的抗菌效果，可使磺胺类抗菌效果提高4～20倍。所以早先把TMP称之为磺胺增效剂，在临床上常见的复方磺胺制剂有复方新诺明（兽用注射液）、复方磺胺－5－甲氧嘧啶（磺胺对甲氧嘧啶）注射液，复方磺胺甲基异噁唑片剂，复方磺胺嘧啶注射液。

在兽医临床上TMP与抗生素复方制剂的代表是增庆安。增庆安注射液配方具有极强科学性和实用性，主要成分为庆大霉素、TMP和安乃近。其中的TMP可提高庆大霉素对大部分细菌的作用强度2～8倍。这一复方制剂又给庆大霉素广泛、有效和安全地应用于兽医临床开辟了一条新的途径。增庆安中含有快效解热镇痛药物安乃近，对细菌性传染病带有发热的动物病症具有使用方便的特点，肌内注射一针既可抗菌又能解热镇痛，有利于调节动物各种生理功能的平衡，使疗程缩短。

一般来说，禁止同类抗菌药物在临床上联合应用。由于同类抗菌药物其作用机制相同，多数具有交叉耐药性，例如某一种磺胺药物对大肠杆菌已具有耐药性，那么再选用其他磺胺类药物治疗或预防一般无效。另外同类药物合并使用可能增加药物的毒副反应作用，如链霉素和庆大霉素都属于氨基苷类抗生素，两者合用可导致动物发生中毒（耳毒、肾脏毒性、骨骼肌麻痹等）。

利福平、氯霉素等蛋白质 RNA 合成抑制剂可降低氟喹诺酮类抗菌药效，因此，不可配伍应用。

糖皮质激素类药物（地塞米松、醋酸氢化泼尼松、氢化泼尼松、醋酸泼尼松、氢化可的松）具有抗炎、抗毒、抗休克和抗免疫作用，经常用于治疗炎症和全身性严重感染，其抗炎作用属非特异性，它们对病原菌没有抑制和杀灭作用。由于它们在发挥非特异性抗炎、抗休克的同时具有抗免疫作用，能够降低动物的免疫功能，使动物的抵抗力降低，易引起动物发生继发性感染。所以，在使用本类药物的同时，必须配合大剂量抗菌药物治疗。本类药物具有蛋白质异化作用，促进蛋白质的分解代谢，造成负氮平衡，因此，幼年动物不可反复多次使用，以免影响其生长发育，甚至可能形成“僵猪”，病毒感染不应使用本类药物，因为病毒感染时，多数没有相应的抗病毒药物，机体只能依靠免疫系统来抵抗病毒的侵袭，如果使用本类药物，抑制了机体的免疫功能，会使病毒感染更加恶化。

多数化疗药物在静脉给药时应单独使用。因为很多化疗药物制剂与其他制剂混合后会发生物理化学变化，使药效降低，毒性增加，也可能造成沉淀，输液后引起血栓等严重后果。

禁止庆大霉素与氨苄青霉素、青霉素 G、半合成青霉素联合静滴。

头孢菌素、氨苄青霉素、万古霉素、卡那霉素、氯霉素、四环素均应单独静脉滴注。

氯化钙或葡萄糖酸钙可与四环素或头孢菌素形成结合物沉淀，不得联合静脉注射，四环素也不得与维生素 C 同时输液。

氟喹诺酮类注射液、复方磺胺制剂不可用葡萄糖注射液稀释滴注。

地塞米松不得与氯霉素、四环素、磺胺类药物混合注射。

维生素 B_1 与青霉素 G 钾注射液混合，半小时后发生混浊。维生素 B_2 能降低链霉素、红霉素、杆菌肽、四环素类的抗菌效力（混合）。

维生素 C 与磺胺嘧啶钠注射液和其他磺胺类钠盐注射液混合，会发生混浊或沉淀。

乳酸钠与碳酸氢钠注射液与红霉素、青霉素 G、四环素、土霉素、金霉素等注射液混合会发生混浊和沉淀。

维生素 K_3 注射液与磺胺类钠盐注射液混合会发生混浊或沉淀。

硫酸抗敌素（多黏菌素 E）注射液与硫酸卡那霉素、青霉素 G 钾、氢化可的松、磺胺类钠盐注射混合时会产生沉淀。

硫酸链霉素与葡萄糖酸钙注射液混合会产生沉淀。

链霉素也不得与神经肌肉阻断剂和麻醉药物配伍应用［如氯化琥珀胆碱、氯化筒箭毒碱、静松灵（二甲苯胺噻唑）、二甲苯胺噻嗪］。

第五章 养猪场常见病的防控

第一节 猪常见传染病的防控

一、猪瘟

猪瘟早年又称猪霍乱，是由猪瘟病毒引起的猪的一种高度传染性和致死性的传染病。国际兽医局（OIE）的国际卫生法规把猪瘟定为A类16种法定检疫传染病之一。此病于1833年首先在美国等地发现，以后遍及世界各大洲。

猪瘟病毒对外界环境有一定抵抗力，在自然干燥情况下，病毒易于死亡，污染的环境如保持充分干燥和较高的温度，经1~3周，病毒即失去传染性。病毒加热60~70℃1小时才可以被杀死，病毒在冻肉中可生存数月。病尸体腐败2~3天，病毒即被灭活。2%氢氧化钠、5%~10%漂白粉、3%来苏儿能很快将其灭活。

（一）流行病学

本病仅发生于猪，病猪是本病的主要传染源，由尿、粪便和各种分泌物排出病毒。屠宰时则由血、肉、内脏散布大量病毒。健康猪群因潜伏期或康复期带毒猪散毒而发生猪瘟。部分健康猪感染猪瘟后1~2天，在未出现症状前就能排毒，部分病猪康复后5~6周仍带毒和排毒，健康猪群可因潜伏期或康复期带毒猪散毒而发生猪瘟。病猪的全身组织和体液内均存在病毒，以淋巴结、脾和血液中含量最高。

易感猪采食污染病毒的食物和饮水，主要经扁桃体、口腔黏膜及呼吸道黏膜感染。患病或弱毒感染的母猪，病毒可以经胎盘感染胎儿，产生弱胎、死胎、木乃伊胎，有的胎儿产出后发生先天性震颤、共济失调，存活猪可发生病毒的持续感染。

各品种、年龄和性别的猪均易感。经免疫的母猪所产仔猪，1 月龄以内很少感染发病，1 月龄以后易感性逐渐增加。病程至 1 ~ 3 周后在猪群中达到流行高峰。病猪一般呈亚急性型，少数慢性病猪经 1 月以上死亡或恢复，流行终止。在本病常发地区，猪群有一定免疫性，其发病率和病死率均较低；在新疫区发病率和死亡率在 90% 以上。

（二）临床症状

潜伏期一般为 5 ~ 7 天，短的 2 天，长的可达 21 天。根据病程长短和临床症状可分为最急性型、急性型、亚急性型、慢性型、温和型和繁殖障碍型。

1. 最急性型：多见于流行初期，突然发病，症状急剧，表现全身痉挛，四肢抽搐，高热稽留，皮肤和黏膜发绀、有出血斑点，经 1 ~ 8 天死亡。病程稍长的，可见有急性型症状。

2. 急性型：此型最为常见。病猪在出现症状前，体温即已升高在 41 ℃左右，持续不退，表现为行动缓慢、头尾下垂、弓背、寒战、口渴、常卧一处或闭目嗜睡，眼结膜发炎，眼睑浮肿、分泌物增加，在下腹部、耳根、四蹄、嘴唇、外阴等处可见到紫红色斑点。病初排粪困难，不久出现腹泻，粪便呈灰黄色。公猪包皮内积有尿液，用手挤压后流出混浊灰白色恶臭液体。哺乳仔猪也可发生急性猪瘟，主要表现神经症状，如磨牙、痉挛、角弓反张或倒地抽搐，最终死亡。

3. 亚急性型：此型常见于老疫区或流行中后期的病猪。症状较急性型缓和，病程 20 ~ 30 天。

4. 慢性型：主要表现消瘦，贫血，全身衰弱，常伏卧，步态缓慢无力，食欲不振，便秘和腹泻交替。有的病猪在耳端、尾尖及四肢皮肤上有紫斑或坏死痂。病程 1 个月以上。不死亡者长期发育不良成为僵猪。妊娠母猪感染后，将病毒通过胎盘传给胎儿，造成流产，产死胎或产出弱小的仔猪或断奶后出现腹泻。

5. 温和型：病情发展缓慢，病猪体温一般为 40 ~ 41 ℃，皮肤常无出血小点，但在腹下部多见淤血和坏死。有时可见耳部及尾巴皮肤坏死，俗称干耳朵、干尾巴。病程长达 2 ~ 3 个月。

6. 繁殖障碍型：受感染的母猪病毒可经胎盘感染胎儿，也能通过精液传递给仔猪。引起流产，产木乃伊胎、死胎、弱仔，也常发生返情等严重繁殖障碍，这种影响对母猪有加重的趋势。生下的仔猪也可能带毒，这种仔猪出生后陆续死亡，即使不死也可一直产毒、排毒、感染其他健康猪，用疫苗免疫效果降低或无效。带毒母猪除造成垂直传播外，还可造成猪瘟的水平传播。带毒公猪可通过精液感染母猪，特别是那些人工授精的公猪覆盖面就更大了。由于垂直传播与水平传播在一个猪场内反复交替进行，造成猪瘟感染的恶性循环后果。

（三）病理变化

肉眼可见病变为小血管变性引起的广泛性出血、水肿、变性和坏死。最急性型常无显著的特征性变化，一般仅见浆膜、黏膜和内脏有少数出血斑点。急性型呈全身淋巴结特别是耳下、支气管、颈部、肠系膜以及腹股沟等淋巴结肿胀、多汁、充血及出血，外表呈紫黑色，切面如大理石状；肾脏色泽变淡，皮质上有针尖至小米状数量不等的出血点，少者数个，多者密布如麻雀蛋，肾盂处也可见到；脾脏边缘有时可见黑红色的坏死斑块，突出于被膜表面，此称出血性梗死。肝脏变化不大。多数病猪两侧扁桃体坏死。消化道出现的病变表现在口腔、牙龈有出血点和溃疡灶，喉头、咽部黏膜及会厌软骨上有程度不同的出血；胃和小肠黏膜出血呈卡他性炎症。大肠的回盲瓣处黏膜上形成特征性的纽扣状溃疡。

亚急性型全身出血病变较急性型为轻，但坏死性肠炎和肺炎的变化较明显。

慢性型主要表现为坏死性肠炎，全身出血变化不明显。由于磷、钙代谢紊乱，断乳病猪肋骨末端与软骨交界处的骨化障碍，见有黄色骨化线，该病变在慢性猪瘟诊断上有一定意义。

温和型猪瘟的病理变化一般轻于典型猪瘟的变化，如淋巴结呈现水肿状态，轻度出血或不出血，肾出血点不一致，膀胱黏膜只有少数出血点，脾稍肿，有 1 ~ 2 处小梗死灶，回盲瓣很少有纽扣状溃疡，但有时可见溃疡、坏死病变。

（四）诊断

猪瘟的及时诊断非常重要，稍有延误往往会造成严重损失。

1. 临床综合诊断：猪瘟的发生不受年龄和品种的限制，无季节性，抗菌药物治疗无效，发病率、病死率都很高。免疫猪群则常为零星散发。病猪高热稽留，化脓性结膜炎，先便秘后下痢。初期皮肤发紫，中后期有出血点。无并发症的病例出现白细胞减少症，血小板也显著减少。部分病猪有神经症状。全身皮肤、浆膜、黏膜和内脏器官呈现广泛的出血变化，淋巴结、肾脏、膀胱、脾脏、喉头和大肠黏膜的出血最为常见。在盲肠、结肠特别是回盲口呈轮层状溃疡，脑有非化脓性脑炎变化。

2. 实验室诊断：目前猪瘟的实验室诊断方法较多，常用的方法有以下几种。

（1）酶联免疫吸附试验（ELISA）：该方法的特点是敏感性高，可检测抗原与抗体，但在猪瘟主要是检测抗体。

（2）正向间接血凝：本方法操作简单，要求条件不高，便于基层推广应用，敏感性和特异性都较好，一般认为间接血凝价的抗体水平在 1∶16 以上者能抵抗强毒攻击。

（3）兔体交互免疫试验：猪瘟强毒不引起家兔体温反应，但能使其产生免疫力，而猪瘟兔化弱毒能使家兔发生热反应，但对产生免疫力的家兔则不应出现体温反应。将病猪的病料用抗生素处理后，接种家兔 7 天后再用猪瘟兔化弱毒静脉注射，24 小时后每 6 小时测温 1 次，连测 3 天，如发生定型热反应，则病料中所含的病毒不是猪瘟病毒。同时设3只健康兔不接种病料作为对照。

（4）免疫荧光试验：采取猪瘟早期病猪的扁桃体和淋巴结或晚期病猪的脾和肾组织，作冰冻切片或组织切片，丙酮固定后用猪瘟荧光抗体染色检查，2～3小时即可确诊，对猪瘟病猪的检出率为90%以上。

（5）琼脂扩散试验：检查猪血清，操作简便，成本低，适于基层应用。

3. 鉴别诊断：在临床上，急性猪瘟与急性猪丹毒、最急性猪肺疫、败血性链球菌病、猪副伤寒、弓形虫病等有许多类似之处，应注意鉴别。

（1）败血性猪丹毒：多发生于夏天，病程短，发病率和病死率比猪瘟低。指压皮肤上的红斑褪色，病程较长时，皮肤上有紫红色疹块。体温很高，但仍有一定食欲，眼睛清亮有神，步态僵硬。死后剖检，胃和小肠有严重的充血和出血；脾肿大，呈樱桃红色；淋巴结和肾淤血肿大。青霉素治疗等有显著疗效。

（2）最急性猪肺疫：气候和饲养条件剧变时多发，发病率和病死率比猪瘟低，咽喉部急性肿胀，呼吸困难，口鼻流泡沫，皮肤蓝紫色，或有少数出血点。剖检时，咽喉部肿胀出血，肺充血水肿，颌下淋巴结出血，切面呈红色，脾不肿大。抗菌药治疗有一定效果。

（3）败血性链球菌病：本病多见于仔猪。除有败血症状外，常伴有多发性关节炎和脑膜脑炎症状，病程短，抗菌药物治疗有效。剖检见各器官充血、出血明显，心包液增多，脾肿大，有神经症状的病例，脑和脑膜充血、出血，脑脊髓液增量、混浊，脑实质有化脓性脑炎变化。

（4）急性猪副伤寒：多见于2～4月龄的猪，在阴雨连绵季节多发，一般呈散发。先便秘后下痢，有时粪便带血，胸腹部皮肤呈蓝紫色。剖检肠系膜淋巴结显著肿大，肝可见黄色或灰黄色小点状坏死，大肠有溃疡，脾肿大。

（5）慢性猪副伤寒：与慢性猪瘟容易混淆，其区别点是，慢性副伤寒呈顽固性下痢，体温不高，皮肤无出血点，有时咳嗽。剖检时，大肠有弥漫性坏死性肠炎变化，脾增生肿大，肝、脾、肠系膜淋巴结有灰黄色坏死灶或灰白色结节，有时肺有卡他性炎症。

（6）弓形虫病：弓形虫病和猪瘟一样也有持续高热，皮肤紫斑和出血点，大便干燥等症状，但弓形虫病呼吸高度困难，磺胺类药治疗有效。剖检时，肺发生水肿，肝及全身淋巴结肿大，各器官有程度不等的出血和坏死灶，采取肺和支气管淋巴结检查，可检出弓形虫。

（五）综合防治措施

1. 治疗：尚无有效疗法。对贵重种猪，在病初可用抗猪瘟血清、排疫肽或干扰素等进行治疗，对慢性型、温和型猪瘟可采用降温药和抗生素防止继发感染。抗猪瘟血清 0.2 ~0.5 毫升/千克体重，每天 1 次，连用 3 天；蓝环多毒抗 0.1 ~0.2 毫升/千克体重，饮水用多维康 200 克/吨，连用 3~5 天；肌内注射 20 头份猪瘟细胞弱毒苗 1 次试治。

2. 预防措施：采取以预防为主的综合性防疫措施，防止引入病猪，切断传播途径，广泛持久地开展猪瘟疫苗预防注射，是预防猪瘟发生的重要环节。猪瘟的免疫程序可根据本猪场具体情况制订，一般公猪每半年免疫一次猪瘟疫苗，母猪于每次配种前免疫一次猪瘟疫苗。注射剂量根据情况可以加倍剂量注射。对仔猪可采用两种免疫程序：①一般情况下，于 3~4 周龄第一次免疫，由于考虑到母源抗体的影响，第一次免疫用 3 ~4 倍剂量效果较好。9 ~10 周龄第 2 次免疫；②发生过猪瘟的猪场，新生仔猪应增加超前免疫，即在吃乳前 1 小时进行猪瘟免疫。目前我国生产有猪瘟耐热保护剂活疫苗（兔源），抗原含量更高，耐贮存，免疫效果更好，可选择使用。

3. 流行时的防治措施：

（1）封锁疫点。在封锁地点内停止生猪及猪产品的集市贸易和外运，至最后一头病猪死亡或处理后 3 周，经彻底消毒，才可解除封锁。

(2) 对全场所有猪进行测温和临床检查，病猪以急宰为宜，急宰病猪的血液、内脏和污染物等应就地深埋。如刚发现疫情，最好将病猪及其污染物及时处理、深埋，拔掉疫点，以免扩散。凡被病猪污染的猪舍、环境、用具、吃剩的饲料、粪水等都要彻底消毒。

(3) 紧急预防接种。对疫区内的假定健康猪和受威胁区的猪，应立即注射猪瘟疫苗，剂量可增至常规量的2~3倍。

(4) 禁止外来人员入内，场内饲养员及工作人员禁止互相来往，以免散毒和传播疫病。

(5) 对带毒综合征的母猪，应坚决淘汰。

4. 猪瘟防治技术：我们多年来把研究和生产紧密结合起来，反复应用后，总结出一整套行之有效的猪瘟综合防治技术。基本归纳为如下几点：

(1) 净化种猪及后备种猪，铲除持续感染的总根源，建立健康种群。

(2) 对猪群定期检测抗体水平，建立科学合理的免疫程序以提高免疫力。

(3) 做好经常性的全场消毒工作，控制病菌的滋生。

(4) 采用全进全出计划生产，防止交叉感染。

(5) 加强对其他疫病的协同防治。

这五项猪瘟综合防治技术措施中，以净化种猪群，消除病原，降低垂直传播和水平传播的危险为主。猪的几种主要传染病的鉴别诊断见表5.1。

表 5.1　猪的几种主要传染病的鉴别诊断

名称项目	猪瘟	猪丹毒	猪肺疫	仔猪副伤寒
流行特点	不同年龄、性别、品种，一年四季都可发生；发病多，死亡率高；通常在发病后 1 周左右发病和死亡达到高峰；呈流行性	3 ~ 12 月龄猪易感；但以 4 ~ 6 月龄架子猪发病多，常在初夏及晚秋季节发生，发病初期常呈最急性经过，突然死亡	秋末春初气候多变时易发生；中、小猪多发；多散发或继发	主要侵害 2 ~ 4 月龄仔猪；寒冷潮湿季节、饲养管理及卫生条件不良时发病较多；散发或地方流行性；慢性最为常见
临床症状	体温 41 ℃左右；化脓性结膜炎；初便秘后腹泻；皮肤上有紫红色斑点，指压不褪色；公猪包皮囊积尿；小猪有神经症状	体温 42 ℃或更高；急性型皮肤发红，常突然死亡。有的病猪皮肤上出现不同形状的紫红色疹块，界限明显。慢性病例有关节炎，跛行	体温 41 ℃左右；急性型病例咽喉部肿胀，呼吸困难，呈犬坐姿势，口鼻流出白色泡沫液体；皮肤上有红色出血点	急性病例体温 41 ℃以上；慢性病例体温一般无变化，持续性下痢为特征，粪臭；并发肺炎者咳嗽，有时呼吸困难；病末期十分瘦弱，皮肤上有紫色斑
病理变化	淋巴结潮红，切面周边出血，呈大理石状；心内外膜出血，以左心耳为重；肾色淡，有小出血点；严重者肾盂、输尿管出血；膀胱黏膜出血；会厌软骨出血；脾边缘有梗死，慢性者大肠黏膜扣状溃疡	淋巴结肿大，切面多汁；胃及十二指肠黏膜红肿、出血；肾肿大，皮质部有针头大红点，稍隆起；脾肿大，呈紫红色；慢性病例左心膜有菜花样赘生物或关节炎	咽喉部肿大，周围组织胶样浸润；淋巴结肿大，切面出血，肺有不同肝变期，切面呈大理石状，或纤维素性胸膜炎和心包炎	盲肠、结肠黏膜有弥漫性坏死，肠管变厚，无弹性，肠系膜淋巴结干酪样坏死；淋巴管索状肿；肝脏有灰黄色小坏死灶
病原	为猪瘟病毒。一般常规检查为阴性	为猪丹毒杆菌，病料检查有纤细多形小杆菌，单个或成丛存在；用小白鼠或鸽接种可得阳性结果	为巴氏杆菌。有两极着色特性；用家兔、小白鼠接种可得阳性结果	为猪霍乱及猪伤寒沙门杆菌。呈两端钝圆小杆菌
治疗	无特效药	青霉素有特效	青霉素、链霉素及磺胺注射液有疗效	氯霉素、呋喃唑酮及合霉素有疗效

二、猪肺疫

猪肺疫又名猪巴氏杆菌病，是由多杀性巴氏杆菌（革兰阴性菌）所引起的猪的一种急性传染病。急性病例以败血症和炎性出血过程为主要特征；慢性病例常表现为皮下结缔组织、关节及各脏器的化脓性病灶，并多与其他疾病混合感染或继发感染为主要特征。

病原菌存在于病猪全身组织和体液、分泌物及排泄物里。只有少数慢性病猪巴氏杆菌仅存在于肺脏的小病灶里，部分健康猪的上呼吸道中也有巴氏杆菌。

猪多杀性巴氏杆菌对物理和化学因素抵抗力较低。普通消毒药常用浓度对本菌均有良好的消毒效果，但克辽林则很差。冬季，排泄到外界的细菌可存活 2～3 周。60 ℃ 30 分钟可死亡，100 ℃立即死亡。或直射阳光 10 分钟可杀死。

（一）流行病学

多杀性巴氏杆菌虽对多种动物均有致病性，但一般情况下，在不同畜禽间不易互相感染。多杀性巴氏杆菌存在于健康和发病动物的呼吸道，所以在发生猪肺疫时常常查不到传染源。当猪群处于饲养管理不当的情况下，由于寒冷、闷热、气候剧变、冷热交替、潮湿、拥挤、通风不良、营养缺乏、更换饲料、运输、寄生虫及其他疾病等诱因的作用，使猪抵抗力降低，此时病菌乘机侵入体内，发生内源性感染。发生感染后，患病动物经排泄物、飞沫、分泌物向外排菌，经口、鼻接触和飞沫传染给其他猪，在呼吸道沿黏膜表面增殖，而后引起发病。本菌在各种动物中带菌率都很高，屠宰猪的扁桃体带菌率为63%。

本病一年四季都可发生，但以秋末和春初气候骤变时发病较多，在南方多发生在潮湿闷热多雨季节，中小猪发生的多，成年猪患病较少。特别是圈舍寒冷潮湿、卫生条件差、饲喂不当、猪只比较消瘦等都是发生本病的诱因。

本病分布广泛，世界各地均有发生。其发生一般无明显的季节性，多呈散发性，有时可呈地方流行性。多发生于3～10周龄的仔猪。发病率为40%以上，死亡率为5%左右。给养猪业造成了严重的经济损失。

（二）临床症状

本病的潜伏期为1～14天，临床上一般分为最急性型、急性型和慢性型。

1. 最急性型：俗称“锁喉风”，常突然发病，无明显症状死亡。病程稍长的可表现为体温明显升高至40.5～42.2℃，食欲废绝，全身衰弱，横卧或呈犬坐式；或伸颈呼吸，有时有喘鸣声，呼吸极度困难，黏膜发红，心跳加快。喉头红肿、发热，严重的向上可至耳根，向后可达胸前。耳根、腹侧、四肢内侧出现红斑。口鼻流沫，迅速恶化、死亡。病程为数小时至4天。

2. 急性型：是猪肺疫主要的常见的病型。除具败血症的症状外，还表现为胸膜肺炎。体温升高至40.5～41.6℃。最初发生痉挛性干咳，呼吸困难，流黏稠鼻液，有时混有血液；后为湿咳，胸部疼痛。病势加重，张口呼吸，呈犬坐式，可视黏膜发绀，脓性结膜炎，初便秘后腹泻。最后心脏衰竭，多因窒息、休克而死。病程为5～8天，不死的则转为慢性。

3. 慢性型：多见于流行后期，主要表现为慢性肺炎和慢性胃肠炎症状，持续性咳嗽与呼吸困难，病猪精神沉郁，食欲不佳，下痢，消瘦，持续性咳嗽和呼吸困难，鼻有脓性分泌物，慢性关节炎，如不及时治疗，多拖延2周以上衰竭死亡。病死率为60%～70%。

（三）病理变化

1. 最急性型：全身黏膜、浆膜、皮下组织有大量出血点，以咽喉部及其周围结缔组织的出血性浆液浸润和喉头气管内充满白色或淡黄色胶冻样分泌物为特征性病变。可见到大量胶冻样淡黄色纤维素性浆液。水肿自颈部延至前肢。全身淋巴结出血，切面红色。心包膜有小出血点，肺急性水肿。脾有出血，但不肿大。

2. 急性型：除有出血性病变外，以胸腔内的病变为主。表现为化脓性支气管肺炎、纤维素性胸膜炎、心包炎及化脓性关节炎。肺水肿有不同程度的肝变，肺胸膜表面可见红褐色至灰红色斑点状病变区，胸腔积液，大多数病例在膈叶有小指头到乒乓球大小的局灶性化脓灶、出血灶；严重的胸膜常有纤维素性附着物，甚至与肺粘连。一般情况下，淋巴结只是轻度肿胀，但在胸腔内充满脓样液体时淋巴结肿大。气管、支气管内有大量泡沫样黏液，黏膜发炎。

3. 慢性型：慢性型肺病变区扩大，并有黄色或灰色坏死灶，外面有结缔组织包囊，内含干酪样物质，有的形成空洞，与支气管相通。心包与胸腔积液，胸腔内有纤维素性沉着，粘连，有时在肋间肌、支气管周围淋巴结和纵隔淋巴结以及扁桃体和皮下组织内有坏死灶。

4. 显微病变：肺泡腔、细支气管、支气管腔内有嗜中性粒细胞浸润，伴有黏膜上皮纤维素性变化，脱落。脑膜出血，心肌出血。肺呈大叶性肺炎，间质水肿出血，粘连性纤维素性胸膜炎。如有继发感染，则会引起肺脓肿和化脓性关节炎等。

（四）诊断

根据流行病学、临诊症状和剖检变化，尤其是最急性型病例中的“锁喉风”，结合对病猪的治疗效果，可作出初步诊断。确诊则必须依赖细菌的分离、鉴定及动物抗感染试验。

1. 镜检：败血症病例可从心、肺、脾或体腔渗出物中取样，其他病例可从病变部位渗出物、脓汁中取样。涂片镜检，见到两极着色的卵圆形短杆菌，接种培养基可分离到该菌。

2. 分离培养：病料接种鲜血培养基，观察培养物特性并鉴定。

由于目前缺乏常规应用的血清学方法，在鉴别诊断时应注意与流感、蠕虫感染、放线嗜血杆菌引起的胸膜肺炎和猪支原体肺炎（气喘病）、猪瘟等区别开来。

（五）综合防治措施

1. 预防：搞好卫生消毒，加强饲养管理，增强猪的抵抗力。国内外市售的疫苗，对本病的预防有很好的效果。活疫苗在断奶后15天以上注射1次，种猪每年注射2次。但由于每种疫苗都只有一个血清型。因此在有其他血清型的多杀性巴氏杆菌侵入时，可向专门的实验室咨询帮助，在以后的猪群中用自家苗来预防。

2. 治疗：猪多杀性巴氏杆菌的有些菌株，对许多常用的抗生素具有耐药性，因此，在做病原分离后或同时可做多种药物的体外敏感试验。对猪肺疫的治疗可用土霉素、磺胺、四环素、链霉素、泰乐菌素、硫黏菌素、氨苄青霉素、喹诺酮类药物。

注射用药剂量为：氨苄青霉素6.6毫克/千克体重，泰乐菌素17.6毫克/千克体重，氟哌酸0.15毫克/千克体重。

采用药物拌料和饮水的群体投药与个别猪的治疗措施，控制疾病方面是很重要的。治疗药物拌料剂量：磺胺药500～1 000克/1 000千克饲料，金霉素或土霉素440克/1 000千克饲料；饮水给药，土霉素、氟哌酸按说明书使用。作为治疗用药物至少应连续使用5～7天，直至临床症状消失。

根据药敏结果可调整治疗用量，从而达到合理用药。一般而言，多杀性巴氏杆菌对氨苄青霉素、红霉素、庆大霉素、喹诺酮类、增效磺胺、氯霉素类敏感。

除了治疗以外，良好的管理措施，如通风、干燥、保暖、清洁水源、营养均衡、无寄生虫感染和继发感染都有增强本病的治疗效果和减少经济损失的作用。

三、猪丹毒

猪丹毒是由猪丹毒杆菌引起的一种急性热性人兽共患传染病。临床特征是：急性型呈败血症状，发高热；亚急性型在皮肤出现紫红色疹块；慢性型表现非化脓性关节炎和疣状心内膜炎。

猪丹毒杆菌为细小的革兰阳性小杆菌，抵抗力很强，在盐腌或熏制的肉内能存活 3 ~ 4 个月，在掩埋的尸体内能存活 7 个多月，在土壤内能存活 35 天。但对消毒药的抵抗力较弱，用 2% 福尔马林、3% 来苏儿、1% 氢氧化钠、1% 漂白粉都能很快将其杀死。

(一) 流行病学

不同年龄的猪均有易感性，以 3 个月左右的架子猪发病率最高，3 个月以下和 3 年以上的猪很少发病。牛、羊、马、鼠类、家禽及野鸟等也可发病，但非常少见。人类可因创伤感染发病。

病猪、临床康复猪及健康带菌猪都是传染源。病原体随粪、尿、唾液和鼻分泌物等排出体外，污染土壤、饲料、饮水等，经消化道和皮肤而感染。带菌猪在不良条件下抵抗力降低时，细菌也可侵入血液，引起内源性传染而发病。该病的流行无明显的季节性，但夏季发生较多，冬、春季只有散发。猪丹毒经常在一定的地方发生，呈地方性流行或散发。人工感染的潜伏期为 3 ~ 5 天，短的 1 天，长的可达 7 天。

(二) 临床症状

1. 急性型（败血型）：见于流行初期。个别病例可能不表现任何症状而突然死亡。大多数病例体温突然升至 42 ℃以上，寒战，减食，或有呕吐，常躺卧地上，不愿走动。一旦唤起，仍有意想不到的活动力，行走时步态僵硬或跛行，似有疼痛。站立时背腰弓起，结膜充血，眼睛清亮有神，很少有分泌物。大便干硬，有的后期发生腹泻。发病 1 ~ 2 天后，皮肤上出现红斑，其大小和形状不一，以耳、颈、背、腿外侧较多见，指压时褪色，指去复原。病程 2 ~ 4 天，病死率 80% ~ 90%。哺乳仔猪和刚断奶小猪发生猪丹毒时，往往有神经症状，抽搐。病程不超过 1 天。

2. 亚急性型（疹块型）：通常呈良性经过。败血症症状轻微，其特征是在皮肤上出现疹块。病初食欲减退，精神不振，不愿走动，体温升高。1 ~ 2 天后，在胸、腹、肩及四肢外侧出现大小不等的疹块，先呈淡红，后变为紫红，以至黑紫色，呈方形、菱形或圆形，坚实，稍凸起，少则几个，多则数十个，以后中央坏死，形成痂皮。经1~2周恢复。

3. 慢性型：一般由急性或亚急性型转来。常见的有浆液性纤维素性关节炎，疣状心内膜炎和皮肤坏死三种。皮肤坏死一般单独发生，而浆液性纤维素性关节炎和疣状心内膜炎往往在一头病猪身上同时存在。病猪食欲无明显变化，体温正常，但逐渐消瘦，全身衰弱，生长发育不良。

4. 关节炎型：浆液性纤维素性关节炎常发生于腕关节和跗关节，呈多发性。受害猪关节肿胀、疼痛、僵硬，步态强拘，甚至发生跛行。

5. 心内膜炎型：病猪主要表现呼吸困难，心跳增加，听诊有心内杂音。强迫快速行走时，可突然倒地死亡。

6. 皮肤坏死型：常发生于背、耳、肩、蹄、尾等处。病部皮肤变黑色，干硬，似皮革状。坏死的皮肤逐渐与其下层新生组织分离，犹如一层甲壳。有时可在部分耳壳、尾巴末梢和蹄部发生坏死。经2~3个月坏死皮肤脱落，遗留一片无毛色淡的瘢痕。如有继发感染，则病情复杂，病程延长。

（三）病理变化

特征性病变表现为急性型皮肤上有大小不一和形状不同的红斑或呈弥漫性红色；脾肿大，呈樱桃红色。肾淤血肿大呈暗红色；皮质部有出血点。淋巴结充血肿大，有小出血点；肺淤血、水肿；胃、十二指肠发炎充血、出血。

亚急性型在皮肤上有特征性的方形和菱形的红色疹块。内脏的变化急性型轻。慢性型的特征是房室瓣常有疣状心内膜炎，瓣膜上有灰白色增生物，呈菜花状；关节肿大，在关节腔内有纤维素性渗出物。鉴别诊断时，应与猪瘟、猪链球菌病、最急性猪肺疫、急性猪副伤寒相鉴别。

（四）诊断

在夏季，架子猪突然高热，皮肤有红斑或方形、菱形的紫红色疹块，关节肿痛，青霉素治疗效果好，一般可以确诊。但在流行初期，往往呈最急性经过，症状无特征，需实验室检查才能确诊。

1. 实验室诊断：

（1）镜检：急性和亚急性病例高热期可采耳静脉血，死猪可采肾、肝、脾和淋巴结或疹块渗出液，慢性关节炎可采关节液。用病料涂片或触片，姬姆萨或革兰染色后镜检。如见有革兰阳性（紫色）的细小杆菌，在排除李氏杆菌的情况下，即可确诊。

（2）细菌分离培养：可将病料接种于血琼脂培养基，置 37 ℃培养 24 ~48 小时，观察培养结果，并可在涂片镜检。

（3）血清学试验：本病还可用血清平板凝集试验、血清试管凝集试验、荧光抗体试验等方法诊断。

2. 鉴别诊断：应与猪瘟、猪链球菌病、最急性猪肺疫、急性猪副伤寒相鉴别。

（1）猪瘟：猪瘟呈流行性发生，发病率和病死率高，药物治疗无效，皮肤上有较多的小出血点，病猪常昏睡，病程较长。死后剖检：脾有出血性梗死灶，回盲口有纽扣状溃疡，淋巴结出血呈大理石样花纹，肾呈灰黄色，并有许多小出血点，大肠充血、出血。

（2）最急性猪肺疫：猪肺疫的发生与饲养管理条件有密切关系，病猪咽喉部急性肿胀，呼吸困难，口鼻流出泡沫样分泌物，死亡剖检见肺充血、水肿，脾不肿大，取病料做革兰染色，可见革兰阴性（红色）小杆菌，呈椭圆形，两端浓染。

（3）急性猪副伤寒：多发生于2 ~4 周龄仔猪，在阴雨潮湿的季节较多见，先便秘后下痢，胸腹部皮肤呈蓝紫色。死后剖检见肠系膜淋巴结显著肿大，肝有小点状坏死灶，大肠壁的淋巴组织肿大或有溃疡，脾肿大。

（4）链球菌病：败血性链球菌病与急性猪丹毒极相似，往往需要经实验室检查才能鉴别。

（五）综合防治措施

在发病后24～36小时内治疗，有显著疗效。首选药物为青霉素、阿莫西林，对急性型最好首先按每千克体重1万单位青霉素静脉注射，同时肌内注射常规剂量的青霉素，即20千克以下的猪用20万单位，20～50千克的猪用40万～100万单位，50千克以上的猪酌情增加，每天肌内注射2次，直至体温和食欲恢复正常后24小时，不宜停药过早，以防复发或转为慢性。饲料内添加阿莫西林可溶性粉1 000克/吨＋加强型清瘟败毒散3 000克/吨，连用5～7天；肌内注射阿莫西林粉针＋氨苄基比林注射液，每天1～2次，连用3天。

四环素、土霉素、洁霉素、泰乐菌素也有良好的疗效。用量：四环素、土霉素，每日每千克体重7～15毫克，肌内注射。洁霉素每次每千克体重11毫克，1天1次。泰乐菌素每千克体重2～10毫克。1天2次，肌内注射。血清治疗有良好疗效。剂量为仔猪5～10毫升，3～10个月龄猪30～50毫升，成年猪50～70毫升，皮下或静脉注射，经15～24小时再注射1次。

平时要加强饲养管理，保持清洁，定期消毒，同时按免疫程序使用猪丹毒疫苗。一般于猪出生后3个月开始免疫接种，未断奶仔猪（20日龄后）使用本菌苗后，应在断奶后2个月左右再免疫1次，以后每隔6个月免疫1次。

发现病猪后，应立即对全群猪测体温，及早检出病猪并对其隔离治疗，死猪应深埋或烧毁。与病猪同群而未发病的猪，注射青霉素进行药物预防。待疫情扑灭后，进行一次彻底消毒，并注射疫苗，巩固防疫效果。对慢性病猪及早淘汰，以减少经济损失，防止带菌传播。

四、仔猪副伤寒

仔猪副伤寒又称猪副伤寒，是由沙门杆菌引起的2～4月龄仔猪发生的传染病，以急性败血症或慢性坏死性肠炎、顽固性下痢为特征，常引起断奶仔猪大批发病。如伴发或继发感染其他疾病或治疗不及时，死亡率较高，造成较大的损失。

沙门杆菌属于革兰阴性杆菌，在猪的副伤寒病例中，各国所分离的沙门杆菌的血清型相当复杂，其中主要的有猪霍乱沙门杆菌、猪伤寒沙门杆菌、鼠伤寒沙门杆菌、肠炎沙门杆菌等。

本菌对外界环境抵抗力强，一般化学消毒剂都有很好的消毒作用。

（一）流行病学

本病常发生于6月龄以下的仔猪，以1~4月龄者发生较多，20日龄以内及6月龄以上的猪极少发生。病猪和带菌猪是主要的传染源，猪霍乱沙门杆菌感染恢复猪，一部分能持续排菌，鼠伤寒沙门杆菌等由于污染环境而促使持续发病。肠淋巴结带菌的健康猪，由于运输等应激因素等而排菌。

本病一般发生于幼龄猪，多呈散发形式，在密集饲养、环境污秽、潮湿、各种应激、营养障碍、内寄生虫和病毒感染等条件下，可导致流行，本病无季节性。多与猪瘟混合感染（并发或继发），发病率高，死亡率高，病程短促。

该病在公共卫生上有重要意义，动物生前感染沙门杆菌或食品受到污染可使人发生食物中毒。

（二）临床症状

1. 急性败血型：断奶至4月龄猪发病，以发热、食欲不振、呼吸迫促和耳、四肢、腹下部等皮肤紫斑为主要特征；有时后躯麻痹，排黏液血性下痢便或便秘，经1~4天死亡。

2. 下痢型（亚急性和慢性型）：是临床多见的类型，主要发生于3月龄左右的猪，一般出现水样黄色恶臭下痢，发热，呕吐，精神沉郁，食欲不振，被毛失去光泽；有时也出现呼吸器官病状。眼结膜潮红、肿胀，分泌脓性黏性液体。中后期皮肤出现弥漫性湿疹。

（三）病理变化

急性败血型表现为全身主要淋巴结出现浆液性和充血、出血性肿胀；肠系膜淋巴结索状肿大，有黄疸变化；脾脏肿大，呈橡皮样的暗紫色；肺水肿、充血；肾出血；卡他性胃炎及肠黏膜充血和出血。下痢型主要病变见于大肠，盲肠、结肠黏膜肥厚、溃疡，呈现局灶性、弥散性、纤维素性坏死性肠炎，并形成糠麸样溃疡。有时也见有肺病变。

（四）诊断

根据流行病学、临诊症状和病理变化可作出初步诊断。确诊需从病猪的血液、脾、肝、淋巴结、肠内容物等进行沙门杆菌分离和鉴定。

（五）综合防治措施

1. 预防：应从加强饲养管理、消除发病诱因、保持饲料和饮水的清洁卫生等方面着手。在本病常发地区和猪场，对仔猪坚持疫苗接种。目前国内许多生物药厂，采用 C500 弱毒菌株生产的猪副伤寒弱毒冻干苗，免疫 1 月龄以上哺乳或断奶仔猪，口服或注射接种，能有效地预防本病的发生和流行。但使用该疫苗时应注意，抗生素对本菌苗的免疫力有影响，在用苗的前 3 天和用苗后 7 天应停止使用抗菌药物。

2. 治疗：对发病猪只应尽早地给予治疗，治疗时可选择一些敏感抗菌药物，如氟苯尼考、氟哌酸、恩诺沙星、卡那霉素等。与发病猪同圈、同舍的猪群采用饲料中饲喂抗生素预防，对于慢性病猪应及时给予淘汰。

五、猪链球菌病

猪链球菌病是由链球菌引起的一种人兽共患传染病。C、D、E及 L 群链球菌引起猪的多种链球菌病。在猪常发生化脓性淋巴结炎、败血症、脑膜脑炎及关节炎。

猪链球菌病病原体多为溶血性链球菌。以 E 群引起淋巴结脓肿最常见，流行最广。以 C 群引起败血性链球菌病危害最大，发病率及病死率均很高，对养猪业的发展威胁较大。

（一）流行病学

链球菌在自然界分布广泛，猪的易感性较高。各种年龄的猪都可感染发病，仔猪和成年猪均有易感性，以新生仔猪、哺乳仔猪的发病率和病死率高，多为败血症型和脑膜炎型，其次为中猪和怀孕母猪，以化脓性淋巴结炎型多见。病猪、临床康复猪和健康猪均可带菌，互相接触时可通过口、鼻、皮肤伤口而传染。一般呈地方流行性，本病传入之后，往往在猪群中陆续出现。

（二）临床症状

1. 败血症型：在流行初期常有最急性病例，往往头晚未见任何症状，次晨已死亡；或者停食 1～2 顿，体温 41.5～42 ℃以上，精神委顿，腹下有紫红色斑，也往往死亡。急性型病例，常见精神沉郁，体温 41 ℃左右，呈稽留热，减食或不食；眼结膜潮红、流泪，有浆液性鼻汁，呼吸浅表而快。少数病猪在病的后期，于耳、四肢下端、腹下有紫红色或出血性红斑，有跛行，病程 2～4 天。死后剖检，呈现败血症变化，各器官充血、出血明显，血液增量，脾肿大，各浆膜有浆液性炎症变化等。

2. 脑膜脑炎型：病初体温升高、不食、便秘，有浆液性或黏液性鼻液。继而出现神经症状、运动失调、转圈，空嚼、磨牙，仰卧于地，四肢游泳状划动，甚至昏迷不醒。部分猪出现多发性关节炎。病程 1～2 天。死后剖检见脑膜充血、出血，脑脊髓液混浊、增量，有多量的白细胞，脑实质有化脓性脑炎变化。

3. 关节炎型：由前两型转来，或者从发病起即呈关节炎症状，表现一肢或几肢关节肿胀、疼痛、跛行，甚至不能站立，病程 2～3 周。死后剖检见关节周围肿胀、充血，滑液混浊，重者关节软骨坏死。关节周围组织有多发性化脓灶。

上述三型很少单独发生，常常混合存在，或者先后发生。

4. 化脓性淋巴结炎型：多见于颌下淋巴结。受害淋巴结肿胀、坚硬，有热有痛，可影响采食、咀嚼、吞咽和呼吸。有的咳嗽，流鼻液。至化脓成熟，肿胀中央变软，皮肤坏死，自行破溃流脓；脓带绿色、稠黏，无臭，不引起死亡。子宫炎时可发生流产与死胎。

（三）病理变化

最急性型主要表现口鼻流出泡沫性液体，气管和肺内也有泡沫性液体，血液凝固不良。急性病例的胸、腹下和四肢有紫斑或出血斑。气管内有淡红色泡沫性液体，肺水肿出血，肺胸膜粗糙与胸壁粘连。全身淋巴结肿大出血，脾肿大出血，呈暗红色或黑紫色，可见出血性梗死灶。心内膜有出血点。肾肿大出血。消化道黏膜和膀胱有出血点。关节囊有渗出液。慢性可见浅表淋巴结化脓或皮肤化脓。

（四）诊断

猪链球菌病的病型较复杂，其流行情况无特征，需进行实验室检查才能确诊。

1. 镜检：根据不同的病型采取相应的病料，如脓肿、化脓灶、肝、脾、肾、血液、关节液、脑脊髓液及脑组织等，制成涂片，用碱性亚甲蓝液和革兰染色液染色，显微镜检查，见到呈革兰阳性（紫色）单个、成对、短链或呈长链的球菌，可以确诊为本病。也可进行细菌分离培养鉴定。

2. 动物接种：采取上述病料磨碎，以1∶10生理盐水稀释，取上清液给家兔皮下或腹腔注射1~2毫升或小鼠皮下注射0.5毫升，家兔和小鼠在12~48小时死亡。死后剖检取心血、肝、脾等病料涂片镜检或进一步分离鉴定。

3. 鉴别诊断：本病临诊症状和剖检较复杂，而且与急性猪丹毒、猪瘟相混淆，确诊必须进行实验室诊断。

（1）急性猪丹毒：采取脾、肾涂片，染色镜检，见革兰阳性（紫色）小杆菌。

(2) 猪瘟：各种抗菌药物治疗无效，皮肤和肾有密集的小出血点，有化脓性结膜炎，无跛行症状，病程较长。

(五) 综合防治措施

1. 治疗：将病猪隔离按不同病型进行相应治疗。对淋巴结脓肿，待脓肿成熟变软后，及时切开，排除脓汁，再用3%过氧化氢或0.1%高锰酸钾冲洗后，涂以碘酊。

对败血症型及脑膜炎型，应早期大剂量使用抗生素或磺胺类药物。青霉素每头每次80万~160万国际单位，每天肌内注射2~4次。庆大霉素1~2毫克/千克体重，每天肌内注射2次。增庆安注射液0.1毫升/千克体重，肌内注射，每天2次，应连续用5天以上。也可用10%强力霉素注射液，0.1毫升/千克体重，每隔24小时注射1次，连用3天，或乙酰环丙沙星，2.5~10毫克/千克体重，每隔12小时注射1次，连用3天，能迅速改善症状，疗效明显优于青霉素。

2. 预防：

(1) 隔离病猪，清除传染源：带菌母猪尽可能淘汰，污染的用具用3%来苏儿或1/300的菌毒灭等彻底消毒。急宰或宰后发现可疑病猪的胴体，经高温处理后方可食用。除去猪舍中的尖锐物体。

(2) 免疫预防：疫区（场）在60日龄首次免疫接种猪链球菌病氢氧化铝胶苗，以后每年春、秋各免疫1次，不论大小猪一律肌内或皮下注射5毫升，浓缩菌苗注射3毫升，注射后21天产生免疫力，免疫期约6个月。猪链球菌弱毒菌苗，每头猪肌内或皮下注射1毫升，14天产生免疫力，免疫期6个月。

(3) 药物预防：猪场发生本病后，如果暂时买不到疫苗，可用药物预防，以控制本病的发生。每吨饲料中加入10%氟苯尼考500克，连喂7~10天，或四环素250克，连喂2~3周。

六、猪气喘病

猪气喘病又叫猪喘气病、猪地方流行性肺炎、猪霉形体肺炎、猪支原体肺炎，是由肺炎霉形体（支原体）引起的一种高度接触性呼吸道传染病，临床表现为咳嗽气喘。病变的特征是融合性支气管肺炎；于尖叶、心叶、中间叶和膈叶前缘呈“肉样”或“虾肉样”实变。患猪长期生长发育不良，生长率下降12%，饲料利用降低20%。在一般情况下，本病的死亡率不高；但是流行暴发的早期以及饲养管理条件不良，猪只抵抗力降低，继发性病原体感染也会造成严重的死亡，给发展养猪业带来严重的危害。

猪肺炎霉形体存在于患猪的呼吸道（咽喉、气管、肺组织）、肺门淋巴结和纵隔淋巴结中，由病猪排出外界环境后，其生存时间一般不超过36小时。病肺悬液置室温（15～25 ℃）中36小时内即失去致病力。病料保存于1～4 ℃可存活4～7天，－15 ℃可存活45天，－30 ℃可存活20个月。冻干保存于－15 ℃可存活半年至1年，－25 ℃可存活2～3年。

病原对外界抵抗力弱，对高温阳光和消毒剂敏感。一般常用的化学消毒剂和常用的消毒方法均能达到消毒的目的。

在自然感染的情况下，继发性感染是引起病势加剧和病猪死亡的重要原因之一。最常见的继发性病原体有巴氏杆菌、肺炎球菌、嗜血杆菌、沙门杆菌、各种化脓性细菌及猪鼻霉形体等。

（一）流行病学

本病广泛存在于世界各地，发病率一般在50%左右。本病的自然病例仅见于猪，其他家畜和动物未见发病。不同年龄、性别、品种和用途的猪均能感染。纯种猪易感性强。不同年龄的猪，其易感性无明显差别。但因所处流行时期不同，发病率和死亡率常有差异。在新疫区暴发的初期，母猪特别是怀孕后期的母猪往往呈急性经过，症状较重和致死率较高；公猪和成年猪多呈慢性和隐性感染。

病猪及隐性带菌猪是本病的传染源。很多地区或猪场由于从外引种引起本病暴发。吃奶仔猪常从患病的母猪受到传染；当几窝仔猪并群饲养时健康猪常被传染而发病。有的猪场本病连续不断，一批批健康小猪送进肉猪群感染发病。病猪在很长的时间内，甚至在临床症状消失后相当长的时间内，体内还带病原体，并不断排出体外传染给健康猪只。本病一旦传入猪群，如不采取严密措施，很难彻底扑灭。

病原体存在于患猪的呼吸道。病猪通过咳嗽、气喘和喷嚏等强力气流将含有大量病原体的渗出物、分泌物喷射出来，形成飞沫，浮游于空气中被健康猪吸入而传染。因此，当健康猪与病猪接近，如同圈饲养，尤其通风不良、潮湿和拥挤的猪舍，最易发病和流行。

本病一年四季均可发生，没有明显的季节性。但在寒冷、多雨、潮湿或气候骤变时，发病率上升。

猪肺炎霉形体对青霉素及磺胺类药物不敏感。但对放线菌素、土霉素和卡那霉素、林可霉素、泰乐菌素、泰妙灵、北里霉素等在临床上应用有明显的效果。

（二）临床症状

本病的主要临床症状为咳嗽与气喘。根据病的经过大致可分为急性、慢性和隐性三个类型，而以慢性和隐性为最多。本病的潜伏期为数日至 1 个月以上不等。

1. 急性型：常见于新发生本病的猪群，尤以怀孕母猪及小猪多见。病猪常见无前驱症状，突然精神不振，头下垂、站立一隅或趴伏在地，呼吸次数剧增达 60 ~ 120 次/分。病猪呼吸困难，严重者张口伸舌，口鼻流沫，发出哮鸣声，似拉风箱。呼吸时腹胁部呈起伏运动（腹式呼吸）。此时病猪前肢撑开，站立或犬坐式，不愿卧地。一般咳嗽次数少而低沉。有时也会发生痉挛性阵咳。体温一般正常，但如有继发感染，则常可升至 40 ℃以上。在呼吸极度困难时病猪不愿采食或少食。急性型的病程一般 1 ~ 2 周，致死率较高。

2. 慢性型：急性型可转变成慢性型，亦有部分病猪开始时就呈慢性经过。本型常见于老疫区的架子猪、肥育猪和后备母猪。慢性病猪常于清晨、晚间、运动后及进食后发生咳嗽，由轻而重，严重时呈连续的痉挛性咳嗽。咳嗽时站立不动，颈伸直、头下垂，直至将呼吸道分泌物咳出咽下为止，抑或咳至呕吐。随着病程的发展，常出现不同程度的呼吸困难，表现呼吸次数增加和腹式呼吸（气喘）。这些症状时而明显，时而缓和。病猪的眼、鼻常有分泌物，可视黏膜发绀。食欲初时变化不大，病势严重时大减或完全不食。病期较长的小猪，身体消瘦而衰弱，被毛粗乱无光，生长发育停滞。如无继发病，体温一般不高。慢性型病程很长，可拖延2~3个月，甚至长达半年以上。条件差则猪体抵抗力弱，出现并发症多，致死率增高。

3. 隐性型：可从急性或慢性型转变而成，有的猪在较好的饲养管理条件下，感染后不表现症状，但体内存在着不同程度的肺炎病灶，用X线检查或剖杀时可以发现。这些隐性患猪外表看不出明显变化，仅个别剧烈运动后偶见咳嗽。在老疫区的猪只中隐性型患猪占有相当大比例。如饲养管理加强，则病变逐渐消散，经一段时间而康复；若饲养管理恶劣，则病情恶化而出现急性或慢性型的临床症状，甚至死亡。

（三）病理变化

其主要病变在肺、肺门淋巴结和纵隔淋巴结。全肺两侧均显著膨大，有不同程度的水肿。在心叶、尖叶、中间叶及部分病例也在膈叶出现融合性支气管肺炎变化。其中病变以心叶、尖叶、中间叶最为显著，而膈叶的病变多集中于其前下部。早期病变多在心叶上发生，如粟粒大至绿豆大，逐渐扩展融合成多叶病变（融合性支气管肺炎）。病变的颜色多为淡灰红色或灰红色，半透明状。病变部界限明显，像鲜嫩的肌肉样，俗称“肉变”。病变部切面湿润而致密，常从小支气管流出微混浊灰白色带泡沫的浆性或黏性液体。随着病程延长或病情加重，病变部的颜色变深，浆性或黏性液体呈淡紫红色或灰白色，半透明的程度减轻，坚韧度增加，俗称“胰变”或“虾肉样变”。恢复期，病变逐渐消散，肺小叶间结缔组织增生硬化，表面下陷，其周围肺组织膨胀不全。肺门淋巴结和纵隔淋巴结显著肿大，呈灰白色，切面外翻湿润，有时边缘轻度充血。

肺部病变的组织学检查可见典型的支气管肺炎变化，小支气管周围的肺泡扩大，泡腔内充满多量的炎性渗出物，并有多数的小病灶融合成大片实变区。

（四）诊断

根据临床症状和血清学检查结果可对本病作出准确可靠的诊断。国内已研制出猪气喘病间接血凝诊断试剂盒应用于生产。病原一般分离率不高。

（五）综合防治措施

对于本病的防治，国外至今无免疫效率较高的商品苗，主要选用抗菌药物作为饲料添加剂，或建立 SPF 猪群。应用疫苗是减少和控制本病的有力武器。我国已成功研制了猪气喘病弱毒疫苗，攻毒保护率 80% 左右；免疫期 12 个月以上；冻干疫苗在 4 ~ 8 ℃保存 1 个月，-15 ~ -20 ℃保存 12 个月，免疫效力不降低。应用该疫苗免疫应注意：①注射疫苗前 15 天及注射疫苗后 2 个月内不得饲喂或注射土霉素、卡那霉素等对疫苗有抑制作用的药物；②疫苗一定要注入胸腔内，注射在肌肉内无免疫效果。

根据猪场性质、规模、结构和疫情等拟订本场具体的注射疫苗计划和配套性综合防治措施，猪气喘病原主要存在于病猪的呼吸系统及肺部淋巴结中，在体外抵抗力弱，传染途径是呼吸道，传染方式是直接接触传染。因此，清除传染源和切断“接力”传染是防治本病的关键。病母猪（包括隐性带菌母猪）是新生仔猪的主要传染源，建立免疫健康种猪群是切断传染源、减少和控制新生仔猪发病的有力措施。根据试验和应用的结果，总结出四种应用方法：

种猪场方法之一：①无临床症状的种猪（包括种母猪、公猪、后备猪），每年春、秋季各注射疫苗 1 次。②15 日龄以后的哺乳健康仔猪首免 1 次；到 3 ~4 月龄确定留种用猪进行二免，供育肥猪不做二免。③有临诊症状的种猪隔离治疗或逐步淘汰，产的仔猪单独一幢猪舍饲养管理，不留作种猪。④引种前检疫或观察，确定健康后注射疫苗。

种猪场方法之二：①经过检疫或观察挑选足够的无气喘病的后备猪群注射疫苗，单独饲养管理。以此建立免疫健康种猪群代替原来的阳性种猪群。②免疫种猪群建立后每年注射疫苗 1 ~2 次。③健康仔猪于 15 日龄至断奶前进行首免，3 ~4 月龄确定留作种用猪进行二免。④引种前检疫，确定健康后注射疫苗。

商品猪场方法之三：①无临床症状的种猪、后备猪，每年春、秋季各注射疫苗 1 次。②免疫母猪产的仔猪在哺乳期注射疫苗 1 次，直到育肥出栏。③有临床症状的种猪隔离治疗或逐步淘汰，产的仔猪单独猪舍饲养管理，不留种猪。④引种前检疫或观察，确定健康后注射疫苗。

商品猪场方法之四：①无临床症状的种猪、后备猪，每年春、秋季各注射疫苗 1 次。②免疫母猪产的仔猪不注射疫苗，集中饲养管理，但必须离开阳性母猪产的仔猪，以免被传染。③有临床症状的母猪隔离治疗或逐步淘汰，产的仔猪单独饲养管理，不留种猪。④引种猪前检疫或观察，确定健康后注射疫苗。

可采用药物与疫苗注射进行预防，仔猪在产后 1 周注射猪气喘病疫苗（瑞必适，美国产）1 毫升/头，20 日龄时再肌内注射 1 毫升。

采取猪场病猪组织制成组织灭活疫苗，再应用到本场，母猪分娩前 20 ~15 天肌内注射 5 毫升/头，仔猪 20 ~25 日龄时肌内注射 3 毫升/头。针对性强，效果也比较好，同时也经济安全。

（1）土霉素盐酸盐：50 毫克/千克体重，第一次倍量，自带溶媒，1 天 1 次，肌内注射，连用 5 ~7 天。

（2）卡那霉素：2 万 ~4 万国际单位/千克体重，1 天 1 次，肌内注射，连用 5 天；胸腔注射，1 天 1 次，连用 3 天。

（3）壮观霉素：20～25 毫克/千克体重，灭菌蒸馏水溶解，每毫升含壮观霉素100毫克，肌内注射，1天1次，连用4天。

（4）泰洛菌素：4～9 毫克/千克体重，肌内注射，1天1次，连用3天。

（5）北里霉素：饲料中添加330 毫克/千克，本品为可溶性粉剂，猪自由采食，连喂7天，停药7天，再喂7天。

（6）洁霉素（林可霉素）注射液：50 毫克/千克体重，肌内注射，1天1次，连用5天。

（7）酒石酸泰乐菌素：饲料内添加 1 000 克/吨 + 清肺散 1 000 克/吨，连用5～7天。

（8）泰妙灵：饲料内添加120 克/吨 + 清肺散 1 000 克/吨，连用5～7天。

（9）丁胺卡那霉素注射液：3万单位/千克体重 + 鸡蛋清5毫升，1日1次，肌内注射，连用2～3天。

（10）泰妙霉素（支原净）：饮水中添加0.008%的颗粒剂，即9克药溶于50千克水中，作为猪的唯一饮水，连续给药10天。

（11）分娩前后药物预防：在每吨母猪饲料内添加15%金霉素2 500克、泰乐菌素磷酸盐100克、安乃近粉200克，混匀，分娩前后各饲喂7天。

（12）仔猪断奶后转入保育舍的预防，在每吨全价饲料内添加强力霉素200克、泰妙菌素（支原净）120克、阿莫西林200克、安乃近粉200克，混匀，饲喂14天，可控制保育猪呼吸道疾病综合征发生。

（13）仔猪由保育舍转入育成舍的预防：在每吨全价饲料内添加10%氟苯尼考500克、安乃近粉200克，拌匀，连续喂猪10天。

七、猪传染性胸膜肺炎

猪传染性胸膜肺炎是由胸膜肺炎嗜血杆菌（放线杆菌）引起的

猪的一种呼吸系统传染病。在临诊和剖检上出现肺炎和胸膜炎的特征性症状和病变。急性和过急性病例以纤维素性出血性胸膜肺炎为主要特征，慢性病例以纤维素性坏死性胸膜肺炎为主要特征。急性者病死率高，慢性者常能耐过。给养猪业造成很大的经济损失，已成为世界性工业化养猪的五大疫病之一。

胸膜肺炎嗜血杆菌对外界抵抗力不强，不耐干燥和热，易为常用消毒剂及较低温度的热力所杀灭，一般在 60 ℃下 5 ~ 20 分钟内即死。对土霉素等四环素族抗生素、青霉素、氯霉素及磺胺嘧啶等药物在治疗上应用有明显的效果。

（一）流行病学

病菌主要存在于病猪呼吸道。多呈最急性或急性病程而迅速致死。为此，许多研究者将本病的流行性质描述为“瘟疫式”、“跳跃式”以及“闪电式”。主要通过空气、飞沫传播，在大群集约化饲养的条件下最易接触传播。尤其是在不良气候条件或在运输之后，更易引起流行。各种年龄、性别的猪都有易感性，但以 3 月龄仔猪最为易感。公猪在传播环节中起重要作用，猪群之间主要通过引入带菌猪或慢性感染猪传播。其发病率和死亡率在 50% 以上，最急性型的死亡率高达 80% ~ 100%。

（二）临床症状

最急性病猪突然死亡，死前往往见不到症状表现。病死猪的体躯末端部发绀，口鼻流出带血红色的泡沫。急性病猪常突然发病，体温升高到 41 ~ 42 ℃，主要表现为高度的呼吸困难、咳嗽，减食或废食，精神沉郁，被毛粗乱，嗜睡，呼吸急促并有腹式呼吸，常呆立或呈犬坐样，张口伸舌，状极痛苦。鼻盘和耳朵发绀，如不及时治疗，可于 1 ~ 2 天内窒息死亡。慢性型发病轻，病程长 15 ~ 20 天，体温常滞留在 39. 5 ~ 40 ℃，间歇性咳嗽，食欲不振，日增重缓慢，饲料利用率低，有时出现跛行，关节肿大，症状逐步消退，常能自行恢复。

（三）病理变化

主要病理变化在肺部及呼吸道内。急性死亡的病例，肺炎多为两侧性，肺呈紫红色，切面似肝，间质充满血色胶样液体。病程在 24 小时内死者，胸腔只见淡血色渗出液，纤维素性胸膜炎不明显，肺充血和水肿，不见硬实的肝变。病程在 24 小时以上者，在肺炎区出现纤维素性物附于表面，并有黄色渗出液，肺出血、间质增宽，有实变。气管黏膜水肿、出血，有的气管和支气管内常充满泡沫状血样黏性渗出物，肺门淋巴结显著肿胀、出血。除胸腔外，常伴发心包炎，肝、脾肿大，色变暗，肠系膜淋巴结有时肿胀、充血，紫红色。病程较长的慢性病例，可见硬实的肺炎区，表面有结缔组织化的粘连附着物，肺炎病灶成硬化或坏死性病灶，稍凸出于表面与胸膜、膈膜、心外膜粘连。

（四）诊断

1. 镜检：根据流行情况、病状和剖检，怀疑有本病的可进行细菌分离鉴定。将采集的样品接种到 7% 马血巧克力琼脂，每毫升含 2.4 微克 V 因子的胰蛋白胨豆肉汤（TSB/NAD）或划有 β－溶血性金黄色葡萄球菌血琼脂平板上，于含 5% CO_2 的培养箱中 37 ℃培养 18 ~24 小时。黏液型菌落生长为圆整，中间凸起，闪光不透明，直径 1 ~1.5 毫米，并呈鲜明的金红带蓝虹光，结构细致，对培养基有蚀刻性。光滑型菌落，圆整较扁平，闪光性较弱，透明度较大，以红色虹光为主，菌体比前者略大，结构细致，对培养基的蚀刻性不强或无。取上述可疑菌落进行生化特性鉴定和血清学分型。NAD 依赖性株根据溶血、环－磷酸腺苷反应（cAMP 试验）、尿素酶、核糖分解和卫星生长现象阳性等特性鉴定。非依赖性菌株还考虑七叶苷、蕈糖和山梨醇反应阴性来鉴定。最后用血清学方法（如平板凝集、玻片沉淀、协同凝集）进行血清型试验。

2. 血清学检查：隐性感染的检出主要靠血清学试验。可用补体结合、凝集试验或酶联免疫吸附试验检查抗体。

3. 鉴别诊断：急性病例应与猪瘟、猪丹毒、猪肺疫或猪链球菌病相区别。慢性病例则应与猪气喘病、多发性浆膜炎等相区别。

（五）综合防治措施

1. 改善饲养环境，加强卫生管理：封闭式猪舍，应注意通风换气，定期消毒，保持室内空气新鲜。发现病猪应及时隔离治疗，避免患猪与健康猪接触，阻止病原的传播。

2. 净化猪群：在本病严重的猪场，应用血清学检查，清除带菌猪只，结合经常性的饲料添加药物进行防治。

3. 药物治疗：可用土霉素等四环素族抗生素、氟苯尼考、青霉素及磺胺嘧啶等药物治疗，均有明显的治疗效果。与病猪同群或同舍的猪用土霉素混合饲料 0.6 克/千克，连用 3 日，可防止新病例出现。抗生素虽降低死亡率，但经治疗病猪常呈带菌者。

在人工免疫方面，由于各血清型间交叉免疫力不强，目前主要靠从当地分离的菌株制备自家苗进行免疫。国内外已研制出疫苗并应用于生产。

八、猪传染性胃肠炎

猪传染性胃肠炎是猪的一种急性传染病，以各种年龄的猪消化道感染为特征，其中以仔猪的症状最为严重。主要症状表现是发热，精神沉郁，排腥臭水样粪便，呕吐和高度脱水。幼龄仔猪死亡率达到 100%，随着年龄的增长其症状和死亡率都降低，呈温和型或引起流产等经过。发热过后，主要以水样腹泻、厌食和掉膘进而转为慢性经过等为特征。病理剖检变化主要是肠道的卡他性炎症和小肠黏膜微绒毛萎缩。

猪传染性胃肠炎病毒存在于发病猪各器官、体液和排泄物中，但以空肠十二指肠和肠系膜淋巴结中含毒量最高。在病的早期，呼吸系统组织和肾的含毒量也相当高。

病毒不耐热，在 4 ℃以上很不稳定，加热 56 ℃ 45 分钟，65 ℃

10 分钟即死亡。相反在 4 ℃以下的低温中，病毒可以长时间的保持其感染性。对光线敏感，在阳光下暴晒 6 小时即被灭活。紫外线能使病毒迅速灭活，而放在阴暗处历时 7 天仍保持其感染力。肠道内的病毒在 -20 ℃可保存 6 个月。在 -18 ℃保存 18 个月仅下降 1 个对数滴度。病毒在 pH4 ~8 稳定，pH2. 5 时则被灭活。

病毒对乙醚、氯仿敏感，所有对囊膜病毒有效的消毒剂对其均有效。0. 5% 石炭酸在 37 ℃处理 30 分钟可杀死病毒。

（一）流行病学

本病多发生在冬、春寒冷季节，即 12 月至次年 4 月之间。一旦发生，在猪群里迅速传播，数日内可使大部分猪感染。常呈地方流行性，在老疫区发病率降低，症状较轻。新疫区发病率非常高，仔猪死亡率也非常高，育肥猪和成年猪呈良性经过。

1. 传染源：主要是病猪和康复后的带毒猪。病毒主要存在于猪的小肠黏膜、肠内容物、肠系膜淋巴结和扁桃体中，并可随粪便排毒达 8 周之久。

2. 传播途径：主要通过吃入被污染的饲料经消化道传染。也可以通过空气经呼吸道传染，特别是密闭猪舍，湿度大。猪只集中的猪场，更易传播。

3. 易感动物：各种年龄的猪均有易感性，但 10 日龄以内仔猪的发病率和死亡率较高。断奶仔猪、肥育猪和成年猪发病的症状轻微，大多数能自然康复。其他动物对本病无易感性。

（二）临床症状

潜伏期随感染猪的年龄而有差异，仔猪 12 ~24 小时，大猪 2 ~4 天。仔猪先突然发生呕吐，接着发生急剧的水样腹泻，粪便为黄绿色或灰色，有时呈白色，并含凝乳块。部分病猪体温先短期升高，发生腹泻后体温下降。病猪迅速脱水，很快消瘦，严重口渴，食欲减退或废绝。一般经 2 ~7 天死亡，10 日龄以内的仔猪有较高的致死率；随着日龄的增长致死率降低，病愈仔猪生长发育较缓慢。

架子猪、育肥猪和成年猪的症状较轻，发生一至数日的减食、腹泻、体重迅速减轻，有时出现呕吐；哺乳母猪泌乳减少或停止。一般3～7天恢复，极少发生死亡。

（三）病理变化

主要病变在胃和小肠。仔猪胃内充满凝乳块，胃底部黏膜轻度充血，有时在黏膜下有出血斑。小肠内充满黄绿色或灰白色液状物，含有泡沫和未消化的小乳块，小肠壁变薄，弹性降低，以致肠管扩张，呈半透明状。肠系膜血管扩张，淋巴结肿胀，肠系膜淋巴管内见不到乳糜。将空肠纵向剪开，用生理盐水将肠内容物冲掉，在玻璃平皿内铺平，加入少量生理盐水，在低倍显微镜下或放大镜下观察，可见到空肠绒毛显著缩短。组织学检查，黏膜上皮细胞变性、脱落。肾常发生变性，并有白色尿酸盐沉积。

（四）诊断

1. 本病根据流行病学和症状可以作出初步诊断。本病发生于寒冷季节，传播迅速。病猪先呕吐，继而发生水样腹泻，10日龄以内仔猪有高度致死率，而大猪能迅速恢复。必要时，可检查空肠绒毛萎缩的情况，如果呈弥漫无边际性的萎缩，可诊断为本病。确诊可用血清学方法。

2. 血清学诊断：比较常用而准确的方法是免疫荧光抗体试验。取刚发病的急性期病猪的空肠，制成冰冻切片，用免疫荧光抗体染色，在荧光显微镜下检查，如胞浆内发现亮绿色荧光，即可确诊。据报道，在下痢初期荧光抗原最多，至感染后7天，则减少。因此病料的采取时间必须适当。进行荧光抗体试验的同时，配合组织学检查，其可靠性更大。此外，酶联免疫吸附试验（ELISA）、微量中和试验、间接血球凝集试验也是本病常用的血清学诊断方法。

3. 鉴别诊断：本病应注意与猪流行性腹泻和猪轮状病毒感染相区别。鉴别要点：猪流行性腹泻病死率较低，在猪群中传播速度较慢。猪轮状病毒感染较轻缓，发病多为8周龄以内的仔猪，发病率高而病死率低。猪腹泻类疾病的鉴别诊断见表5.2。

表5.2　猪传染性胃肠炎与其他下痢性疾病的鉴别

类　别		猪传染性胃肠炎	仔猪白痢	仔猪黄痢	仔猪红痢（肠毒血症）	猪痢疾（血痢）
病原体		猪传染性胃肠炎病毒	大肠杆菌	溶血性大肠杆菌	C型魏氏梭菌	猪痢疾密螺旋体
流行病学	季节性	寒冷季节	不明显	夏季较多	不明显	不明显
	流行形式	猛烈，流行期短	散发或部分猪成窝发生，流行期长	部分猪不断成窝发生，流行期长	部分猪不断成窝发生，流行期长	部分猪不断成窝发生，流行缓慢而长
	发病日龄	大小猪均感染，10日龄以内最易感	1~2周龄	1周龄以内	3日龄以内	大小猪均感染，7~12周龄较多
	发病率	仔猪很高	中等	较高	不一定	仔猪较高
	致死率	仔猪较高	不高	较高	很高	仔猪较高
临床症状		呕吐，排灰色或黄色水样稀粪，病程为最急性或急性	无呕吐，排白色糨糊状稀粪，病程为急性或亚急性	排黄色稀粪，很少发生呕吐，病程为最急性或急性	偶尔呕吐，排红色黏粪，病程为最急性或急性	流行早期以出血性下痢为主，中后期以黏液性下痢为主，急性较多
病理变化		胃肠卡他性炎症，空肠绒毛萎缩明显，结肠内无气体	小肠卡他性炎症，空肠绒毛无萎缩或有局限性萎缩，结肠内容物有气泡	小肠卡他性炎症	小肠出血、坏死，肠内容呈红色，坏死肠段浆膜下有小气泡	流行初期，大肠呈卡他性出血性炎症，流行中后期呈卡他性坏死性炎症
治疗效果		不明显	有较好的疗效	通常来不及治疗	通常来不及治疗	初期有效

（五）防治措施

对本病尚无特效治疗方法，在患病期间大量补充等渗葡萄糖氯化钠溶液，供给大量清洁饮水和易消化的饲料，可使较大的病猪加速恢复，减少仔猪死亡。口服四环素、磺胺、黄连素、高锰酸钾等可防止继发感染，减轻症状。

本病的预防主要是采取保健和免疫预防措施。

保健措施的基础是通过血清学调查对猪场进行监测，猪的调运和移动必须是在血清检查的结果之后，对猪的交易必须控制在传染性胃肠炎血清学阴性的猪场进行。对后备公猪和母猪的买卖必须进行传染性胃肠炎的检查。对饲养的仔猪需进行抽样检查，每群可抽样5～10头。血清学检查结果阴性的猪群可以无限制地移动。血清学检查传染性胃肠炎抗体阳性者最好是转入阳性群。在育种猪场为保证正常再生产应将阳性的猪屠宰。为保护健康群，所有自其他地区新购进的猪必须对传染性胃肠炎进行隔离检查。如在育种群和繁殖群出现腹泻时要禁止种畜的出售。为获得可靠的诊断，在出现症状的14天以后抽样采10～15头患病动物的血液标本送检。在检出结果阳性时，这种禁止必须在临床症状消失后再保持8周。同时在种畜群和繁殖群对正在使用的种畜要进行血清学检查。

除上面的保健措施外，还可结合主动免疫措施。新生仔猪在第一周龄对传染性胃肠炎的感染最敏感，常常是在产后不久即发现病例。在这样一个时期内任何一种免疫注射都不能起作用。疫苗免疫在冬季来临之前，使用传染性胃肠炎疫苗对种猪群进行预防，并在3周后重复进行免疫一次。此外血清抗体对保护仔猪尚不能生效。

给妊娠母猪产前20～40天口服强毒能够产生良好乳汁免疫，即将已发病猪的粪便直接接种母猪或其他猪，让其集中发病，集中处理，缩短发病时间，提高母猪初乳中的抗体水平，被动保护仔猪，但有散布强毒、使本病常在的危险。同时一定要在猪场没有其他传染病发生的情况下，严格控制，谨慎进行。

发现病猪立即隔离到清洁、消毒、干燥和温暖的猪舍中，加强护理，清除病猪粪便及其污染的垫料，消毒被污染的环境和器物。饲料内添加多维康400 克/吨 + 圆蓝瘟康散1 500 克/吨，连用5 ~7 天；肌内注射蓝环多毒抗 0.1 ~0.2 毫升/千克体重，饮水用多维康 100 ~200 克/吨，连用 5 ~7 天；饮水用多维康 100 ~200 克/吨 + 痢菌净100 克/吨，连用 1 周；葡萄糖甘氨酸溶液（葡萄糖 22.5 克、氯化钠 4.74 克、甘氨酸 3.44 克、柠檬酸 0.27 克、枸橼酸钾 0.04 克、无水磷酸钾 2.27 克等溶于 1 升水中即成），或葡萄糖盐水给病猪自由饮用。停止喂乳，同时对病猪进行对症治疗，如投服收敛止泻剂，使用抗生素等抗菌药物以防止继发性细菌感染，静脉注射 5% 或 10% 的葡萄糖盐水和 3% ~10% 的碳酸氢钠溶液，以防治脱水和酸中毒，一般可收到良好效果。

九、猪伪狂犬病

伪狂犬病是由伪狂犬病毒引起家畜和多种野生动物的一种急性传染病。除猪以外的其他动物发病后通常具有发热、奇痒及脑脊髓炎等典型症状，均为致死性感染，但呈散发形式。

猪是该病毒的储藏者和传染源。猪感染后其症状因日龄而异，15 日龄以内仔猪死亡率可高达 100%。断奶仔猪发病率为 20% ~40%，死亡率为 10% ~20%。因此伪狂犬病对养猪业的危害最大，已成为危害全球养猪业最严重的传染病之一。通过近几年来的研究发现，该病在我国也广泛存在，并严重发病，给我国养猪业带来了巨大的经济损失。

伪狂犬病病毒（PRV）对脂溶剂如乙醚、丙酮、氯仿、乙醇等高度敏感，对消毒剂无抵抗力。0.5% 次氯酸钠、3% 酚类 10 分钟可使病毒灭活。在 0.6% 氢氧化钠溶液中，6 小时还不能使其完全灭活。碘酊、季铵盐及酚类复合物能迅速有效地杀灭 PRV。PRV 的最适 pH 为 6 ~8，在 pH5 ~9 还能保持稳定的感染活力，但过酸或过碱的环境会很快灭活。

（一）流行病学

伪狂犬病病毒在全世界广泛分布。伪狂犬病多发生在寒冷的季节，因低温利于病毒的存活，但其他季节也有发生。

在猪场伪狂犬病病毒主要通过已感染猪排毒而传给健康猪，另外，被伪狂犬病病毒污染的工作人员和器具在传播中起着重要的作用。目前对病毒在猪场之间的传播机制还不十分清楚，如在未引进种猪的养殖场也可能暴发该病，在养猪密集的地区，即使没有猪只的流通，伪狂犬病病毒也能在猪场中间迅速传播。已有许多证据表明，空气传播是病毒扩散的最主要途径，但到底能传播多远还不清楚。人们还发现在邻近有伪狂犬病发生的猪场周围放牧的牛群也能发病。在这种情况下，空气传播是唯一可能的途径。

在猪群中，病毒主要通过鼻分泌物传播，经乳汁和精液也是可能的传播方式。既然在怀孕母猪能发生垂直传播，那么流产胎儿、阴道分泌物和胎盘也应是病毒的传染源。尿液和粪便一般不含病毒，但据报道它们是一些毒株的传染源。

通常，猪在感染 PRV 后 2 ~4 周内经口、鼻排毒。但是持续性排毒的情况也有报道。美国的一项研究表明，康复 6 个月后的猪群还能检测到 PRV，但如此长时间的持续排毒的情况一般较少见。

无论是野毒感染猪还是弱毒疫苗免疫猪都会导致潜伏感染，在自然条件下，潜伏的病毒被活化而引起伪狂犬病的发生并不普遍。然而，出于实践考虑，感染过 PRV 的血清阳性猪群就被视为病毒潜在的携带者。

猪在其他动物感染 PRV 的过程中起中心作用。牛、羊经常与猪在同一厩舍吸入含病毒粒子的空气而感染 PRV。牛即使与猪不在同一畜舍，也可因空气循环、流通而感染发病。牛也可以因工作人员的手或器械带毒而经过生殖道或脐带发生母源性感染；肉食动物经常因吃带毒的猪的组织器官或因靠近感染猪群而感染 PRV。其他动物无论是猪还是它们自己种内传播 PRV，似乎都未起到过这种中心作用。与一些较早期的报道相反的是，人对 PRV 不具易感性。在近几十年内，尽管人们在猪场与感染猪群或在实验室与病毒广泛的接触，但仍没有关于人感染 PRV 的报道。

（二）临床症状

根据对猪伪狂犬病流行病学、临床症状、病理剖检、病毒分离鉴定、实验室诊断、疫苗研制及免疫预防等方面的研究，总结出我国猪伪狂犬病的临床表现有以下四大症状：

1. 妊娠母猪发生流产、产死胎、木乃伊胎，其中以产死胎为主。而细小病毒引起的母猪繁殖障碍则以产木乃伊胎为主。伪狂犬病无论是头胎母猪还是经产母猪都会发病，而且没有严格的季节性，但以寒冷季节即冬末初春多发生。

2. 伪狂犬病引起新生仔猪大量死亡，主要表现在刚生下的仔猪第一天还很好，从第二天开始发病，3 ~5 天内是死亡高峰期，有的整窝死亡。发病仔猪表现出高热、食欲废绝、明显的神经症状、昏睡、鸣叫、流涎、呕吐、拉稀、抑郁震颤，继而出现运动失调、间歇性抽搐、昏迷以至衰竭死亡，一旦发病，1 ~2 天内死亡。15 日龄以内仔猪死亡率可高达 100%。死亡初生仔猪的日龄已观察到 19 日龄。

3. 伪狂犬病病毒引起断奶仔猪发病死亡，发病率在 20% ~40%，死亡率为 10% ~20%，主要表现为神经症状、拉稀、呕吐等。

4. 种猪不育症。母猪不发情、配不上种，近几年发现有的猪场春季暴发伪狂犬病，出现死胎或断奶仔猪患伪狂犬病后，紧接着下半年秋季母猪配不上种，返情率高达 90%，有反复配种数次都屡配不上，耽误了整个配种期。此外，公猪感染伪狂犬病病毒后，表现不育、睾丸肿胀、萎缩，丧失种用能力。成年猪仅表现增重减慢等轻微温和症状。

（三）病理变化

剖检一般无特征性肉眼病变，神经症状明显的病猪剖检可见脑膜充血水肿，脑灰质点状出血，脑脊髓液显著增多。鼻腔卡他性或出血性炎症，扁桃体水肿并伴以咽炎和喉头水肿，肺充血水肿，呼吸道内有大量泡沫状水肿液，淋巴结水肿充血，间质出血，肝脾肾有坏死灶，胃底部和大肠有呈斑块出血性炎症。急性死亡的仔猪剖检主要是肾脏布满针尖样出血点，有时见到肺水肿、脑膜表面充血、出血。

（四）诊断

目前，在大多数诊断试验室，ELISA 方法用于伪狂犬抗体的检测，阻断 ELISA 用于伪狂犬病的鉴别诊断。

（五）综合防治措施

目前尚无治疗办法，但高免血清被动免疫适用于最初感染猪群中的哺乳仔猪，在临床上可采取经过免疫或发病康复母猪的血液，或分离血清后，给受到严重威胁的仔猪注射，被动免疫预防能收到较好的效果。但对已发病到了晚期的仔猪效果较差。母猪的抗体通过初乳传给仔猪，母体源体可持续 4 ~ 6 周。母体被动免疫虽然可以保护仔猪的致命感染，但不可能完全阻止其临床症状的发生。已感染过伪狂犬病病毒的母猪的仔猪发病率占 27%，没有发生感染的母猪的仔猪发病率为 100%。治疗可采取以下方法：饲料内添加圆蓝瘟康散 1 500 克/吨 + 多维康 400 克/吨，连用 5 ~ 7 天；饲料内添加酒石酸泰乐菌素1 000克/吨 + 比维康 400 克/吨，连用 5 ~ 7 天；肌内注射蓝环多毒抗 0. 1 ~ 0. 2 毫升/千克体重，1 天 1 次，连用 3 天。

猪伪狂犬病的免疫预防有灭活疫苗和弱毒疫苗两种，因伪狂犬病病毒具有终身潜伏感染、长期带毒和散毒的危险性，而且这种潜伏感染随时都有可能被其他应激因素激发而引起疾病暴发。在已发病或检查出伪狂犬病病毒感染阳性的猪场，建议所有的猪都应进行免疫。这样有两个好处，一是所有的猪都免疫后减少排毒和散毒的危险，二是在育肥猪群中，成年肥猪感染带毒后，虽然不发病，但可使增重减慢，饲料转化和报酬率降低。注苗后可促进生长和增重。

1. 灭活疫苗：种猪（包括公猪）第一次注射后，间隔 4 ~ 6 周后加强免疫一次，以后每6个月注射一次，产前1个月左右加强免疫一次，可获得非常好的免疫效果，能将哺乳仔猪保护到断奶。留作种用的断奶仔猪在断奶时注射一次，间隔4~6周后，加强免疫一次，以后按种猪免疫程序进行。育肥用的断奶仔猪在断奶时注射一次，直到出栏。

2. 弱毒疫苗：伪狂犬基因缺失弱毒疫苗保护率高，应用方便，便于在临床上的鉴别诊断，已得到广大养殖企业的普遍应用。种猪第一次注射后，间隔4~6周加强免疫一次，以后每隔3个月注射一次。育肥猪6周龄时注射一次，直到出栏。

其他方面的防制措施是在猪场里进行严格的灭鼠活动，严格控制犬、猫、鸟类和其他禽类进入猪场，严格控制人员来往和消毒措施及血清学监测等，对本病的防治起到积极的作用。

十、猪口蹄疫

口蹄疫（FMD）是由口蹄疫病毒感染引起的偶蹄动物共患的急性、热性、接触性传染病。临床以蹄部和唇边发生水疱为主，严重时蹄壳脱落，跛行，不能站立。口蹄疫病毒有O型、A型、C型、亚洲Ⅰ型、南非Ⅰ型、南非Ⅱ型、南非Ⅲ型等7个血清主型，每个主型内又有若干个亚型。不同血清型的病毒感染动物所表现的临床症状基本一致，但无交互免疫性。例如患过O型口蹄疫的猪康复后，仅对O型病毒具有抵抗力，遇到其他型病毒的感染仍会发生口蹄疫；同一主型内的不同亚型之间也只有部分交互免疫性，如用O_1亚型病毒制成的疫苗接种猪群，免疫猪仅对该亚型强毒的感染产生免疫力，而对O_5亚型强毒的感染就不那么有效。

由于本病传播快，发病率高，传染途径复杂，病毒多型易变，若不严加防范，极易形成大流行，带来巨大的经济损失。虽然口蹄疫一般不直接引起成年易感动物的死亡，但对新生幼畜的致死率高达80%以上。口蹄疫暴发流行不仅对畜牧业生产造成极大损失，而且对人民生活所需的肉品、奶品等供应以及对以畜产品为原料的轻工、食品加工等企业都会有很大影响。为扑灭和防止疫情扩大蔓延，必须采取封锁、隔离、阻断交通、停止家畜及畜产品流通，关闭家畜及畜产品交易市场和屠宰加工厂（场）；扑杀病畜及同群家畜，销毁或无害化处理动物尸体；彻底消毒被病毒污染的皮毛、饲料以及畜舍和周围环境；接种疫苗等这些措施所耗费的人力、物力、财力也是相当惊人的。

鉴于口蹄疫的严重危害性和破坏性，设在巴黎的国际兽疫局早把该病列为A类法定传染病中的第一个动物病害，是国际动物及动物产品输出输入贸易最重要的检疫对象。

口蹄疫病毒（FMDV）在病畜的水疱液和水疱皮中大量存在，在血液及组织器官如淋巴结、脊髓、皮肤、肌肉、脑、肝、肺、肾以及分泌物、排泄物中都有存在。其中病猪和染毒而未发病的猪（潜伏期感染猪）以淋巴结和脊髓含毒量最高。

猪感染口蹄疫病毒后，首先在其咽喉部及肺部上皮细胞中贮存并不断增殖。病猪经呼吸排至空气中的病毒量相当于牛的20倍，因此，有人认为在猪舍内迅速传播的主要途径是气源性感染。

口蹄疫病毒在畜舍干燥垃圾内存活时间为14天；在潮湿垃圾内可存活8天；在30厘米厚的厩肥内至少存活6天；在土壤表面，秋季存活28天，夏季存活3天；在干草中可存活140天；在畜舍污水中存活21天；在未发酵的粪尿中存活39天；在阴暗低温（－30℃）环境中，存活期长达12年之久。

口蹄疫病毒对酸很敏感，在pH 6.0时，每分钟损失90%；pH 5.0每分钟又损失90%；2%氢氧化钠、3%～4%甲醛、0.5%～1%过氧乙酸、30%热草木灰水、10%新鲜石灰乳剂等常用消毒剂在15～25℃温度下经0.5～2小时后才能杀灭病毒。碘酊、乙醇、石炭酸、来苏儿、新洁尔灭等对口蹄疫病毒无杀灭效能。

（一）流行特点

口蹄疫能感染多种偶蹄动物，黄牛最易感，其次为水牛、牦牛、猪、绵羊、山羊、骆驼及多种野生动物等。不同年龄、性别的猪均易感。猪口蹄疫是由于口蹄疫病毒长期在猪群中反复流行，对猪的毒力增强，而对牛、羊的致病力降低；在猪、牛、羊同栏饲养的条件下，猪先发病，牛、羊后发病或根本不发病。幼畜（新生仔猪、犊牛、羔羊）对口蹄疫病毒最易感，发病率100%，并引起80%以上的幼畜死亡。

主要传染源为患病动物和带毒动物。通过水疱液、排泄物、分泌物、呼出的气体等途径向外排散感染力极强的病毒，污染饲料、水、空气、用具和环境。屠宰后通过未经消毒处理的肉品、内脏、血、皮毛和废水而广泛传播。尤其是病猪和潜伏期猪的淋巴结、骨髓内含毒量最高，可成为猪口蹄疫的重要传染因素。

本病通常经呼吸道和消化道感染，亦能经伤口甚至完整的黏膜和皮肤感染。精液、奶汁亦含有大量病毒并能传染。

在特定的条件下，空气也是一种重要的传播媒介，人与非易感动物（狗、马、鸟类等）均可成为本病的传播媒介。

本病一年四季均可发生，但气温和光照强度等自然条件对口蹄疫病毒的存活有直接影响，因此，本病的流行又可表现出季节性，一般是冬、春低温季节多发，夏、秋高温季节少发。易感猪高度集中，一旦被感染则极易暴发口蹄疫。

（二）临床症状

猪口蹄疫自然感染的潜伏期为24～96小时，人工感染的潜伏期为18～72小时。症状主要表现在蹄冠、蹄踵、蹄叉、副蹄和吻突皮肤、口腔腭部、颊部以及舌面黏膜等部位出现大小不等的水疱和溃疡，水疱也会出现于母猪的乳头、乳房等部位。

病猪表现精神不振、体温升高、厌食等症状。当病毒侵害蹄部时，蹄温增高，跛行明显，常导致蹄壳变形或脱落，病猪卧地不能站立。水疱充满清亮或微浊的浆液性液体，水疱很快破溃，露出边缘整齐的暗红色糜烂面；如无细菌继发感染，经1～2周病损部位结痂愈合。若蹄部严重病损则需3周以上才能痊愈。口蹄疫对成年猪的致死率一般不超过3%。

仔猪受感染时，水疱症状不明显，主要表现为胃肠炎和心肌炎，致死率高达80%以上。妊娠母猪可发生流产。

病毒侵入易感动物机体后，首先在侵入部位的上皮细胞内增殖，引起浆液性渗出而形成原发性水疱（第一期水疱），通常不易发现。1～3天后病毒进入血液引起体温升高和全身症状。病毒随血流到达嗜好部位，如口腔黏膜、蹄部和乳房皮肤的表层组织增殖，形成继发性水疱（第二期水疱）。水疱破裂后，体温随即下降至正常，血液中的病毒逐渐减少以至消失，病猪进入恢复期。病毒侵入仔猪心肌组织内，致使心肌变性或坏死而出现灰白色或淡黄色的斑点或条纹，俗称“虎斑心”。妊娠母猪可发生流产。

（三）病理变化

除口腔、蹄部或鼻端（吻突）、乳房等处出现水疱及烂斑外，咽喉、气管、支气管和胃黏膜也有烂斑或溃疡，小肠、大肠黏膜可见出血性炎症。仔猪心包膜有弥散性出血点，心肌切面有灰白色或淡黄色斑点或条纹，心肌松软似煮熟状。组织学检查心肌有病变灶，细胞呈颗粒变性、脂肪变性或蜡样坏死。

（四）诊断

猪口蹄疫的临床特征与猪水疱病、猪水疱性口炎、猪水疱疹极为相似，故仅根据临床症状常不能作出鉴别，发现可疑病例应进行封锁、消毒，请专业技术人员采集病料送到国家指定的实验室进行实验室确切诊断。除国家指定的口蹄疫实验室以外，其他任何单位和个人不得进行口蹄病毒的分离、动物试验和保存。这里仅介绍可疑病料的采集方法。

在发病猪中，选症状典型的蹄部或鼻端（吻突）未破溃的病猪

3～5头，侧卧保定，先用清水冲洗蹄部和鼻端，脱脂棉拭干，用注射器抽取水疱液，注入青霉素空瓶内，不加保存液和防腐剂。用有齿镊提起水疱皮，再用剪刀剪下整个水疱皮，水疱皮重量不少于3克，置于盛有50%甘油生理盐水（1:1）的玻璃瓶内，冷藏送检。

在普通兽医诊断实验室，可以应用正向间接血凝集试验检测猪O型口蹄疫的抗体。在正常免疫情况下，疫苗抗体水平能正确反映疫苗抗体对猪的保护力，即口蹄疫抗体水平达到$1:2^7$（1:128）以上为免疫合格。

在发生疑似疾病时，口蹄疫抗体水平会发生急剧变化。可通过发病后与正常检测时的抗体水平对照；或通过发病较长时间猪的抗体水平和仍没有发病猪的抗体水平进行对比，用统计学方法判定抗体水平的变化情况。在检测疑似口蹄疫血清的实验室，必须按实验室操作规程严格做好生物安全。用后的所有实验材料和血清必须做无害化处理。

（五）防治措施

1. 疫苗与免疫：国外大多数文献报道口蹄疫疫苗接种动物后是以体液免疫为主，疫苗注射后7天即可在血清中检出抗体，21天抗体效价达到高峰，抗体维持时间报道不一，从4个月到6个月不等。至于是否存在细胞免疫问题，目前尚有争论。

1990年以来应用正向间接血凝试验测定口蹄疫BEI灭活苗的抗体消长动态。接种疫苗后第4天可检出抗体，28天抗体效价达到高峰，维持2个月，第3个月下降，第4个月消失。曾测定40头免疫猪的抗体效价除2头无抗体外，其余均达到1:256以上，人工感染20个最小发病量，其保护率和抗体效价之间存在一定的平行关系，二者符合率为82.5%。

目前国内生产的猪口蹄疫O型油佐剂BEI灭活疫苗安全性可靠，但抗病力不强，常规苗仅能耐受10～20个最小发病量的人工感染。接种疫苗只是综合防治措施中的一个环节，必须同时做好消毒、隔离、检疫等工作，防治口蹄疫才能有成效。

2. 影响灭活苗质量的因素很多，现就几个主要因素简述如下：

（1）制苗毒株与使用疫苗地区的流行毒株是否一致，如差异很大则会大大降低疫苗的免疫效力。判定差异性最简单最可靠的办法，是将制成的疫苗接种一批易感猪。分为若干组（每组至少5头），另设空白对照组，分别用流行毒株攻击，最后根据保护率判定。

（2）疫苗中的病毒抗原含量多寡是决定疫苗免疫效力的关键。欲提高疫苗的效力，必须增加抗原的含量。

（3）疫苗的贮存和运输必须在4～8℃冷藏条件下实施，否则，抗原易降解。

（4）制苗毒种必须接种低代的传代细胞株，以维持病毒的良好免疫原性。否则，尽管病毒滴度高，但其免疫原性将不断下降。

（5）分层破乳的疫苗接种猪群后，抗体不升高，也无抗病力。

除研究和应用单价灭活苗外，国外已研制成功O、A、C三价和O、A、C、Asia－Ⅰ四价灭活苗、口蹄疫灭活病毒与猪瘟弱毒的联苗。这些多价苗及联苗已在防疫实践中应用并获得较满意的结果。

3. 免疫程序：在疫苗质量可靠的前提下，正确的免疫程序有助于充分发挥疫苗的预防效果。母猪在怀孕期进行了有效的疫苗免疫，仔猪通过吸吮初乳得到各类抗体（IgM、IgG、IgA）获得免疫。母源抗体能保护99%的1月龄仔猪不感染口蹄疫病毒，以后迅速下降，对2月龄和3月龄仔猪分别保护50%和8%。有的学者认为，母源抗体在仔猪维持至少3个月，但O型口蹄疫抗体比A型和C型维持时间短。

没有母源抗体的仔猪在1周龄内能对口蹄疫灭活苗免疫产生应答，但免疫效果不佳。仔猪在1周龄免疫，6～7个月龄攻毒，保护率仅为33%，仔猪的日龄越大，所产生的抗体效价越高。在8周龄时免疫仔猪，6～7月龄攻毒，保护率可达87.5%。在有母源抗体存在时，其抗体效价是仔猪对口蹄疫疫苗免疫应答高低的关键。在已有的报道中，几乎无一例外地声称母源抗体严重抑制仔猪对口蹄疫疫苗免疫的应答。仔猪在1、2、4周龄或8周龄免疫至6月龄攻毒，结果无一头获得保护。在21日龄、28日龄、40日龄和60日龄仔猪接种灭活苗后，分别检测抗体，结果表明40日龄和60日龄仔猪产生的抗体水平更高。有的学者认为，仔猪在4周龄前不宜接种口蹄疫油佐剂疫苗，以免母源抗体的干扰。而在3、4月龄注射疫苗，则不会受到母源抗体的影响。

母猪的免疫状况也是影响仔猪免疫的一个重要因素。因为哺乳期的母猪血清抗体和初乳抗体的类别和效价与仔猪的血清抗体类别及效价一致，母猪在怀孕初期和分娩前1个月各接种1次灭活苗所产仔猪的抗体水平高。并且经2次免疫的母猪本身能100%达到耐受口蹄疫病毒感染的抗体水平，而免疫一次的母猪只有75%达到这种抗体水平。

国内的试验资料表明，母猪在分娩前2个月接种灭活苗所产仔猪的母源抗体仅维持1周，看来应在妊娠期2次接种疫苗较为可靠。

在受到疫情严重威胁的情况下，为确保价格昂贵的种猪安全，可使用口蹄疫血清或高免血清，每千克体重皮下注射0.5~1.0毫升，24小时后即可抗击强毒的感染，保护期为20~30天。

(1) 根据兰州兽医研究所综合防治组的试验结果，建议口蹄疫O型灭活苗的用户，按以下免疫程序接种O型灭活苗：

种猪每隔3个月免疫一次，每次肌内注射常规苗2毫升/头或高效疫苗1~1.5毫升/头。

仔猪40~45日龄首免，肌内注射常规苗2毫升/头或高效苗1毫升/头。100~105日龄育成猪加强免疫一次（二免），肌内注射常规苗2毫升/头或高效苗1~1.5毫升/头。

肉猪出栏前15~20天进行三免，肌内注射常规苗2毫升/头或高效苗1~1.5毫升/头。

目前全国没有统一的口蹄疫疫苗免疫程序，各猪场可结合本场实际情况，制定免疫程序。

（2）也可采取以下免疫程序：种猪每隔3个月免疫一次，每次肌内注射O型高效疫苗或O型、亚－Ⅰ型双价高效疫苗2～3毫升/头。仔猪20～25日龄首免，可在仔猪交巢穴注射0.3毫升猪O型口蹄疫高效疫苗。60～65日龄时，肌内注射O型口蹄疫高效疫苗2毫升/头；100日龄时，肌内注射O型口蹄疫高效疫苗2～3毫升/头。出口猪出栏前15～20天加强免疫一次，肌内注射高效疫苗2～3毫升/头。

4. 发生猪口蹄疫时的紧急防治措施：

（1）经确诊为本病的猪场，应迅速向当地动物防疫机构报告，划定疫点疫区，迅速隔离封锁，采取捕杀病畜、消毒、紧急免疫注射等措施，尽快扑灭疫情。

坚决捕杀病猪及其同群猪（同栏猪），电击或药物注射处死，2%～3%氢氧化钠彻底消毒环境。未发病的猪群紧急接种疫苗（常规苗5毫升/头或高效苗3毫升/头），15天后加强免疫1次；猪舍及周围环境每天喷雾1～2次，用1∶500浓度的灭毒净全面消毒；限制猪群的移动；或者用聚能碘环境消毒、带猪消毒、蹄部浸泡原液；严密观察疫情动态并及时报告当地防疫指挥中心，防止疫情蔓延。

（2）如果疫情来势凶猛，疫苗紧急接种无效时，则应立即封锁整个猪场，报告防疫指挥部，动员和组织人力物力，严密监视周围地区易感染动物，阻断交通，设立消毒检疫哨卡。猪场应封锁2～3个月。

（3）病猪治疗可用以下方法：饲料内添加圆蓝瘟康散2 000克/吨＋多维康400克/吨，连用10～15天；饮水用多维康200克/吨＋强效复方黄芪多糖500克/吨，连用5～7天。

（4）封锁期满后，全场进行大消毒，并从非疫区购进健康猪5～10头，用正向间接血凝法逐头检测血清，1∶16以下（含1∶16）判为阴性猪，将其赶入猪舍饲喂，每日驱赶该批猪在各猪舍走动，连续观察14天，再次采血检测抗体不升高，视为猪舍内无口蹄疫病毒存在，可恢复正常生产，解除封锁。

十一、日本乙型脑炎

日本乙型脑炎又称流行性乙型脑炎，简称乙脑，是一种严重危害人畜健康的虫媒传播（自然疫源性）的急性病毒性传染病。该病最早发现于日本，主要发生及流行于远东及东南亚许多国家和地区，是引起人死亡和残疾的一个主要原因。

家畜中以猪的乙脑病例为最多，在疫区常有散发或流行，致严重患病和死亡。其主要症状表现为妊娠母猪流产和产死胎，公猪发生睾丸炎，育肥猪持续高热和新生仔猪脑炎。在我国除新疆和西藏外，其他各省（市）、自治区均有流行，尤其是海南、台湾、广东和福建等省常年有此病发生。此病造成的主要经济损失是怀孕母猪发生繁殖障碍，对养猪业造成巨大的危害。近年来，随着全球气候变暖，乙脑病例有上升的趋势，在我国西藏也开始有血清学阳性的猪群出现。为了人类自身健康和确保养猪业持续增产，乙脑防治工作应引起人们高度重视。

乙脑病毒（JEV）在外界环境中的抵抗力不强，56 ℃加热30分钟或100 ℃ 2分钟均可使其灭活。其存活时间与稀释剂的种类和稀释程度有很大关系，例如以脱脂乳为稀释剂时，30 ℃放置120小时后还有存活病毒，但在生理盐水中则迅速灭活。10%灭活兔血清和0.5%乳白蛋白水解物也有较好的保护作用。病毒的稀释度越高，病毒死亡越快。常用消毒药如碘酊、来苏儿、甲醛等都有迅速灭活作用。病毒对酸和胰酶敏感。

（一）流行病学

乙脑流行范围很广，我国疫区主要分布在长春以南和兰州与大连以东的广大地区，除沿海常年气温较高的地区外，内地如河南、安徽、江苏、湖北和湖南等都是发病较高的地区。

乙脑的流行在热带地区无明显的季节性，全年均可出现流行或散发，而在温带和亚热带地区则有严格的季节性，这是由于蚊虫的繁殖、活动及病毒在蚊体内的增殖均需一定的温度所致。根据我国多年统计资料，约有90%的病例发生在7～9月，而在12月至次年4月几乎无病例发生。流行高峰华中地区多在7～8月，华南和华北地区由于气候特点，流行较华中地区提早或推迟1个月。云南省的流行高峰也较华中地区推迟1个月。乙脑发病形式具有高度散发的特点，但局部地区的大流行也时有发生。家畜中以猪的乙脑病例为最多，在疫区常有散发或流行。

在乙脑的流行中，蚊虫是重要的传播媒介。能传播本病的蚊种很多，到目前为止，世界范围内分离到乙脑病毒的蚊种有5属（库蚊、按蚊、伊蚊、曼蚊和阿蚊）共30余种，国内也有20余种。三带喙库蚊是主要的带毒蚊种，从该蚊分离到的病毒最多，约占90%，自然感染率也很高。大量的生态学调查和流行病学观察证实，三带喙库蚊在乙脑自然循环中和传播上都起着重要作用，同时了解到该蚊与乙脑流行密切相关，并是乙脑疫区内优势蚊种之一，在农村，数量上常居首位，其季节消长与乙脑的流行相吻合。它嗜吸人及动物血液，特别是猪血。

猪是乙脑的危害对象，同时猪也起着主要贮存宿主的作用。猪是我国数量最多的家畜，王逸民（1958）发现猪的自然感染高峰比人乙脑流行高峰早3～4周。人工感染的猪，其血内病毒滴度可达$10^{3.5}$毫升D_{50}，足以造成蚊虫感染。

（二）临床症状

猪常突然发病，体温高达40～41℃，持续数天，呈稽留热。病猪精神沉郁，嗜眠喜卧，食欲减少或不食，渴欲增加；粪便干燥呈球形，表面附着白色黏液，尿呈深黄色。个别猪兴奋、乱撞及后肢轻度麻痹，也有后肢关节肿胀而跛行的。

妊娠母猪感染时主要症状是突发性流产或早产，流产的胎儿有死胎、木乃伊胎或弱胎，但多为死胎。胎儿大小不等，小的如人的拇指，大的与正常胎儿无多大差别。流产后母猪症状很快减轻，体温和食欲逐渐恢复正常。

患病公猪于发热后常常发生睾丸肿胀，肿胀常呈一侧性；有时也有两侧睾丸同时肿胀的，但肿胀的程度不等，一般多大于正常0.5～1倍。大多数患病公猪2～3天后肿胀消失，逐渐恢复正常。偶尔个别公猪的睾丸缩小、变硬，丧失生产精子的能力。

（三）病理变化

病猪的肉眼病变主要在脑、脊髓、睾丸和子宫。脑和脊髓可见充血、出血、水肿。睾丸有充血、出血和坏死。子宫内膜充血、水肿，黏膜上覆有黏稠的分泌物。胎盘呈炎性浸润，流产或早产的胎儿常见脑水肿、皮下水肿，有血性浸润，胸腔积液、腹水增多。

（四）诊断

猪乙型脑炎的诊断可以根据流行病学和临床症状进行初步诊断，但要进一步确诊，需进行病毒分离培养、血清学检查和组织学检查。

1. 病毒分离：取含病毒的血液、脊髓液和脑神经组织材料接种2～5日龄乳鼠或用鸡胚成纤维细胞多种动物的原代细胞以及传代细胞进行接种，也可先将病料组织接种7～9日龄的鸡胚卵黄囊内，2～3天后收获胚体，再作乳鼠或细胞培养物接种，分离病毒后再作进一步的鉴定。

2. 血清学诊断：

（1）补体结合试验：特异性较高，是流行病学上确诊乙型脑炎的一种常用方法。但因补体结合抗体出现较晚，动物大多于发病后2周左右才呈阳性反应，故只作为回顾性诊断。

（2）血凝抑制试验：乙脑的血凝抑制抗体较补体结合抗体出现得早，一般在发病后4～5天开始出现，病后2周左右达到高峰，并可持续1年左右。因此，测定血凝抑制抗体可以较早的作出诊断。一般按双份血清法判定，即恢复血清的血凝抑制效价为急性期的4倍以上才具有诊断意义。血细胞主要采自鹅、鸽和雏鸡。

（3）中和试验：动物与人感染乙脑后7天左右出现中和抗体。中和抗体在动物体内存在时间较长，可达1年以上。因此，也需进行双份血清测定才有诊断价值。中和试验可在小鼠、鸡胚或组织培养细胞上进行，通常按固定病毒－稀释血清的方法进行。

（4）酶联免疫吸附试验：试验中阳性检出率明显高于补体结合试验，且因能检出IgM抗体也具有早期诊断意义。特别值得一提的是斑点免疫金法，该法用胶体金颗粒标记葡萄球菌蛋白A（SPA）作为第二抗，该二抗可与哺乳动物（如猪、豚鼠、小鼠、狗和猴等）血清中的IgG结合。滴加不同的诊断抗原就可用于诊断不同类型的疾病。

（5）乳胶凝集试验：现已成功建立起用于检测猪乙脑抗血清的乳胶凝集试验的方法，并已制成试剂盒用于生产，为定性甚至定量检测猪血清的乙脑抗体水平提供了非常简便的方法，特别适用于技术条件相对落后的猪场。

3. 鉴别诊断：在临床上，猪流行性乙型脑炎与猪布鲁杆菌病、细小病毒感染以及伪狂犬病极为相似，它们的区别在于猪布鲁杆菌病无明显的季节性，流产多发生于妊娠的第三个月，多为死胎，胎盘出血性病变严重，极少出现木乃伊胎，公猪睾丸肿胀多为两侧性，附睾也有肿胀，有的猪还出现关节炎而跛行。猪细小病毒感染引起的流产、死胎、木乃伊胎或产出弱仔多见于初产母猪，经产母猪感染后通常不表现出繁殖障碍现象，且都无神经症状。

（五）综合防治措施

乙脑的治疗没有特殊的方法，主要防治措施是防蚊、灭蚊和免疫接种。灭蚊是控制乙脑流行的一项重要措施，三带喙库蚊是乙脑的主要媒介，它滋生于稻田和有水生植物的水中，户外吸血。目前国内外仍采用常规灭蚊的方法，即药物灭蚊法、生物学和生态学灭蚊法综合合理使用，对控制乙脑流行有一定作用。在饲料内添加圆蓝瘟康散

1 500克/吨，饮水用多维康100克/吨，对控制乙脑也有良好的效果。

免疫接种是一项有效的措施。乙脑是自然疫源性疾病，在亚洲特别是我国的广大农村，要消除蚊虫的滋生是不可能的，唯有大规模地接种高质量的乙脑疫苗才能最大限度地降低乙脑发病率。目前猪用乙脑疫苗主要有灭活疫苗和减毒活疫苗。

1. 灭活疫苗：我国主要是鼠脑灭活疫苗，该苗在猪乙脑防治中起了不少作用，但鼠脑灭活疫苗含有较多的脑组织成分，接种后易发生严重的变态反应性脑脊髓炎；同时有注射剂量大、需多次注射、效果不稳定及免疫力不持久等灭活苗所共有的缺点。

2. 减毒活疫苗：日本有 M 株和 ML－17 株 2 种活疫苗供兽用，我国华中农业大学生产的猪用乙脑活疫苗，经动物试验及临床应用，效果良好。在该病流行地区，蚊子开始活动的前 1 个月对 4 月龄至 2 岁的公、母猪注射疫苗，半月后加强注射 1 次，以后每年注射 1 次。

对已发病的公猪要及时淘汰，进行高温处理。

十二、猪细小病毒病

猪细小病毒病是由猪细小病毒引起猪的繁殖障碍，其特征是受感染母猪，特别是初产母猪产死胎、畸形胎、木乃伊胎及病弱仔猪，偶有流产，而母猪本身通常不表现临床症状，有时也可导致公猪的不育。

病毒对外界抵抗力很强，能耐受56 ℃ 48 小时，72 ℃ 2 小时，但80 ℃ 5 分钟可使病毒失去活力。对脂溶剂及胰蛋白酶具有很强的抵抗力，耐酸范围大，pH 3 ~9 时，经 90 分钟仍稳定，pH 2 时 90 分钟可将其灭活。0. 5% 漂白粉液、2% 氢氧化钠液 5 分钟可杀死病毒。

（一）流行病学

猪细小病毒在世界各地的猪群中广泛存在，猪是唯一的易感动物，不分年龄、性别、品种均可感染，呈地方流行或散发，特别是在易感猪群初次感染时，还可呈急性暴发，造成相当数量的头胎母猪流产、产死胎等繁殖障碍。

传染源主要是感染本病毒的公猪和母猪，包括隐形感染猪。被感染母猪可通过胎盘将病毒传给胎儿，发病母猪所产死胎、木乃伊胎、活胎及子宫分泌物中均含有高滴度的病毒。病公猪在猪细小病毒的传播中起重要作用。在急性传染期，病毒可经尿液、精液和呼吸道等各种不同途径排毒。此外，污染的圈舍也是猪细小病毒的一个重要传染源，病毒对外界抵抗力强，污染的猪舍在猪群康复全群出售并作常规消毒处理后4个半月仍可检测到病毒，当再次放入易感猪时，仍能被感染。

（二）临床症状

仔猪和母猪的急性感染，通常都呈亚临床症状，但在体内许多分裂旺盛的器官和组织中都能发现该病毒。猪细小病毒感染主要的（通常也是唯一的）临床症状是母猪的繁殖障碍。母猪在不同孕期感染，临床表现有一定的差异。在怀孕早期感染时，胚胎、胎儿死亡，死亡胚胎被母体迅速吸收，母猪有可能再度发情；怀孕30～50天感染时主要是产木乃伊胎，如早期死亡，产出小的黑色枯萎的木乃伊胎；怀孕50～60天感染时主要产死胎；怀孕70天感染时常出现流产；怀孕70天之后感染多能正常生产，但产出的仔猪带毒，有的甚至终身带毒而成为重要的传染源。母猪在怀孕中期或后期胎儿死亡，胎水重被吸收，母猪腹围减小。

本病还可引起母猪发情不正常、久配不育，新生仔猪死亡和产弱仔等症状。对公猪的受精率和性欲没有明显影响。

（三）病理变化

眼观病变可见母猪子宫内膜有轻度的炎症反应，胎盘部分钙化，胎儿在子宫内有被溶解吸收的现象。取病料进行组织学检查时，可发现感染母猪的子宫上皮组织和固有层有局灶性或弥散性单核细胞浸润，在大脑、脊髓和眼脉络膜有浆细胞和淋巴细胞形成的血管套。

受感染胎儿表现不同程度的发育障碍和生长不良，有时胎重减轻，出现木乃伊胎、畸形胎、骨质溶解的腐败黑化胎儿等。可见胎儿有充血、水肿、出血、体腔积液、脱水（木乃伊胎）及死亡等病变。镜检可见胎儿的各种组织和器官有广泛的细胞坏死、炎症和核内包涵体，在大脑灰质、白质和软脑膜有以增生的外膜细胞、组织细胞和浆细胞形成的血管套为特征的脑膜炎变化。

（四）诊断

根据流行病学、临床症状和剖检变化可作出初步诊断，但最终确诊有赖于实验室工作。

1. 病原学检查：

（1）免疫荧光试验：免疫荧光显微镜检查病毒抗原是可靠而敏感的方法。感染的仔猪可采取扁桃体的生发中心或其他组织，死胎、木乃伊胎可采取各组织，做冰冻切片后与标准的诊断试剂反应，几个小时内即能作出诊断。

（2）病毒分离鉴定：病毒分离费时，要有一定条件和设备，不适宜作为常规的诊断方法。流产、死产胎儿的脑、肾、肺、肝、睾丸、胎盘和肠系膜淋巴结可作为分离病毒的材料，其中以肠系膜淋巴结和肝脏分离率较高。将病料研磨制成1:（5~10）的乳剂，加双抗处理，离心后取上清液接种尚未长成单层的猪原代或传代肾细胞。接种后2~3天可出现细胞病变，如果无细胞病变或细胞病变不明显时，可盲传3代，同时设立空白对照。当70%以上细胞出现病变时，收获培养液。通过观察细胞病变、电镜检查病毒粒子、免疫荧光检查细胞中病毒、HA和HI测定感染细胞病毒等方法进一步进行鉴定。

（3）分子生物学技术：20世纪90年代，聚合酶链式反应（PCR）技术在细小病毒的诊断上得到了应用。国内已有数家单位建立了猪细小病毒的PCR诊断技术并应用于临床，该方法具有特异、简便、快速的特点。

2. 血清学诊断：有血凝和血凝抑制试验、中和试验、酶联免疫吸附试验和免疫荧光试验等。其中血凝和血凝抑制试验因操作简单、快速，最为常用，可采用试管法和微量法进行，血清须经过56 ℃ 30分钟灭活，然后用50%豚鼠红细胞吸附除去血清中的非特异性凝集素，即可用于试验。首先用缓冲盐水对血清作倍比稀释，然后向每个稀释度的血清中加入等量的血凝抗原（含4个血凝单位）混匀后室温感作1小时，随后加入等量的0.5%～1.0%的豚鼠红细胞液混匀，放4 ℃经4～6小时判定，同时设阴、阳性血清对照，滴度在1∶20以上判为阳性。

（五）综合防治措施

本病尚无有效的治疗方法，主要是实行综合性防治措施。细小病毒对外界抵抗力强，具有高度的感染性，要想控制其感染比较困难。根据本病的特点，总的防治原则应是：①防止将带毒猪引入无本病的猪场；②初产母猪获得主动免疫后再配种。据此，可从以下一些方面进行防治。

1. 坚持自繁自养的原则，如果必须引进种猪，应从未发生过本病的猪场引进。引进种猪后应隔离饲养半个月，经过两次血清学检查，HI效价在1∶256以下或为阴性时，才合群饲养。

2. 在本病流行地区，将母猪配种时间推迟到9月龄后，因为此时大多数母猪已建立起主动免疫；若早于9月龄时配种，需进行HI检查，只有具有高滴度的抗体时才能进行配种。

3. 自然感染或人工接种，使初产母猪在配种前获得主动免疫。这种方法只能在本病流行地区进行。方法是将血清学阳性母猪放入后备母猪群中，或将后备母猪赶入血清学阳性的母猪群中，从而使后备母猪受到感染，获得主动免疫力。

4. 由于猪细小病毒血清型单一及其高免疫原性，因此，疫苗接种已成为控制其感染的一种行之有效的方法，目前常用的疫苗主要有灭活疫苗和弱毒疫苗。

（1）弱毒疫苗：我国已从临床病例中分离到细小病毒弱毒株，后备母猪接种后有一定保护效果。但由于强毒株的大量存在，人们对病毒重组和弱毒返强的担心一直使该苗的应用受到限制。

（2）灭活疫苗：该种疫苗注射一次即可产生较高滴度的抗体，并持续达 7 个月以上，具有良好的保护效果，但该疫苗生产成本相对较高。

注射疫苗可使母猪怀孕前获得主动免疫，从而保护母猪不感染细小病毒。由猪细小病毒引起的繁殖障碍主要发生于妊娠母猪初次感染时，因此疫苗接种对象主要是初产母猪。经产母猪和公猪，若血清学检查为阴性，也应进行免疫接种。疫苗接种应在怀孕前 2 个月进行，以便在怀孕的整个敏感期产生免疫力。

5. 猪场发病后，凡经确诊的猪群，其流产胎儿中的幸存者或木乃伊胎同窝的幸存者，不能留作种用。在饲料内添加圆蓝瘟康散 1 500 克/吨对本病的防治作用也较好。

6. 发生疫病的猪场要做好清洁消毒工作，因为患病母猪在产仔或流产时会排出大量病毒，污染外界环境，容易扩散传播，所以对猪舍特别是繁殖猪舍必须选择有效消毒药彻底消毒。

十三、猪衣原体病

猪衣原体病是由鹦鹉热衣原体感染猪群引起不同症候群的接触性传染病，临床症状为妊娠母猪发生流产、死胎、木乃伊胎、产弱仔，各年龄段猪发生肺炎、肠炎、多发性关节炎、心包炎、结膜炎、脑炎、脑脊髓炎，公猪还发生睾丸炎和尿道炎。

衣原体在自然界的分布极广，对外界环境抵抗力不强，紫外线可杀灭衣原体，常用消毒药都有效。

衣原体对温度变化较敏感，在室温下 10 天，完全丧失其感染力，56 ℃ 25 分钟，70 ℃ 5 分钟，100 ℃ 15 分钟被灭活；用紫外线照射 30 分钟可杀死衣原体，衣原体在 0.5% 石炭酸溶液中 24 小时，5% 石炭酸 3 小时，2% 来苏儿 5 ~ 10 分钟，2% 氢氧化钠溶液 2 ~ 3 分钟，1% 盐酸溶液 2 ~ 3 分钟，75% 乙醇溶液 1 分钟，0.1% 甲醛溶液 24 小时可被杀灭。

（一）流行特点

近些年来，猪衣原体病在我国南方和北方的规模化猪场流行比较普遍，不同年龄、不同品种的猪群均可感染本病，尤其怀孕母猪和新生仔猪更为敏感，育肥猪在本地的平均感染率在10%～50%。由于大批怀孕母猪流产、产死胎和新生仔猪死亡以及适繁母猪群不育空怀，已给集约化养猪业造成严重的经济损失。猪群一旦感染本病，康复猪群可长期带菌，猪场内活动的野鼠和禽鸟是本病的自然散毒者；带菌的种公、母猪则成为幼龄猪群的主要传染源，种公猪可通过精液传播本病。所以隐性感染种公猪危害性更大。病猪可通过粪便、尿、唾液（飞沫）、乳汁排出病原体。流产母猪的流产胎儿、胎膜、羊水更具传染性。在大中型猪场，本病在秋、冬流行较严重，一般呈慢性经过。持续地潜伏性传染是猪衣原体病的重要流行病学特征。

（二）临床症状

本病主要通过消化道及呼吸道感染，不同患病器官表现症状各异。

1. 母猪流产：本病多发生在初产母猪。妊娠母猪感染衣原体后一般不表现出其他异常变化，只是在怀孕后期突然发生流产、早产、产死胎或产弱仔。感染母猪有的整窝产出死胎，有的间隔地产出活仔和死胎；所产弱仔多在产后数日内死亡。

2. 种公猪衣原体感染：种公猪患本病多表现为尿道炎、睾丸炎、附睾炎；配种时，排出带血的分泌物，精液品质差，精子活力明显下降；母猪受胎率下降，即使受孕，流产死胎率明显升高。

3. 肺炎：多见于断奶前后的仔猪。患猪表现体温上升、无精神、颤抖、干咳、呼吸迫促，听诊肺部有啰音。从鼻孔流出浆液性分泌物，进食较差，生长发育不良。

4. 多发性关节炎：多见于架子猪。病猪表现关节肿大、跛行，患关节触诊敏感，有的体温升高。

5. 肠炎：多见于断奶前后的新生仔猪。临床表现腹泻、脱水、吮乳无力，死亡率高。

6. 脑炎：患猪出现神经症状，表现兴奋、尖叫，盲目冲撞或转圈运动；倒地后四肢呈游泳状划动，不久死亡。

7. 结膜炎：多见于饲养密度大的仔猪和架子猪。临床表现畏光、流泪，视诊结膜充血严重，眼角分泌物增多，有的角膜混浊。

（三）病理变化

剖检可见流产母猪的子宫内膜水肿充血，分布有大小不一的坏死灶（斑），流产胎儿身体水肿，头颈和四肢出血，肝充血、出血和肿大。患病种公猪睾丸变硬，有的腹股沟淋巴结肿大。输精管出血，阴茎水肿、出血或坏死。

对衣原体性肺炎猪剖检可见肺肿大，表面布有许多出血点和出血斑；有的肺充血或淤血，质地变硬，在气管、支气管内有多量分泌物。

对衣原体性肠炎仔猪尸检，可见肠系膜淋巴结充血、水肿，肠黏膜充血出血，肠内容物稀薄，有的红染，肝、脾肿大。

对多发性关节炎病例局部剖检，可见关节周围组织水肿、充血或出血，关节腔内渗出物增多。

（四）诊断

猪衣原体病是一种多症状性传染病，对其诊断除了要参考临床症状和病变特征外，主要依据实验室的检查（特异性血清抗体检测和病原分离鉴定）结果予以确诊。实验室检查程序简述如下：

1. 无菌采集新鲜病料：病料主要包括流产母猪有病变的胎衣，流产胎儿的肝、脾、肺及胃液，公猪精液，肺炎病例的肺、肝，肠炎病例的粪便及内脏，结膜炎病例眼分泌物棉拭子，脑炎病例的大脑，各类病例猪血清，并及时送到有条件的兽医诊断实验室检查。

2. 触片染色：用各种病料做触片（涂片）进行姬姆萨染色，待涂片自然干燥后，用甲醇固定 5 分钟，用姬姆萨染色 30 ~ 60 分钟，用 pH 7.2 的 PBS 液或蒸馏水冲洗，晾干镜检。在油镜下可见衣原体原生小体（EB）被染成紫红色，衣原体网状体（RB）被染成蓝紫色。

3. 血清学检查：检测衣原体抗体的血清方法主要包括补体结合试验（CF）、间接血凝（IHA）试验、免疫荧光（IF）试验、琼脂免疫扩散（AGID）试验、酶联免疫吸附试验（ELISA）等。国际口岸检疫动物衣原体血清抗体的经典方法为 CF 和 IHA。

4. 分离培养：病料接种兔血琼脂平板培养，观察菌落并鉴定。

5. 病原分离：将镜检发现有疑似衣原体颗粒的无杂菌污染的病料用灭菌生理盐水或 PBS 1∶4稀释，1 000～2 000 转/分离心 30 分钟，在 4 ℃冰箱过夜后取上清液接种≥7 日龄发育良好的鸡胚，每胚 0.4 毫升卵黄囊内接种，蜡封蛋壳针孔，置 37～38.5 ℃温箱孵育。收集接种后 3～10 日死亡的鸡胚继续传代直至接种鸡胚规律性死亡（接种后 4～7 日内死亡），感染滴度达 $10^8 ELD_{50}$/0.4 毫升以上。初次接种分离时，有的菌株不致死鸡胚应再盲传 3～4 代，接种鸡胚仍不死亡且镜检未发现疑似的衣原体颗粒者，可判为衣原体感染阴性。对已污染的病料研磨粉碎后，用含链霉素（1 毫克/毫升）和卡那霉素（1 毫克/毫升）的 PBS 液 1∶5稀释，2 000 转/分离心 30 分钟，取其上清液同样速度再离心，连续 3 次，取末次离心上清液 4 ℃冰箱过夜后接种 7 日龄鸡胚以分离培养衣原体。要注意供分离培养衣原体的鸡蛋应来自无衣原体感染且喂不加四环素族抗生素饲料的健康鸡群。

（五）综合防治措施

1. 种猪场：对血清学检查为阴性的种猪场，要给适繁母猪在配种前注射猪衣原体流产灭活苗，每年免疫 1 次，以确保向商品猪场或市场提供无衣原体感染的健康种猪。在阳性猪场，对确诊感染了衣原体的种公猪和母猪予以淘汰，其所产仔猪不能作为种猪。

2. 商品猪场：每年对种公猪和繁殖母猪群用猪衣原体流产灭活苗免疫 1 次，连续 2～3 年；应淘汰发病种公猪；对出现临床症状的母猪和仔猪应及时用四环素族抗生素类等敏感药物治疗。流产胎儿、死胎、胎衣要集中无害化处理，同时用2% ~5%来苏儿或2%氢氧化钠等有效消毒剂进行环境消毒；加强产房卫生工作，预防新生仔猪感染本病。消灭猪场内的野鼠和麻雀。对新引进的猪只要隔离检疫，阳性者不得混群饲养。

用兰州兽医研究所生产的猪衣原体流产灭活苗对猪群进行免疫，其程序如下：

种公猪：皮下注射，2毫升/只，每年免疫1次。

繁殖母猪：在配种前1个月皮下注射，2毫升/只，每年1次，连续2~3年。

3. 药物预防和治疗：鹦鹉热衣原体对链霉素、制霉菌素、卡那霉素、庆大霉素、新霉素、万古霉素及磺胺类药物不敏感。对青霉素、四环素、强力霉素、土霉素、红霉素、泰乐霉素、螺旋霉素、麦迪霉素、金霉素、竹桃霉素、北里霉素敏感。

可选用药敏试验筛选的敏感药物进行猪衣原体的预防和治疗。饲料内添加氟苯尼考粉1 000克/吨，连用5~7天，间隔1周再用5~7天。对出现临床症状的新生仔猪，肌内注射1%土霉素1毫升/千克体重，连续5~7天；对怀孕母猪在产前2~3周注射四环素族抗生素，以预防新生仔猪感染本病。为了防止出现抗药性，要合理交替用药。

十四、猪传染性萎缩性鼻炎

猪传染性萎缩性鼻炎主要是由支气管败血波氏杆菌引起的猪的一种慢性呼吸道传染病。其特征是鼻梁变形、鼻甲骨萎缩。临床主要表现为喷嚏、鼻塞等鼻炎症状和颜面部变形或歪斜。本病可使猪只生长性能、饲料利用率和机体抵抗力下降，易感染其他疾病等。

近年来随着养猪业集约化发展，市场经济繁荣，猪的引种及调运频繁，猪传染性萎缩性鼻炎也随之扩散蔓延，在我国某些猪场也一度发生流行，造成较大经济损失。

（一）流行病学

本病广泛分布于养猪业发达国家。我国本无此病，由于种猪进口检疫不严而带来。现广东、湖南、湖北、北京等省市均有报道。杨留战等（1989）对我国6省21个猪场调查，阳性率为61.8%，说明我国此病也广泛存在。

任何年龄的猪都可感染此病，以幼猪的易感性最大。4周龄内小猪感染发生鼻炎后，多引起鼻甲骨较严重的萎缩；1月龄后感染猪多为较轻的病例；较大的猪感染后可能看不到症状而成为带菌者。

病猪和带菌猪是主要传染源，主要通过飞沫传播，病猪或带菌猪通过接触经呼吸道把病传给幼猪。没有临床症状的痊愈母猪，从呼吸道排菌，感染它的仔猪而传播，痊愈母猪可带菌3~4胎。

（二）临床症状

病猪打喷嚏，剧烈地将鼻端向周围的东西上磨蹭，鼻腔分泌黏液性或脓性鼻液，有眼眵和附着于眼下半月状部的黄黑色斑点（泪斑），鼻面部皮肤形成皱纹，上颌部异常发达和门齿咬合不正。如病状发展，出现头盖颜面部变形，鼻侧隆起，鼻变曲，“哈巴狗面”等。

病猪日增重降低，饲料效率下降。据报道，感染该病的猪只达100千克体重时，所需日龄较未感染猪多出24.4天，感染猪上市时体重比不感染猪多耗23.1%饲料。

（三）病理变化

本病最特征性的病变是鼻甲骨的萎缩，在两侧第一、二对前臼齿间的连线上将鼻腔横断锯开，观察鼻甲骨的形状和变化。最常见的是下鼻甲骨萎缩，随着病情进展而表现为不同变化，有的波及上鼻甲骨及筛骨。患本病的猪多与肺炎，特别是猪地方性流行性肺炎并发。

（四）诊断

根据临床症状、病理变化和微生物学检查结果，可作出正确诊断。

1. 病原的分离鉴定：采取患病猪的鼻拭子或锯开鼻骨采取鼻甲

骨卷曲的黏液，进行细菌分离培养检查和生化鉴定。

2. 血清学诊断：试管血清凝集反应具有较高的特异性。我们建立的乳胶凝集试验具有特异、简便、快速的特点。猪感染 2～4 周，血清中即出现凝集抗体，至少维持 4 个月，但一般被感染的仔猪，须在 12 周龄后才能检出此抗体。

3. X 线诊断：陈白希（1984）应用放射摄影诊断技术，根据猪鼻 X 线影像发生的异常改变来作出诊断。

（五）综合防治措施

1. 免疫接种：可用当地分离的菌株（波氏杆菌和多杀性巴氏杆菌 D 型）制成油佐剂灭活菌苗，具有很好的免疫预防效果。免疫程序为：每剂量 1～3 毫升，肌内或皮下注射。初产母猪，分娩前 4 周及 2 周各接种 1 次；经产母猪，分娩前 2～4 周注射 1 次；仔猪，7～10 日龄注射 1 次，2～3 周后补注 1 次；种公猪每年注射 1 次。

2. 药物预防：支气管败血波氏杆菌对磺胺类药物和抗生素敏感，但由于到达鼻黏膜的药量有限以及黏液的保护，很难彻底清除呼吸道内的细菌，因此要求用药剂量要足，持续时间要长些。

（1）母猪（产前 15 天）、断奶仔猪及架子猪：在每吨母猪饲料内添加盐酸四环素粉 400 克、安乃近粉 200 克，混匀，连喂 15 天。

（2）育肥猪、后备猪：在每吨饲料内添加磺胺对甲氧嘧啶钠 1 000 克、三甲氧苄氨嘧啶 200 克、小苏打 500 克、安乃近 200 克，拌匀后连续饲喂 7～10 天。

（3）母猪（产前 1 个月）、断奶仔猪及架子猪：泰乐菌素 100 克/吨、磺胺嘧啶 100 克/吨联合拌料；或土霉素 400 克/吨拌料，连喂 4～5 周。

（4）乳猪：从 2 日龄开始每隔 1 周肌内注射 1 次增效磺胺，用量为磺胺嘧啶 12.5 毫克/千克体重，加甲氧苄氨嘧啶 2.5 毫克/千克体重，连续 3 次；或每周肌内注射 1 次长效土霉素，连续 3 次。

此外，鼻腔内用 2.5% 硫酸卡那霉素喷雾，滴入 0.1% 高锰酸钾液、2%硼酸液等，对预防和控制本病的发展，也可起到一定的作用。

3. 治疗：磺胺药及抗生素可减轻临床症状，提高猪群的饲料利用率和增重率。对于感染猪群要及早使用疫苗，结合药物防治，可以加快从鼻腔内清除病原菌，并能促进鼻甲骨的恢复。但对于鼻部严重变形的猪只，最好将其淘汰，减少传染源，结合血清学监测最终净化该病。

十五、猪大肠杆菌病

大肠杆菌是一切温血动物后段肠道的正常常在菌，但有一些特殊型的大肠杆菌，目前已被证明具有致病性。猪大肠杆菌病是由致病性大肠杆菌引起的仔猪一系列疾病的总称，其病型复杂多样，但其主要侵袭幼畜、幼禽，导致严重的腹泻和败血症。成年动物除发生乳房炎及子宫内膜炎等局灶性感染外，一般对本菌有抵抗力，很少引起原发性疾病；但可长期带菌，成为传染源。现在随着集约化养畜（禽）业的发展，致病性大肠杆菌对畜牧业所造成的损失已日益严重。

猪的大肠杆菌病，按其发病日龄分为三种，即生后数日发生的仔猪黄痢；2~3周龄发生的仔猪白痢；6~15周龄发生的猪水肿病。成年猪感染大肠杆菌后主要表现乳房炎和子宫内膜炎。

（一）流行病学

致病性大肠杆菌的许多血清型均可引起猪发病，其中最常见的有O_8、O_{45}、O_{147}、O_{149}、O_{157}、O_{138}、O_{139}、O_{141}等血清型。猪自出生至断奶期均可发病。

1. 仔猪黄痢：常发生于出生后1周以内，以1~3日龄最常见，随日龄增加而减弱，7日龄以上很少发生，同窝仔猪发病率90%以上，死亡率很高，甚至全窝死亡。

2. 仔猪白痢：发生于10~30日龄仔猪，以2~3周龄较多见，1月龄以上的猪很少发生，发病率约50%，病死率低。一窝仔猪中发病常有先后，此愈彼发，拖延时间较长，有的仔猪窝发病多，有的仔猪窝发病少或不发病，症状也轻重不一。

3. 猪水肿病：常见于断奶不久的仔猪，肥胖的猪最易发病，育肥猪和10天以下的猪很少见。在某些猪群中有时散发，有时呈地方流行性，发病率一般在10%～30%，但病死率很高，约90%。

（二）临床症状及病理变化

1. 仔猪黄痢：一窝小猪出生时体况正常，12小时后突然有1～2头全身衰弱死亡，1～3天内其他猪相继腹泻，粪便呈黄色糨糊状，在捕捉挣扎和鸣叫中，肛门冒出稀粪，迅速消瘦、脱水、昏迷而死亡。

最急性剖检常无明显病变，有的表现为败血症。一般可见尸体脱水严重，肠道膨胀，有多量黄色液状内容物和气体，肠黏膜呈急性卡他性炎症变化，以十二指肠最严重；空肠、回肠次之，肝、肾有时有小的坏死灶。

2. 仔猪白痢：10～30日龄哺乳仔猪易发生，仔猪突然发生腹泻，开始排糨糊样粪便，继而变成水样；随后出现乳白、灰白或黄白色腥臭下痢。病猪体温和食欲无明显变化，病猪逐渐消瘦，弓背，皮毛粗糙不洁，发育迟缓。病程一般3～7天，绝大部分猪可康复。剖检尸体外表苍白消瘦，肠黏膜有卡他性炎症变化，有多量黏液性分泌液，胃见有食滞。

3. 猪水肿病：断奶仔猪突然发病，表现精神沉郁，食欲下降至废绝，心跳加快，呼吸浅表，病猪四肢无力，共济失调；静卧时，肌肉震颤，不时抽搐，四肢划动如游泳状，触摸敏感，发出呻吟或鸣叫，后期转为麻痹死亡。整个病期体温不出现升高，同时在部分猪表现出特殊症状，眼睑和脸部水肿，有时波及颈部、腹部皮下，而有些猪体表没有水肿变化。病程1～2天，个别可达7天以上，病死率约为90%。

最明显的是胃大弯部黏膜下组织高度水肿，其他部位如眼睑、脸部、肠系膜及肠系膜淋巴结、胆、喉头、脑及其他组织也可见水肿。水肿范围大小不一，有时还可见全身性淤血。

（三）诊断

1. 临床诊断：

（1）仔猪黄痢：根据新生仔猪突然发病，排黄色稀粪，同窝仔猪几乎均患病，死亡率高，而母猪健康，无异常，即可初步诊断本病。

（2）仔猪白痢：根据 2 ~ 3 周龄哺乳仔猪成窝发病，体温不变，排白色糨糊样稀粪，剖检仅见有胃肠卡他性炎症等特点，即可作出初步诊断。

（3）猪水肿病：主要发生于断奶后不久的仔猪，常突然发病，病程短，死亡率高，病猪眼睑水肿，叫声嘶哑，共济失调，渐进性麻痹，胃贲门、胃大弯及结肠系膜胶样水肿，淋巴结肿胀等，可作出初步诊断。

2. 细菌学检查：主要是进行大肠杆菌的分离鉴定。

（1）标本采集：生前以无菌棉签肛拭子采取粪标本，死后采取心血、肝脏、脾脏、肠系膜淋巴结和肠内容物。

（2）镜检：镜检见革兰阴性杆状细菌，单个或成对，许多菌株有荚膜或微荚膜，有鞭毛。

（3）分离培养：选用麦康凯培养基，培养 24 小时形成红色菌落。

（4）生化反应：能分解葡萄糖和甘露醇、乳糖等碳水化合物，能产生靛基质，或产生尿素酶，不产生硫化氢等。

（5）动物试验：包括有乳鼠灌喂试验、腹腔接种，检查肠毒素可用兔和仔猪肠结扎试验等。

（6）血清型鉴定：选用多价和单价大肠杆菌因子血清，与经培养大肠杆菌抗原进行平板凝集试验和试管凝集试验，鉴定其 O 抗原和 K 抗原的血清型。

3. 鉴别诊断：

（1）仔猪黄痢：主要是与猪传染性胃肠炎鉴别。猪传染性胃肠炎呈流行性，本病呈地方流行性，猪传染性胃肠炎侵害从母猪到各种年龄猪，病猪伴有严重的水样下痢，且常伴有呕吐症状。而本病母猪无异常，仅初生仔猪发病呈急性经过，很少有呕吐症状。

另外，还应注意与仔猪红痢（魏氏梭菌性肠炎）区别。仔猪红痢常出现血痢，在小肠有特殊的界限分明的出血性坏死性肠炎表现，而仔猪黄痢无此种病变。

（2）仔猪白痢：应注意与仔猪红痢、弧菌性仔猪痢疾、仔猪黄痢、猪传染性胃肠炎、轮状病毒腹泻、仔猪副伤寒、仔猪猪瘟和仔猪伪狂犬病相区别。

仔猪红痢往往在仔猪生后 72 小时内发病死亡，治愈率低，其在母猪群中发病窝数不如仔猪白痢普遍。死于红痢病猪肠壁出血变化明显，病程稍长的病例，肠管以坏死性炎症为主，而出血病变不严重。

弧菌性仔猪痢疾也发生血性下痢，治愈率也低，并可以从病猪的肠道排泄物、盲肠和大肠黏膜中分离到弧菌，易与本病区别。

仔猪黄痢则发生于生后 12 小时至 5 日龄以内的初生仔猪，排黄痢；而本病则发生于 10～30 日龄仔猪。

传染性胃肠炎多发生于冬季，大小猪只均可感染，蔓延迅速，呈水泄样下痢。

轮状病毒腹泻常见于 1～4 周龄仔猪，临床症状除腹泻外，食欲缺乏、呕吐和脱水为主要症状。

仔猪副伤寒，多发生于断奶后的小猪，1 个月以内的仔猪很少发生，临床上可见体温上升，病初便秘，后下痢，排淡黄色液状粪便，死于急性经过的病猪剖检见败血症变化，脾肿大，胃肠黏膜肿胀、溃疡、出血和坏死，慢性可见孤立的淋巴滤泡及大肠黏膜坏死，呈糠麸状，细菌学检查可分离到猪霍乱沙门杆菌。

仔猪猪瘟和伪狂犬病，多发生于 20 日龄以后，有显著传染性，排黄绿色稀薄液状粪便，与白痢排灰白色糊状腥臭的粪便有所区别，体温升高，剖检可见肾脏、心冠等处有针尖大的出血点。

(3) 猪水肿病：应注意与伪狂犬病、李氏杆菌病、巴氏杆菌病、链球菌病和砷中毒等区别。

伪狂犬病主要发生于未断奶的仔猪，有神经症状出现，表现为稽留热、胃及肠系膜没有水肿病变。

李氏杆菌病也有共济失调，后肢不完全麻痹等症状，各年龄猪均可感染，病猪有体温升高，没有水肿现象，对外界刺激异常敏感，病死猪脑组织可分离出李氏杆菌。

急性巴氏杆菌病在病猪的颈部也有水肿出现，但无神经症状，无结肠系膜的水肿，体温升高，死猪心血及肺组织可分离到巴氏杆菌。脑膜炎型链球菌呈脑炎症状，卧地不起，四肢呈游泳状，但没有眼睑与结肠系膜的水肿病变，有的病猪表现为败血性链球菌病及链球菌性关节炎等病型。

砷中毒有叫声嘶哑症状，但没有眼睑与结肠系膜的水肿。

(四) 综合防治措施

1. 仔猪黄痢：本病病程很急，而初生仔猪抵抗力又很弱，死亡率很高，因此，对该病应以预防为主，搞好综合性防疫措施。

(1) 严格控制引种，成年母猪对本场内的大肠杆菌可逐渐产生免疫，并由初乳中分泌抗体，为仔猪提供一定的保护力，但如有一株新的致病性大肠杆菌传入场内，常会导致本病的严重暴发，因此，作为种猪场应坚持自繁自养，同时也应严防因饲料和饮水被新型致病菌污染而引起病的暴发。

(2) 抓好母猪产前产后的饲养管理，有乳房炎的母猪应及早治疗，产房应保持清洁干燥和严格消毒，哺乳前要进行乳房清洗。

(3) 加强新生仔猪的护理，要注意新生仔猪的保暖防寒措施，及早哺喂初乳。

(4) 对存在黄痢的猪场，猪出生后 12 小时内进行预防性投药。药物可根据当地药物使用种类，适当选用以避免产生抗药性菌株，使防治失效。

（5）免疫预防。①血清预防，本场5岁以上的老母猪的血清，往往可以防止本场致病性大肠杆菌的感染，口饲血清比注射血清的方法更为有效。②疫苗预防，由于生物工程技术的发展，相继研制成功了大肠杆菌的基因工程菌苗，目前有3种：$K_{88}-K_{99}$、$K_{88}-LTB$、$K_{88}-K_{99}-987P$，于母猪产前40天和15天各注射1次。该疫苗经现场使用，因我国某些地方存在不同的黏菌素K抗原，某些场反映效果较好而某些场反映不是十分理想，存在一定的局限性。③自家疫苗免疫，即从本场分离出致病性大肠杆菌，研制成疫苗用于本场的母猪免疫，其针对性较好，是目前国内外用疫苗防治该病较为理想的方法。

也有人将发病仔猪的粪便直接接种于产前40天的母猪，也可起到对该病的预防。但必须注意，采用此办法时，本场应无其他传染病存在和流行，否则会导致其他疾病的暴发。

（6）药物预防：新生仔猪在吃奶前或产后12小时口服一定抗生素，或对发病猪早期应用抗生素，可有效减少发病和死亡。但大肠杆菌很容易形成耐药性，最好在鉴定出病原菌株后进行药敏试验，选择使用敏感药物。目前较敏感药物有氟喹诺酮类新药（诺氟沙星、恩诺沙星等）、氟苯尼考、利高霉素、痢菌净、某些磺胺类药物等。

河南省农业科学院畜牧所研制出纯中草药制剂（哺乳康），无毒性，不会产生耐药性。用于哺乳期母猪饲料添加，可有效地预防仔猪黄白痢，增加仔猪断奶体重。

（7）在吃奶前投服某些微生态制剂，如促菌生、调菌生、乳康生等，也可起到一定的预防作用。

2. 仔猪白痢：除参照仔猪黄痢的有关措施外，还应注意加强母猪的饲养管理，根据情况增减精饲料或青饲料，避免母猪乳汁过稀、不足或过浓；仔猪提早开食，促进消化功能发育；给母猪和仔猪补充微量元素和注射抗贫血药等。

3. 猪水肿病：应加强断奶仔猪的饲养管理，不突然改变饲料和饲养方法，喂量逐渐增加，防止饲料单一，增加富含维生素饲料，适当调整饲料中蛋白质含量，防止仔猪便秘等。对于有病猪群，在断奶期间，适当添加一定的抗菌药物进行预防，效果较好。可选用氟苯尼考、土霉素、新霉素、磺胺类药物、大蒜等。许多猪场反映一定量大蒜对预防该病有较好的效果。

十六、猪繁殖与呼吸综合征

猪繁殖与呼吸综合征（PRRS）又称为蓝耳病。临床主要表现为母猪厌食、发热，孕猪流产，产死胎、木乃伊胎，仔猪出现呼吸道症状和高死亡率等。

从1986年以来，本病先后在美国、德国、荷兰、比利时、英国、西班牙、法国、加拿大、亚洲东部暴发流行。我国1996年以来也证明存在本病（郭宝清等，1996；陈博文等，1996；姜平等，1996；杨汉春等，1997）。目前对PRRS病毒的起源还不清楚，病毒对猪肺泡巨噬细胞有很高的噬性，可导致明显的细胞病变。病毒分为欧洲株和美洲株两个血清型。我国流行的猪蓝耳病病毒属于美洲型。

PRRS病毒对外界抵抗力不强，常规消毒剂对它都有很好的杀灭作用，含氯制剂、酚类制剂、表面活性剂类、氧化物类等都能在较短的时间内使病毒失去活性，常规的酸碱处理也能获得很好的消毒效果。PRRS病毒对温度的变化较敏感，－70 ℃保存3年仍有感染力，4 ℃ 30天，20 ℃ 6天，37 ℃ 48小时，56 ℃ 20分钟，病毒将失去活性。病毒在pH值小于5或大于7的条件下，感染力下降90%。

（一）流行病学

猪是唯一的易感动物，不同年龄、不同品种的猪均可感染，以怀孕母猪和1月龄内仔猪最易感。人工感染试验揭示呼吸道感染是本病的主要感染途径，本病随空气、风传播迅速，因此，在流行期间，即使严格封闭式管理的猪群也同样发病。人工感染试验证明，猪攻毒后2、6、8和14周可对健康猪发生接触感染，从感染猪的鼻拭子、粪便拭子及尿液中分离到 PRRS 病毒。此外，还可通过公猪精液传播。已发现一些飞禽（如绿头鸭等）是 PRRS 病毒的自然宿主，也可传播本病。猪群一旦感染了本病，将长期带毒，带毒猪的流动也是本病传播的主要原因之一。猪舍卫生条件差，饲养管理不完善，防疫消毒制度不健全，饲养密度大或恶劣的气候条件可以促进本病的流行。感染本病的猪群对其他病的易感性增加。

（二）临床症状

本病发生时，临床症状明显与否，往往与猪群机体的免疫状况、病毒毒力强弱、猪场管理水平及气候条件等因素有关。在临床上将本病分为急性型、慢性型和亚临床型。

1. 急性型：母猪发热，精神沉郁，食欲减退或废绝，嗜睡，咳嗽，有不同程度的呼吸困难，间情期延长或不孕。怀孕母猪发生流产（多为怀孕后期流产），产死胎、木乃伊胎、弱仔，有的出现产后无乳。部分新生仔猪表现呼吸迫促或运动失调等神经症状，产后 1 周内仔猪的死亡率明显上升。有的病猪在耳、腹侧及外阴部皮肤呈现一过性青紫色或蓝色斑块。仔猪表现体温升高至 39.5～41℃，呼吸困难，有的呈腹式呼吸，食欲减退或废绝，腹泻，明显消瘦，死亡率高，可达 80% 以上。

2. 慢性型：大多数患慢性型 PRRS 的母猪，繁殖性能可恢复到正常水平，但每窝活仔猪数会减少，同时受胎率会下降 10%～15%。育肥猪对本病易感性较差，临床仅出现轻度厌食和呼吸道症状。公猪的发病率较低，感染后一般体温不升高，精液质量下降。

3. 亚临床型：血清学调查阳性率达 40% 以上，但表现临床症状的只占 10% 左右，所以大多数被感染的育成猪呈亚临床型。这类病猪不表现症状但排毒，成为主要的传染源。

（三）病理变化

对 PRRS 母猪的流产胎儿及弱产仔猪剖检，可见胸腔内积有多量清亮液体，偶见有肺实变。剖检母猪、公猪和育肥猪病例，一般无肉眼可见病理变化，显微镜检查可见间质性肺炎变化。

（四）诊断

1. 病毒分离：确诊本病的重要条件是要收集合适的病料样品，即从流产死胎、新生仔猪采集肺、脾、肝、肾、心、脑、扁桃体、外周血白细胞、支气管外周淋巴结、胸腺和骨髓制成匀浆用于 PRRS 病毒的分离；也可采发病母猪的血清、血浆、外周血白细胞，用于病毒的分离。

目前，各国用于该病毒培养分离的细胞为猪原代肺泡巨噬细胞、CL2621 细胞系和 MarC－145 细胞。

2. 血清学检查：

（1）免疫过氧化物酶单层试验（IPMA）：本方法由荷兰建立，已被广泛用于欧洲各国，特异性和敏感性好，但操作复杂，费用高。

（2）免疫荧光染色法（IFA）：本方法可最早在感染后 6 天，一般在感染后 14 天内检出抗体，抗体效价在感染后 5～6 周达到峰值（1∶40 000）。

（3）酶联免疫吸附试验（ELISA）：本方法的特异性与 IPMA 相同，且操作方便，费用较低，适用于本病的大规模普查，已有商品试剂盒出售。

（4）血清中和试验（SN）：由于 SN 抗体比 IFA 抗体出现得晚，所以本方法对急性感染的检出率较低。Yoon 等（1994）对 SN 进行改进，加入 20% 新鲜猪血清，提高了本方法的敏感性，可在感染后 9～10 天检出 SN 抗体。在实验室，对病毒进行分离培养，可用 SN 进行病毒的检测。

此外，还应注意 PRRS 与猪瘟、猪细小病毒病、伪狂犬病、猪流感、猪脑心肌炎、猪衣原体性流产等症状相似的猪病的鉴别诊断。

（五）综合防治措施

1. 加强饲养管理，严格消毒制度，切实搞好环境卫生，消灭猪场周围可能带毒的野鸟和野鼠，每圈饲养猪只密度要合理。商品猪场要严格执行“全进全出”制。

2. 在本病流行期，可给仔猪注射抗生素并配合支持疗法，用以防止继发性细菌感染和提高仔猪的成活率。饲料内加圆蓝瘟康散1 500克/吨 + 酒石酸泰乐菌素1 000克/吨，连用3～5天，有较好的防治效果。

3. 免疫。据Plana（1994）报道，用西班牙分离毒株研制油佐剂灭活苗免疫初产和经产母猪，首免后3周再注射第2次，保护效果显著。美国已研制出一种弱毒疫苗（Resp PRRS），对肥育猪注射后，7日内产生保护性免疫抗体，可持续16周以上；在流行期注射本苗，对仔猪产生较明显的保护作用。

国内已生产出预防本病的灭活疫苗和弱毒活疫苗。可用超滤浓缩灭活疫苗在母猪配种前进行免疫，产前1个月再加强免疫一次，每次1头份（2毫升），公猪每半年免疫一次。育肥猪在10日龄用弱毒活疫苗免疫一次，1头份，45日龄加强免疫一次，1头份，或用伪狂犬HB－98弱毒活疫苗在6周龄左右肌内注射免疫1头份。

附：高致病性猪蓝耳病综合防控

猪蓝耳病，又称猪繁殖与呼吸综合征（PRRS），是由猪繁殖与呼吸综合征病毒（PRRSV）引起的一种接触性传染病。本病的病原学、流行病学、临床症状、病理变化及防治措施已在前面讲过。

2006年夏秋季节，我国南方部分地区猪群出现了以高热、厌食或不食、眼结膜炎，咳嗽、气喘等呼吸道症状，后躯无力、不能站立或摇摆等神经症状，以及高死亡率为主要临床特征的一种新的传染病，即猪的“高热病”。该病的发生，给我国养猪业造成很大的经济损失。经对猪“高热病”病因进行调查，病原的实验室分离鉴定，最终证实猪繁殖与呼吸综合征病毒变异株是本病的主要病因，随后将由此引起的猪“高热病”命名为高致病性猪蓝耳病。

高致病性猪蓝耳病是由猪繁殖与呼吸综合征病毒变异毒株引起的一种急性高致死性传染病，病毒致病力强，传播速度快，猪群发病率和死亡率高。母猪感染后发生流产、死胎、弱胎等，流产率可达30%以上。仔猪感染后表现为呼吸困难、败血症等症状，发病率可达100%，死亡率可达50%以上。该病还可引起猪的免疫抑制，导致免疫失败，常造成猪瘟、大肠杆菌病等多种疫病混合或继发感染，引起生猪大批死亡，对养猪业危害很大。

（一）流行病学

猪是高致病性蓝耳病的唯一宿主，病猪和带毒猪是本病的主要传染源。本病传播迅速，主要经呼吸道感染，当健康猪与病猪接触，如同圈饲养、频繁调运、高密度集中等，更容易导致本病发生和流行。散养猪群，猪场卫生条件差，饲养管理不良，高温高湿，饲养密度过大，会加大本病的发病率和死亡率。

（二）临床症状

与猪蓝耳病比较，高致病性猪蓝耳病的主要特征是发病猪出现41 ℃以上持续高热；发病猪不分年龄段均出现急性死亡；仔猪发生高发病率和高死亡率，发病率可达100%，死亡率可达50%以上；母猪流产率可达30%以上。临床主要表现为发热、厌食或不食，耳部、口鼻部、后躯及股内侧皮肤发红、淤血、出血斑、丘疹；部分猪出现呕吐，眼结膜炎，咳嗽、气喘等呼吸道症状，后躯无力、不能站立或摇摆、转圈运动、抽搐等神经症状；部分发病猪呈顽固性腹泻。

（三）病理变化

肉眼主要见肺出血、淤血，以及以心叶、尖叶为主的灶性暗红色实变；扁桃体出血、化脓；脑出血、淤血、软化灶及胶冻样物质渗出；可见心衰、心肌出血、坏死；脾、淋巴结新鲜或陈旧性出血、梗死；肾表面和切面部分可见出血点、斑等；部分猪肝可见黄白色坏死灶或出血灶；肾表面凹凸不平；胃黏膜有不同程度的出血斑或溃疡斑；肠出血等。由于本病毒可以引起免疫抑制，临床上容易出现其他病原体的继发感染或混合感染，使病理变化更加严重。

（四）诊断

根据流行病学、临床症状和病理变化可对高致病性猪蓝耳病作出早期初步诊断。但确诊需要实验室进行病毒分离鉴定，或用高致病性猪蓝耳病病毒反转录聚合酶链式反应（RT－PCR）检测。

（五）预防

1. 加强饲养管理：养猪场采用“自繁自养”和“全进全出”的养殖模式，保持合理的饲养密度。规模化养殖场实行封闭管理，控制人员进出。在高温季节，做好猪舍的通风和防暑降温，冬天既要注意猪舍的保暖，又要注意通风。降低猪舍湿度为猪只创造干燥环境，尽量避免夏季高温高湿和冬季低温高湿。

2. 严格消毒：搞好环境卫生，及时清除猪舍粪便及排泄物，对各种污染物品进行无害化处理。日常带猪消毒冬季每周 1 次，消毒时要适当提高猪舍温度 1～2 ℃。夏季每周 2 次，要选择天气较好的中午，消毒 30 分钟后应及时进行通风降湿。消毒药物要轮换使用，在冬季或在受到疫情威胁的地区应使用含碘消毒药物进行消毒，并达到每立方米 60 毫升。

3. 科学免疫：按照要求适时做好高致病性猪蓝耳病、猪瘟等生猪重大疫病的免疫工作。

疫苗免疫是目前预防和控制高致病性猪蓝耳病疫情的有效措施，我国已研制出高致病性猪蓝耳病弱毒活疫苗。

高致病性猪蓝耳病免疫的重点是母猪，重点时间是高温高湿季节（高发季节）前全面免疫。母猪在配种之前做好免疫，可有效保护母猪在怀孕期间和所产仔猪不发病；高温高湿季节前进行全面免疫，可有效控制生猪在高发季节暴发疫情。

根据农业部 2008 年重大动物疫病免疫方案的要求，对高致病性猪蓝耳病使用高致病性猪蓝耳病灭活疫苗按照以下程序进行免疫：

种母猪：母猪每次配种前高致病性猪蓝耳病灭活疫苗加强免疫 1 次，怀孕 45～75 天用普通蓝耳病灭活疫苗免疫 1 次；后备母猪免疫程序同商品猪。

种公猪：70日龄前免疫程序同商品猪，以后每隔3～4个月高致病性猪蓝耳病灭活疫苗加强免疫1次。

商品猪：20～25日龄肌内注射猪蓝耳病冻干活疫苗1头份，在高致病性猪蓝耳病流行地区，可根据实际情况在初免后1个月猪蓝耳病冻干活疫苗或高致病性猪蓝耳病灭活疫苗加强免疫1次。

同时还要做好猪瘟及猪伪狂犬病的免疫。

种猪配种前肌内注射猪瘟脾淋苗1头份，公猪每半年免疫1次猪瘟淋脾苗（北京乾元浩），每3个月免疫1次伪狂犬病基因缺失冻干活疫苗（科前HB－98）。

仔猪28日龄和65日龄各免疫1次猪瘟脾淋苗。42日龄免疫1次猪伪狂犬冻干活疫苗。

4. 药物预防：选择适当的预防用抗菌类药物，制订合理的用药方案，预防猪群的细菌性交叉感染，提高健康水平。

断奶仔猪饲料中添加药物：吉利高（氟喹诺酮类）500克/吨（或阿米卡星）+加必乐（中药提取物）1 000克/吨+有机酸2 000克/吨+安乃近粉200克/吨，断奶前后连续饲喂10～15天。饮水添加科金舒（优质多维）1 000克/吨用于抗应激。

受到疫情威胁时饮水加科金舒1 000克/吨+圆蓝清（中药提取物）1 000克/吨。

仔猪在保育阶段饲料中添加有机酸：每吨饲料2 000克，可增强胃蛋白酶的活性，促进仔猪消化功能的发育，并可有效预防疾病。在受到疫病威胁时，可适当增加用量到5 000克/吨。

5. 规范补栏：要选择从没有疫情的地方购进仔猪，同时，购买前要查看检疫证明，购买后一定要隔离饲养2周以上，体温正常再混群饲养。

6. 及时报告疫情：发现病猪后，要立即对病猪进行隔离，并报告当地畜牧兽医部门，按有关规定处理。

7. 不宰、不食病猪死猪：按照《动物防疫法》和国家有关规定，严禁贩卖病、死猪，也不能屠宰病、死猪自食，坚决做到对病、死猪不流通、不宰杀、不食用。

（六）综合防治措施

高致病性猪蓝耳病没有有效的治疗药物，在发生疑似高热病时，应采取综合性防治措施。治疗原则是“少打针，慢退烧，多饮水，慢喂料”。

1. 改善环境加强消毒：用含碘消毒药按 60 毫升/米^2 消毒，同时注意降低湿度，避免高湿。

2. 饮水加药：科金舒 1 000 克/吨、圆蓝清 1 000 克/吨、红糖和葡萄糖各 5 000 克/吨、安乃近粉 400 ~ 100 克/吨，连饮 15 天。其中安乃近量应根据猪的体温情况每隔 1 ~ 2 天减少 50 ~ 100 克，直至 100 克/吨为止。冬季尽量使用温水饮水。

3. 饲料加药：按全价饲料添加吉利高 500 克/吨、加必乐 1 000 克/吨、有机酸 3 000 克/吨、阿司匹林粉 300 克/吨，连喂 10 天。

4. 加强饲养管理及护理：减少猪群应激，减少饲料中蛋白质量 1% ~ 2%，减少对胃肠道的损伤，每天轻轻轰起猪群及时饮水，少数绝食猪可灌服上述饮水 250 ~ 500 毫升。

5. 部分病猪可进行肌内注射治疗：头孢噻呋和超能炎热消各 1 支，溶解后肌内注射用于 120 千克体重；干扰素加倍量使用，每天 1 次，连用 3 天。

（七）认真防控高致病性猪蓝耳病

高致病性猪蓝耳病是国家重点防控的重要动物疫病，根据有关法律规定，按照“早发现、早报告、早隔离、早扑灭、早消毒、早免疫、早监控”的原则采取综合性防控措施。具体包括：发生疫情后，2 个小时内将疫情逐级上报至省级兽医行政部门或动物疫病预防控制机构；由当地兽医行政部门划定疫点、疫区、受威胁区；扑杀疫点内所有病猪和同群猪，对病死猪、排泄物及污染物进行无害化处理，对疫区内被污染的物品、交通工具、用具、猪舍、场地等进行彻底消毒；对疫区和受威胁区的所有生猪用高致病性猪蓝耳病活疫苗进行紧急免疫，并加强疫情监测。

十七、猪圆环病毒病

猪圆环病毒病是由猪圆环病毒Ⅱ型（PCV_2）引起的一种病毒性传染病，该病主要感染 6 ~ 18 周龄的猪，以体质下降、消瘦、贫血、腹泻和呼吸困难为特征。

圆环病毒对外界环境的抵抗力较强，常用消毒药有效。

（一）流行病学

该病在规模化猪场普遍存在，本病对各个阶段的猪都有致病性，可引起新生仔猪颤抖，断奶仔猪衰竭综合征，生长猪和保育猪皮炎肾病综合征等。本病主要经消化道和呼吸道传播，怀孕母猪感染后，可经胎盘传染给仔猪。饲养管理不良、环境条件差、气候突变、强烈刺激等均可诱发本病。

（二）临床症状

1. 新生仔猪颤抖：主要见于新生仔猪，全身骨骼肌痉挛性收缩，表现头部和四肢震颤，站立不稳，行走困难，吮吸不住乳头，卧地和睡眠时震颤消失。大多数病仔猪震颤随日龄增加逐渐减弱或消失，一般于 20 ~ 30 日龄痊愈，愈后无复发。

2. 断奶仔猪衰竭综合征：主要见于 6 ~ 12 周龄的仔猪，首先精神不振，被毛逆立粗乱，食欲减退，继之弓背吊腰，皮肤黏膜苍白，有时黄染，发生进行性消瘦。部分猪出现鼻塞，打喷嚏，咳嗽，流鼻涕和喘气等症状。

3. 皮炎肾病综合征：主要见于生长猪和保育猪，体温微高或正常，突出的症状是腹部、背部和四肢皮肤上出现圆形或不规则形状的隆起，初期呈红色或紫红色，中后期变为黑色，形成斑块状的黑色痂皮，病猪痒感不明显，如无继发感染，一般可自行恢复，病死率在

15%以下。

（三）病理变化

新生仔猪颤抖病理变化不明显，皮炎肾病综合征病猪除皮肤病变之外，还可见双侧肾脏肿大，颜色苍白，切面多汁，肾乳头出血、淤血等病变。

断奶仔猪衰竭综合征最明显的病变是全身淋巴结肿大，尤其是腹股沟淋巴结高度肿大，与同龄仔猪的睾丸相似，切面外翻，呈黄色或黄白色，湿润多汁；肺门、支气管、纵隔、胃、肠系膜等部位淋巴结和下颌淋巴结均出现类似病变，如有继发感染，则出现出血性病变。肺脏肿胀，间质多数增宽，质地坚实似橡皮状，心叶尖叶常有大小不等的肉样实变区，膈叶有灰色或红褐色实变区。气管和支气管粗糙，并有泡沫状黏脓性分泌物。肾脏肿大或萎缩变小，前者颜色苍白，切面多汁，肾乳头出血，后者体积小，颜色变淡。脾脏萎缩变小，如有继发感染往往肿大。胰腺和肾上腺萎缩变小。空肠肠壁增厚，回肠和结肠腔内有液体充盈，肠壁变薄，颜色淡白。

（四）诊断

依流行病学、临床症状、病理变化一般可对本病作出初步诊断，确诊还需实验室诊断。

实验室诊断方法有很多，常用的有细胞分离培养、免疫荧光与原位核酸杂交法、PCR 法和酶联免疫吸附试验等。

（五）综合防治措施

本病没有特效的预防方法，只能采取对症治疗。

1. 加强饲养管理。科学引种，避免引进带毒猪，改善环境，降低饲养密度，减少应激因素。产房和保育舍夏季能防暑，冬季能保温，舍内无臭味，空气新鲜。

2. 建立和完善以消毒卫生工作为核心的猪场生物安全体系。猪舍必须按全进全出的模式建筑，在进猪前必须进行熏蒸消毒，尤其产房、保育舍。切断病原体交叉传播。

3. 切实做好其他疫病的免疫。制定合理的免疫程序，做好猪瘟、蓝耳病、伪狂犬病、喘气病等疫病的疫苗注射。

4. 合理地进行药物预防。母猪在产前和产后各 7 天饲喂每吨饲料添加支原净 100 克、15% 的金霉素 2 500 克、阿莫西林 200 克、安乃近粉 200 克的饲料；仔猪在断奶前后各 7 天饲喂添加 10% 氟苯尼考 500 克、安乃近粉 200 克的饲料 15 天；饲料内添加加强型清瘟败毒散2 000 ~ 4 000 克/吨 + 多维康 400 克/吨，连用 5 ~ 7 天；饲料内添加圆蓝瘟康散 1 500 克/吨 + 氟苯尼考粉 1 000 克/吨，连用 5 ~ 7 天。

5. 免疫。目前市场上有进口的猪圆环病毒灭活疫苗，各企业可根据自身的情况选择使用。

6. 自家组织灭活疫苗免疫。采用发病猪只的肺脏、淋巴结等制成灭活疫苗进行本病的预防取得了满意的效果。

十八、仔猪红痢

猪梭菌性肠炎亦称仔猪红痢，是由 C 型产气荚膜梭菌引起的仔猪的肠毒血症。该病主要侵害出生后 3 天以内的仔猪，表现为死亡率极高的急性出血性肠炎，拉气味腥臭红痢，迅速死亡。该病在我国某些地区呈地方性流行。

C 型产气荚膜梭菌可产生致死毒素，主要是 α 和 β 毒素，它可引起仔猪的肠毒血症，坏死性肠炎。形成芽孢后对外界抵抗力强。

（一）流行病学

C 型产气荚膜梭菌在自然界分布很广，土壤中大多存在。在感染本病的猪群中，此菌常存在于一部分母猪的肠道中，通过母猪的粪便把细菌散布于猪舍环境中，污染猪舍的泥土和垫草，仔猪生后不久即将细菌吞入消化道引起发病。本病主要侵害 1 ~ 3 日龄仔猪，1 周龄以上仔猪很少发病，同一猪群的各窝仔猪发病率不同，最高可达 100%，病死率 20% ~70%。近年来发病年龄有增大趋势，甚至有断奶后的猪。

本菌在成年猪尤其是种猪亦会引起梭菌性肠炎，尤其是夏季，种猪发病率更高。母猪以排血性粪便为主，胃肠臌气，往往导致种猪的急性死亡。

（二）临床症状

仔猪红痢主要侵害出生后 3 天以内的仔猪。病程短促，有些在生后 3 天内全窝死亡，大于 3 日龄发病较少。最急性的临床症状多不明显，一发现打蔫、拒食等症状即迅速死亡。病仔猪主要症状是排出红褐色血性稀粪，含有少量灰色坏死组织的碎片和气泡，味腥臭，后肢沾染血样便。有的病猪呕吐、尖叫而死亡，发病率 40% ~ 50%，致死率 100%。

（三）病理变化

染病仔猪死亡甚急，剖检主要表现为小肠，尤其是空肠有长短不一的出血性坏死，外观肠壁呈深红色，两端界限分明。肠内充满气体，肠内容物呈不同程度的灰黄、红黄或暗红色。腹水增多呈血性，有的病例呈现血痢。

（四）诊断

根据多发于出生后 3 天仔猪，呈现血痢，病程短促，很快死亡，感染率高，一般药物和抗生素治疗无明显效果，剖检见出血性肠炎等病理变化，不难作出诊断。

如需要可进行细菌学检查，方法包括肠内容物涂片镜检、肠内容物毒素检查、细菌分离鉴定等。

1. 镜检：无菌采取胸水、肝、脾或病变明显的肠内容物涂片或抹片，革兰染色后镜检。

2. 分离鉴定：取上述病料接种培养基分离细菌。

（五）综合防治措施

1. 预防：采取严格的生物安全措施，从阴性场引种，平时做好卫生消毒，严防此病传入。尽量采用全进全出的饲养方式，以减少本病的传播。

给怀孕母猪注射疫苗，仔猪出生后吮食初乳可以获得免疫，是预防仔猪红痢的最有效方法。目前有采用C型魏氏梭菌C59－2制成C型魏氏梭菌福尔马林氢氧化铝菌苗，于临产前1个月进行免疫，2周后重复免疫1次。仔猪出生后也可注射高效价的抗毒素3～5毫升，可以有效地预防本病的发生，但注射要早，否则效果不佳。

成年猪的防治以预防为主，夏季做好防暑降温，加强饲养管理，必要时使用益力素（主要成分为杆菌肽锌），每吨饲料添加1～2千克拌料进行预防。

2. 治疗：本病发病迅速，病程短，发病后用药物治疗往往疗效不佳，必要时可用抗生素让刚出生的仔猪口服，每日2～3次，作为紧急药物预防。

十九、猪痢疾

猪痢疾俗称猪血痢，是由猪痢疾密螺旋体引起的一种以黏液出血性腹泻为主要临床表现的猪肠道传染病。

本病目前遍及世界各主要养猪国家。该病于1978年由美国引进种猪时传入我国，现已遍及我国的大部分养猪地区。该病不易根除，可导致病猪死亡，生长率降低，饲料消耗率和药物防治费用增加，给养猪业带来巨大的经济损失。

猪痢疾密螺旋体在粪便中5℃可存活61天，25℃存活7天，在土壤中4℃能存活18天。纯培养物在厌氧条件下4～10℃最少存活102天。对消毒液的抵抗力不强，一般消毒药均可杀死本菌。对高温、氧、干燥等敏感。

（一）流行病学

病猪和带菌猪是本病的主要传染源。康复猪的带菌率很高，带菌时间可长达数月。有的母猪虽无症状，但其粪中的本菌仍可引起哺乳仔猪感染并污染周围环境、饲料、饮水、用具及运输工具。有报道，从病猪场的野鼠及犬中分离出猪痢疾密螺旋体，这些动物也是不可忽视的传染源和传播者。

不同年龄、不同品种的猪均有易感性，以 7～12 周龄的幼猪发生最多。其他动物无感染发病的报道。本病发生无季节性，流行过程缓慢。本病的发生，是由于从疫病发生的国家和地区引进带菌种猪引起暴发。常由一栋猪舍先发病几头，以后逐渐蔓延，并在猪群中长年不断发生，流行期长。多种应激因素，如饲养管理不良，维生素和矿物质缺乏，猪圈潮湿，猪群拥挤，饲料不足，气候多变和长途运输等均可促进本病的发生，加重病情。经短期治疗的猪，停药 3～4 周后，又可复发。

（二）临床症状

潜伏期长短不一，可短至 2 天，长达 3 个月，一般为 7～14 天。人工感染为 3～21 天。

1. 最急性型：往往见不到腹泻症状，于数小时内死亡，该病例不常见。其原因不明，可能与本菌内毒素有关。

2. 急性型：病例开始排黄色至灰色的软便，减食，体温升高至 40～40.5 ℃。数小时或数天之后，排出的粪便含有大量的黏液或血丝，以后粪中含有鲜血、黏液和白色黏膜纤维素性渗出物碎片。有的病猪出现水泻，或排出红白相间胶冻物或血便，弓背，吊腹，脱水，饮欲增加，消瘦，虚弱和共济失调，最后因极度衰弱而死。该病例为多见。

3. 亚急性或慢性型：症状较轻，表现反复下痢，不时排出灰白色带黏液的稀粪，混有黑色血液。消瘦，贫血，生长发育受阻，成为僵猪。对生产影响较大。

血液学检查，急性期病猪白细胞总数可能增高，而幼稚型中性粒细胞增数较为恒定。血清中钠、氯和碳酸盐的含量下降，高血钾。血容量减少，血浆蛋白总量增加。大肠出血严重者可发生贫血，有明显的代谢性酸中毒。

（三）病理变化

主要病变局限于大肠（结肠、盲肠和直肠），回盲口为其明显分界，最急性型和急性型病例为卡他性出血性大肠炎，病变肠肿胀，黏膜充血、出血，肠腔充满黏液和血液。病程稍长的病例，出现坏死性炎症，黏膜表面见点状坏死和黄色或灰色伪膜，坏死常限于黏膜表面。大肠系膜充血、水肿，淋巴结增大。小肠和小肠系膜淋巴结常不受侵害。其他脏器无明显变化。

亚急性型和慢性型病死猪表现为纤维素性、坏死性大肠炎，在肠黏膜表面形成假膜，外观似麸皮豆腐渣样，剥去假膜露出浅表的糜烂面。

（四）诊断

根据本病的流行病学，临床症状和剖检病变可作出初步诊断，但确诊需实验室检查。

1. 流行病学及临床诊断：本病的流行缓慢，持续时间长，常发生于断乳后的架子猪，哺乳仔猪和成年猪较少发生。排灰黄色至血胨样稀粪。病变局限于大肠，呈卡他性、出血性、坏死性炎症。

2. 病原学诊断：

（1）直接镜检法：用棉拭子采取病猪大肠黏膜或血胨样粪便抹片染色镜检或暗视野或相差显微镜检查。但本法对急性后期、慢性隐性及用药后的病例，检出率低。

（2）分离和鉴定：是目前诊断本病较为可靠的方法。常以直肠拭子采取大肠黏液或粪样，加入适量 pH 7.2 的 PBS，直接划线于加有壮观霉素或多黏菌素等选择性培养基上，而后在厌氧条件下38～42 ℃培养4～6 天，如观察到无菌落的β溶血区时，可在溶血区内钩取小块琼脂，作划线继代分离培养，并同时做抹片镜检，观察菌体形态。进一步鉴定时，可做肠致病性试验（口服感染试验和结肠结扎试验）和血清学试验。

（3）血清学诊断：有凝集试验（试管法、玻片法、微量凝集、炭凝集）、免疫荧光试验、间接血凝试验、酶联免疫吸附试验等方法，其中凝集试验及酶联免疫吸附试验具有较好的实用价值。

3. 鉴别诊断：本病应与猪副伤寒、仔猪白痢、仔猪黄痢、仔猪红痢、猪传染性胃肠炎、猪流行性腹泻、猪轮状病毒感染相区别。

（五）综合防治措施

1. 治疗：药物治疗有一定疗效，但容易复发。常用药物见表5.3。其中最常用的抗菌药物为痢菌净、二甲硝基咪唑、痢立清。

表 5.3　防治猪痢疾常用药物

药物	治疗		控制或预防量	停药时间
	用量	疗程		
痢菌净	5 毫克/千克，每天 2 次口服	5 天	减半	60 天
二甲硝基咪唑	0.025%水溶液饮用	5 天	100 克/吨饲料	未定
痢立清	50 克/吨饲料	连续使用	50 克/吨饲料	70 天
杆菌肽	500 克/吨饲料	21 天	减半	未定
甲硝咪乙酰胺	300 克/吨饲料	14 天	100 克/吨饲料	未定
土霉素碱	30～50 毫克/千克，每天 2 次内服	5～7 天为 1 疗程连用 3～5 个疗程	减半	未定
新霉素	140 克/吨饲料	3～5 天	100 克/吨饲料	20 天
林可霉素	100 克/吨饲料	21 天	40 克/吨饲料	6 天
泰乐霉素	0.057 克/升水	3～10 天	100 克/吨饲料	20 天

2. 免疫预防：康复猪经证实对再感染有抵抗力，并发现其血清内有抗体。据报道，用福尔马林杀死的抗原经静脉注射作高度免疫能增加血清的抗体效价，能抵抗本菌的攻击；灭活后的本菌加各种佐剂作其他途径注射，也能使其获得部分抵抗力。

3. 防治措施：至今国内外尚未研制成功预防本病的有效菌苗。在饲料中添加上述药物虽可控制发病，但停药后又复发，难以根除。必须采取综合性预防措施，并配合药物防治，才能有效地控制或消灭本病。

（1）严禁从疫区引进种猪，坚持自繁自养的原则。引种时必须隔离检疫。

（2）在非疫区发现本病，最好全群淘汰，彻底清扫和消毒，并空圈2～3个月，再由无病猪场引进新猪，这样方能根除本病。

（3）平时应加强饲养管理和清洁卫生，保持栏圈干燥、洁净，并实行“全进全出”的肥育制度。发病猪数量多、流行面广、难以全群淘汰时，对猪群采用药物治疗，并结合消毒、隔离、合理处理粪尿等措施，亦可控制或消灭本病。

（4）搞好兽医消毒和粪便管理，注意灭鼠和消灭蚊蝇等传播媒介。

（5）有本病的猪场采用药物净化办法来控制，利用痢菌净拌料饲喂或内服，即每1 000千克全价饲料加200～400克痢菌净混匀，连服3天。断奶仔猪灌服0.5%痢菌净溶液，每千克体重灌服0.25毫升，每天灌服1次。结合消毒达到控制和净化本病的目的。

二十、猪李氏杆菌病

李氏杆菌病是由李氏杆菌引起的一种人畜共患传染病。猪发病后主要表现脑膜炎、败血症和流产，还能引起单核细胞增多。

李氏杆菌对外界抵抗力较强，在土壤或粪便中可存活10个月；对热敏感；对酸碱和盐都有一定的耐受性，一般消毒剂如2.5%石炭酸、70%乙醇、2.5%火碱等都有效。

（一）流行病学

本菌的易感动物很多，家畜中以绵羊、家兔和猪较敏感，仔猪和怀孕母猪更易感。患病动物和带菌动物是本菌的传染源。可通过消化道、呼吸道黏膜和损伤的皮肤感染。吸血昆虫在本病的传播中也起着重要的作用。

（二）临床症状

1. 败血症型：多发生于仔猪，无特殊症状突然死亡。

2. 混合型：仔猪多见，常突然发病，病初体温升高至41～42℃。吃奶减少或不食，粪便干燥，后期体温下降，多数猪表现兴奋，共济失调，对外来刺激敏感，重者抽搐死亡，病程1～3天。

3. 脑膜炎型：多见于断奶仔猪，病情较缓和，病猪体温、食欲、粪便一般正常，病程较长。阵发性兴奋，转圈，倒地，四肢游动，最终死亡。妊娠母猪感染后多引起流产。

（三）病理变化

败血症死亡的病猪体表有弥漫性出血，淋巴结肿大出血，切面多汁，肺充血水肿，气管和支气管有出血性炎症，心内、外膜出血，胃和小肠黏膜充血，肠系膜淋巴结肿大，肝、脾肿大，肝表面有灰白色坏死灶。有神经症状的病猪，脑及脑膜充血水肿，脑脊液增加，稍显混浊，内含多量的细胞成分。脑干，特别是脑桥、延髓和脊髓变软，有小的化脓灶。

（四）实验室诊断

1. 镜检：采取病猪的血液、肝、脾、肾、脑脊液及脑组织等涂片，革兰染色镜检，观察细菌，必要时进行细菌分离培养或动物接种试验。

2. 动物接种：用24小时的肉汤培养物，点眼接种幼兔或小鼠，一般在接种24～36小时发生化脓性结膜炎；经3～5天幼兔血液内的单核白细胞数上升；小鼠腹腔接种，在5天内剖杀可见肝、脾有坏死灶，并能分离到本菌。

（五）综合防治措施

1. 预防：目前尚无可靠的疫苗用于本病的预防，应从检疫隔离和兽医卫生角度努力，控制本病的传入。

2. 治疗：早期治疗可使用大剂量的磺胺类药物，或青霉素类、氟苯尼考合并使用。病猪过于兴奋时可使用神经抑制药物对症治疗。

二十一、副猪嗜血杆菌病

副猪嗜血杆菌病是由副猪嗜血杆菌引起猪的多发性浆膜炎和关节炎的细菌性传染病，主要引起肺的浆膜和心包以及腹腔浆膜和四肢关节浆膜的纤维素性炎为特征的呼吸道综合征。本病日趋流行，危害日渐严重，应引起各方重视。

副猪嗜血杆菌对外界的抵抗力不强。干燥环境中易死亡，常用消毒药可将其杀死。

（一）流行病学

仔猪对本病敏感，尤其是断乳后 10 天左右的仔猪易发。患猪或带菌猪是本病的传染源。该细菌寄生在鼻腔等上呼吸道内，本病主要通过空气直接接触感染，其他传染途径如消化道等亦可感染。

在一个猪群中，副猪嗜血杆菌的致病作用是影响其他许多全身性疾病严重程度和发生发展的因素，这与支原体肺炎日趋流行有关，也与病毒型呼吸道病原体有关，其中有繁殖与呼吸综合征病毒、猪流感病毒和呼吸道冠状病毒。副猪嗜血杆菌与支原体结合在一起患繁殖与呼吸综合征猪肺的检出率为 51.2%。

（二）临床症状

本病多因被繁殖与呼吸综合征病毒和支原体感染后猪场的仔猪发生和流行，多呈继发和混合感染，其临床症状缺乏特征性。

人工接种试验潜伏期 2 ~5 天，出现体温升高至 40 ℃以上，食欲不佳，精神沉郁，有的四肢关节出现炎症，可见关节肿胀，疼痛，起立困难，一侧性跛行。驱赶时患猪发出尖叫声，侧卧或颤抖，共济失调，患猪逐渐消瘦，被毛粗糙，起立采食或饮水时频频咳嗽，咳出气管内的分泌物吞入胃内，鼻孔周围附有脓性分泌物，同时伴有呼吸困难症状，出现腹式呼吸，而且呼吸频率加快，心跳加快，节律不齐，可视黏膜发绀，耳朵发紫。最后因窒息和心衰死亡。如出现急性败血病时，不出现典型浆膜炎。

（三）病理变化

全身淋巴结肿大，切面为灰白色，胸膜、腹膜、心包膜以及关节的浆膜出现纤维素性炎。表现为单个或多个浆膜的浆液性或化脓性的纤维蛋白渗出，外观淡黄色蛋皮样薄膜状的伪膜附着在肺胸膜、肋胸膜、心包膜，脾、肝与腹膜、肠以及关节等器官表面，亦有条索状纤维素性膜。一般情况下肺和心包的纤维素性炎同时存在。

（四）诊断

本病根据流行病学和临床症状以及病理变化为基础，以细菌培养做诊断是必要的。但细菌培养往往不易成功。

（五）综合防治措施

1. 预防：

（1）加强饲养管理：平时搞好猪舍和运动场的清洁卫生，加强饲养管理，在温度、湿度、通风和密度等方面创造良好的环境。特别是在断奶和运输时，更应加强护理，以免因猪的抵抗力降低而诱发本病。

（2）药物预防：抗生素预防或口服药物治疗对严重的副猪嗜血杆菌病暴发可能有效。一旦临床症状出现，应立即采用口服以外的方式，应用大剂量的抗生素进行治疗，并且应当对全群进行药物预防。可以选用阿莫西林、喹诺酮类、头孢菌素类、四环素类、庆大霉素和增效磺胺类药物治疗。最好做药敏试验。

（3）疫苗注射：疫苗注射是预防本病的最有效方法之一。使用副猪嗜血杆菌多价油乳剂灭活苗（华中农业大学动物病毒室研制）可以有效地控制该病的发生。

2. 治疗：可应用抗菌药物或中草药制剂进行治疗。

（1）青霉素100万~200万单位、链霉素50万~100万单位联合肌内注射，每天2次，直至体温正常后24小时停药。

（2）10%磺胺嘧啶钠10~30毫升加蒸馏水5~15毫升（浓度为7%）肌内注射，每天2次。

(3) 饲料内添加氟苯尼考1 000克/吨 + 清肺散1 000克/吨，连用5 ~7天。

(4) 饲料内添加阿莫西林粉1 000克/吨 + 清肺散1 000克/吨，连用5 ~7天。

第二节　猪常见寄生虫病的防控

一、弓形虫病

弓形虫病是由粪地弓形虫寄生于猫、猪、牛、羊、犬、兔等多种动物体内引起的一种人畜共患原虫病。其特征是患病动物高热、呼吸困难、咳嗽及出现神经系统症状。妊娠动物流产、产死胎、胎儿畸形。该病传染性强，发病率和死亡率较高，对人畜危害严重。

（一）病原及生活史

粪地弓形虫为细胞内寄生虫，根据其发育阶段不同而分为五型，即见于猪、人等中间宿主和猫等终末宿主非肠组织的速殖子和组织包囊及见于终末宿主肠上皮细胞内的裂殖体、配子体和卵囊。

猪体内的弓形虫有速殖子和组织包囊。速殖子主要见于急性病例的血液、脑脊髓液和腹水等病理性渗出液中及有核细胞内。位于细胞外的速殖子亦称滋养体，为游离的单个虫体，位于细胞内的虫体为处于出芽繁殖期的多形性虫体，有时在宿主细胞的胞浆内，可见有数个至十数个虫体簇集在一个假囊内。有核细胞内的弓形虫繁殖很快，故称速殖子。

组织包囊亦称真包囊，主要见于慢性或无症状病例的脑、视网膜、骨骼肌、心、肺、肝、肾等组织内，包囊壁较厚，囊内含数个至数千个虫体。包囊内的虫体发育和繁殖慢，故称缓殖子。

速殖子或缓殖子或外界环境中的孢子化卵囊经消化道或其他途径进入终末宿主猫的肠内，在肠上皮细胞内形成卵囊，落入肠腔，随猫的粪便排到外界环境中，经 2 ~4 天的孢子生殖过程形成孢子化卵囊即感染性卵囊，其通过污染饲料和饮水等被猪、人等中间宿主吃入而感染，形成新的循环。

（二）流行特点

1. 易感动物：本病分布于世界各地，动物感染很普遍，但多数为隐性感染。弓形虫是一种多宿主原虫，对中间宿主的选择不严，包括猪、猫、人等哺乳动物及鸟类、鱼类、爬虫类共 200 多种动物都可作为它的中间宿主，终末宿主为猫科的家猫、野猫、美洲豹、亚洲豹等，其中家猫在本病的传播上起重要作用。

2. 传染来源：主要为病畜和带虫动物。随猫粪排出的卵囊、病畜和带虫动物的肉、脏器、血液、乳汁、粪、尿及其他分泌物、流产胎儿体内、胎盘及其他流产物中都含有大量的滋养体、速殖子、缓殖子；其污染的饲料、饮水和土壤，都可作为传染来源。卵囊抵抗力很强，在外界环境中可存活数月至半年，在 4 ℃环境中可存活 90 天，-5 ℃可存活 14 天，一般消毒药对卵囊无杀灭作用，干燥对卵囊的损害较大，相对湿度 82% 时，成熟卵囊 30 天失去感染力，21% 时为 3 天。速殖子的抵抗力弱，在生理盐水中数小时即丧失感染力，各种消毒药均能迅速将其杀死。肉尸经 -15 ℃冷冻 3 天可杀死虫体。

3. 传播途径：主要有经口感染、经胎盘感染及经皮肤、黏膜感染。经口吃入被卵囊或带虫动物肉、内脏、分泌物等污染的饲料和饮水是猪的主要感染途径。滋养体和速殖子可通过受损的皮肤、呼吸道、消化道黏膜及眼、鼻等途径侵入猪体内造成感染；也可经胎盘感染胎儿；虫体污染的采血、注射器械、手术器械及其他用具可机械性传播；多种昆虫如食粪甲虫、蟑螂和蚯蚓等也可机械性传播卵囊。人主要是因吃入含虫肉、乳及污染蔬菜的卵囊或接触猫时吃入卵囊而感染。

弓形虫属兼性二宿主寄生虫，在无终末宿主参与情况下，可在猪、人等中间宿主之间循环；在无中间宿主存在时，可在猫等终末宿主之间传播。

4. 流行季节：猪弓形虫病的发生和流行无严格的季节性，但在5～10月的温暖季节发病较多。各品种、年龄和性别的猪均可感染和发病，以3～5月龄的猪发病最严重。本病从20世纪60～70年代在我国发生和流行时，多以暴发型和急性型为主，给养猪业造成极大的损失；近年来虽仍有零星散发或局部小范围暴发，但以隐性感染为主要流行形式，受感染猪一般无可见临诊症状，但血清学检测阳性率较高。弓形虫病的发生一般不受气候的限制，但据报道，本病在温暖的5～10月多发，3～5月龄的猪发病最严重，这可能是夏、秋季节的气温和湿度条件更适合于弓形虫的卵囊孵化。

（三）临诊症状

虽然弓形虫的宿主范围广泛，但以对猪的致病力最强，危害最严重，其临诊症状依感染猪的年龄、弓形虫毒力、感染数量及感染途径等不同而异。根据感染猪的年龄、弓形虫虫株的毒力，弓形虫感染的数量以及感染途径等的不同，其临床表现和致病性都不一样。

暴发型死亡率可高达60%以上，在短时间内，猪场内大部分猪或某一栋猪舍内的大部分猪同时发病。急性型猪场内同时有若干头猪同时发病，一般以一个猪圈内的十几头或二十几头猪几乎同时患病的情况更为多见。零星散发一般是在一个圈或几个圈内同时或相继出现1～2头病猪。有的先发生一例之后逐渐向四周扩散，使邻位的猪圈中在2～3周内陆续发病。这个过程可持续1个多月，然后慢慢平息。隐性感染是目前弓形虫病在我国流行的主要形式。感染猪一般见不到临床症状，但血清学检测阳性率较高，尤其是妊娠母猪的隐性感染常导致流产。

一般猪急性感染后，经3～7天的潜伏期，呈现和猪瘟极相似的症状。体温升高至40～42℃，稽留7～10天，病猪精神沉郁，食欲减少至废绝，但常饮水，伴有便秘或下痢，后肢无力，行走摇晃，喜卧。鼻镜干燥，被毛逆立，结膜潮红。随着病程发展，耳、鼻、后肢股内侧和下腹部皮肤出现紫红色斑或间有出血点。严重时呼吸困难，并常因呼吸窒息而死亡。有的病猪耳廓上形成痂皮，甚至耳尖发生干性坏死。有的病猪出现癫痫样痉挛等神经症状。

急性发作耐过的病猪一般于2周后恢复，但往往遗留有咳嗽、呼吸困难及后躯麻痹、斜颈、癫痫样痉挛等神经症状。怀孕母猪若发生急性弓形虫病，表现为高热、废食、精神委顿和昏睡。此种症状持续数天后可流产或产出死胎，即使产出活仔也会发生急性死亡或发育不全、不会吃奶或畸形怪胎。母猪常在分娩后迅速自愈。

（四）剖检病变

剖检见肺炎、肺水肿、胸腹腔积液症状。肺高度水肿，呈暗红色，小叶间质增宽，其内充满半透明胶冻样渗出物，气管和支气管内有大量黏液性泡沫，有的并发肺炎。肝脏呈灰红色，散在灰白或黄色小点状坏死灶。脾脏早期肿大呈现棕红色，有少量出血点及灰白色小坏死灶，后期萎缩。肾脏呈现黄褐色，常见有针尖大出血点和坏死灶。肠黏膜肥厚、糜烂，有出血斑点。病猪体表尤其是耳、四肢、下腹部和尾部有紫红色斑点。全身各脏器有出血斑点，淋巴结肿大，有大小不等的出血点和灰白色坏死灶，尤以肺门淋巴结、腹股沟淋巴结和肠系膜淋巴结最为显著。

（五）诊断

猪弓形虫病临床症状、剖检变化与很多疾病相似，容易误诊。根据流行特点、临诊症状和剖检病变及磺胺类药的良好疗效而抗生素类药无效等可作出初步诊断，确诊需检查病原。常用方法有如下几种。

1. 脏器直接涂片：取病畜或病尸的肺、肝、脾、淋巴结或腹腔液做成涂片或压片，用姬姆萨或瑞氏染色法染色后置显微镜油镜下检查虫体。生前可用血液涂片、淋巴结穿刺液涂片检查。

2. 虫体检查法：取肺或淋巴结研碎后加10倍生理盐水过滤，以每分钟500转离心3分钟，取沉渣涂片，用姬姆萨或瑞氏染色法染色后置显微镜下检查虫体。

3. 动物接种：取病猪血液或肺、肝、脾、淋巴结、脑等病料，研碎后加10倍生理盐水制成乳剂，给小白鼠腹腔注射0.2～1毫升，观察20天，取其腹水或脏器做涂片，染色镜检查虫体。若查不到虫体则需盲传3代后，再按上述方法检查虫体。

4. 血清学诊断：可用间接血凝试验、酶联免疫吸附试验、间接荧光抗体法等方法进行诊断。间接血凝试验虽不是最特异的反应，但随着近年抗原处理和血球方法等不断改进，特异性大大提高，且本试验方法操作简单，易于推广，是目前国内较广泛应用的诊断方法。猪血清凝集效价达1∶64时判为阳性，1∶256为近期感染，1∶1 024为不活动性感染。

（六）综合防治措施

1. 预防：猪舍应保持清洁，定期消毒。一般消毒药剂如1%来苏儿溶液、3%氢氧化钠液、5%热草木灰液和1%～3%石灰水等都可用；猪场内禁止养猫，防止猫粪污染猪舍、饲料和饮水，避免饲养人员与猫接触；尽一切可能灭鼠；不用未煮熟的碎肉或洗肉水喂猪；对流产的胎儿及排出物以及死于本病的尸体等应进行无害化处理，防止污染环境；在该病的易发季节，可用药物预防，尤其是刚流行过该病的猪场更为必要。常用的药物为磺胺间甲氧嘧啶钠600克、甲氧苄氨嘧啶200克、小苏打500克，混全价饲料1 000千克，连续饲喂2～3周，用于预防该病的发生。

2. 治疗：猪弓形虫病的有效治疗主要是磺胺类药物。抗生素类药物如青霉素、四环素、土霉素、卡那霉素、链霉素均证实对弓形虫病无治疗效果，但有预防继发感染的作用。目前常用的治疗药物与用法如下。

（1）磺胺嘧啶和乙胺嘧啶：分别按每千克体重70毫克和6毫克，一次内服，每天2次，连用3～5天。

（2）磺胺嘧啶和三甲氧苄氨嘧啶，每千克体重前者70毫克，后者14毫克，一次内服，每天2次，连用3～5天。

（3）10% 磺胺嘧啶钠注射液或 10% 磺胺 - 6 - 甲氧嘧啶注射液，每千克体重 0.6 ~ 1 毫升，肌内注射，每天 1 ~ 2 次，连用 3 ~ 5 天。

（4）磺胺 - 6 - 甲氧嘧啶和甲氧苄氨嘧啶，每千克体重前者 70 毫克，后者 14 毫克，每天 2 次，连用 3 ~ 5 天。

（5）磺胺嘧啶 + 二甲氧苄氨嘧啶。前者 70 毫克/千克体重，后者 14 毫克/千克体重，每天 2 次，连用 3 ~ 5 天。

（6）长效磺胺，60 毫克/千克体重配成 10% 溶液肌内注射，连用 7 天。

（7）饲料内添加磺胺间甲氧嘧啶 500 克/吨 + 甲氧苄氨嘧啶 100 克/吨 + 氟苯尼考粉 1 000 克/吨 + 小苏打 2 000 克/吨，连用 5 ~ 7 天。

（8）饲料内添加圆蓝瘟康散 1 500 克/吨，饮水用多维康 100 ~ 200 克/吨，连用 5 ~ 7 天；肌内注射复方磺胺间甲氧嘧啶 0.3 ~ 0.5 毫升/千克体重，每天 1 次，连用 2 ~ 3 天。

其他磺胺类药，如磺胺 - 5 - 甲氧嘧啶、磺胺甲氧嗪、磺胺甲基嘧啶、磺胺二甲基嘧啶及磺酰氨苯砜等亦有较好疗效。使用磺胺类药时，首次用量应加倍。此外，还应注意退热、强心、调理胃肠等对症治疗。

二、猪球虫病

球虫对宿主有严格的选择性，不同种的畜禽有其不同种的球虫，互不交叉感染。球虫寄生也各有固定的位置。猪球虫病是由一种或多种猪的艾美耳球虫和等孢球虫寄生于猪肠上皮细胞，并在其中进行裂殖生殖和孢子生殖引起的一种流行性原虫病。该病分布广泛，主要危害仔猪，其特征是食欲减退，下痢，消瘦。

（一）病原及生活史

猪的球虫有 16 种，常见的有 7 种，其中对猪致病力较强的主要是蒂氏艾美耳球虫和粗糙艾美耳球虫。

随猪粪排出的球虫卵囊，在适宜的温度（20 ℃）和湿度等外界环境中，经 7～8 天完成孢子生殖过程，形成具有感染性的孢子化卵囊，污染猪的饲料和饮水，猪经口吃入后，卵囊壁被消化液溶解，子孢子逸出，侵入肠上皮细胞内进行裂体生殖，形成许多裂殖体和裂殖子。裂殖生殖进行到一定时期后，部分裂殖子侵入新的上皮细胞内，形成雌、雄配子体，其再分别发育成雌、雄配子，雌、雄配子结合形成合子，合子分泌物形成被膜，即成为卵囊。最后，卵囊由猪肠上皮细胞内释出，落入肠腔，随猪粪排到外界。

球虫卵囊对化学消毒剂和低温的抵抗力很强，大多数卵囊可越冬。紫外线对各阶段的球虫均有很强的杀灭作用。干燥、高温和强光照射可杀灭卵囊。

（二）流行特点

本病最常发生于 7～21 日龄的仔猪，发病率可达 50%～70%，一般情况下死亡率不高，但有时可达 70% 左右。随病猪或带虫猪粪便排出的卵囊，污染饲料和饮水，猪经口吃入而感染。各种品种、性别和年龄的猪对猪球虫均有易感性。1～5 月龄的猪感染率和发病率均较高，成年猪多为带虫者，是本病的重要传染来源。饲养管理不善，温暖潮湿季节易发生本病。

（三）临诊症状

病猪主要表现为食欲减退，下痢与便秘交替出现（粪内不带血液），逐渐消瘦。一般患猪均能自行耐过，逐渐恢复，但成为带虫者，可持续排出球虫卵囊而成为本病的传染源。下痢特别严重的病猪，粪便呈黄白色液状或糊状，偶尔可见血便，最终可能因严重脱水而死亡。

（四）剖检病变

特征病变是空肠和回肠的急性炎症，炎性反应可由不明显的黏膜层结节状病变至全部黏膜层的严重坏死性病变。

（五）诊断

根据流行病学、临床症状和粪便检查卵囊综合诊断。生前用饱和盐水漂浮法或粪便涂片显微镜检查，可见到大量球虫卵囊；死后取肠黏膜触片或刮取肠黏膜涂片，置显微镜下检查到裂殖体、裂殖子、配子体，可确诊为球虫感染。但由于猪的带虫现象极为普遍，因此，是不是由球虫引起的发病和死亡，应结合临诊症状、流行特点、剖检病变和病原检查结果进行综合诊断。

（六）综合防治措施

1. 预防：经常清扫圈舍、运动场，将猪粪集中发酵，生物热杀灭卵囊。保持饲料、饮水清洁；用具、饲槽、饮水槽等定期用沸水消毒。仔猪与成年猪分群饲养，运动场分开，以免带虫的成年猪散播病原导致仔猪暴发球虫病。加强饲养管理，喂给全价饲料，提高机体抗病力。发现病猪，及时隔离治疗。

2. 治疗：用呋喃类、磺胺类药物配合维生素和健胃药进行治疗。常用防治球虫病的药物为：氨丙啉，每千克体重 25 ~ 65 毫克，拌料或饮水喂服，连用 3 ~ 5 天；磺胺二甲嘧啶，每千克体重 200 毫克，内服，连用 3 ~5 天。

三、猪巴贝西虫病

巴贝西虫病是由巴贝西虫寄生于猪的红细胞内引起的一种原虫病，其临床特征是高热稽留，呼吸困难，并具有发病急、死亡率高、季节性强等特点。

（一）病原及生活史

寄生于猪的巴贝西虫有两种，即陶氏巴贝西虫和柏氏巴贝西虫，我国为陶氏巴贝西虫，属大型虫体，寄生在猪的红细胞内。

猪巴贝西虫的发育需猪和蜱两个宿主。在猪的红细胞内为外出芽生殖，由一个母细胞生成 2 个或 4 个子细胞。蜱叮咬猪吸食了含虫体的红细胞后，虫体在蜱肠内形成配子，配子融合为球形合子，然后转变为长形的动合子，其离开肠细胞而侵入蜱卵、马氏管等，经反复分裂繁殖最后形成虫样体，移入唾液腺。当蜱再叮咬猪吸血时，将虫体注入新宿主体内。

（二）流行特点

各种品种、性别和年龄的猪均可发生本病，但以断奶到 4 月龄的猪多发。扇头蜱是本病的传播者，其叮咬病猪吸血后再叮咬健康猪而传播病原。本病在每年的 2 ~ 4 月和 7 ~ 9 月多发。

（三）临诊症状

病猪体温升高达 40. 2 ~ 42. 7 ℃，常稽留 3 ~ 7 天直至死亡。呼吸促迫（每分钟 42 ~ 87 次），腹式呼吸，咳嗽，肺部有湿性啰音。心跳加快（每分钟 66 ~ 142 次），心律不齐。食欲减退或废绝，先便秘后腹泻，粪便常带有血液。尿液呈茶色。鼻镜干燥，结膜苍白、黄染。四肢关节肿大，腹部皮下水肿。有的有神经症状，或沉郁、昏睡，或兴奋、转圈、狂跳、痉挛，最终因极度衰竭而死亡。

（四）剖检病变

尸体消瘦。皮下组织、全身各器官的浆膜及黏膜黄染、苍白，有出血斑点。血液稀薄，凝固不全。淋巴结肿大，切面多汁，有出血点。胸腔内有大量淡红色透明液体。心肌色淡、柔软，冠状脂肪胶样变性。脾、肝肿大，质脆，被膜有出血点。肺淤血水肿，气肿，切面多泡沫。全身肌肉出血，特别是肩部、背部、腿部肌肉出血严重；胃肠黏膜出血，黏膜易脱落。

（五）诊断

根据流行特点、临诊症状，剖检病变和血液寄生虫学检查综合判断，外周血涂片，姬姆萨染色镜检，查到典型虫体可确诊。在无实验室检查条件时，可用抗巴贝西虫药进行药物治疗性诊断。

（六）综合防治措施

1. 预防：主要是灭蜱和治疗病猪。在蜱类活动季节，用 0. 005 % ~ 0. 01% 敌杀死或 0. 006 6% ~ 0. 02% 杀灭菊酯水溶液或 1% 敌百虫等有机磷类杀虫药，喷洒猪体和环境灭蜱，每 15 天用药 1 次。期间由疫区调入猪只，应隔离观察，确认健康后方可合群。

2. 治疗：发现病猪，除对症治疗外，应及时用抗巴贝西虫药物治疗。常用药物与用法如下。

（1）贝尼尔按每千克体重 5 ~7 毫克，配成 5% 水溶液深部肌内注射，隔 1 ~2 天用药 1 次，连用 2 ~3 次。

（2）阿卡普啉按每千克体重 0.6 ~1 毫克，配成 5% 水溶液，分 2 ~3 次间隔数小时肌内注射，连用 2 ~3 天效果更好。

（3）黄色素按每千克体重 3 ~4 毫克，配成 0.5% ~1% 灭菌水溶液，耳静脉缓慢注射，间隔 1 ~2 天重复用药 1 次。

（4）咪唑苯脲按每千克体重 3 ~4 毫克，配成 10% 水溶液，皮下或肌内注射，每天 1 次，连用 2 天。

四、锥虫病

锥虫病是由伊氏锥虫寄生于猪的血液和淋巴液内引起的一种原虫病，通过吸血昆虫等传播。临床特征为高热，贫血，黏膜出血，黄疸和神经症状等。

（一）病原

伊氏锥虫属于锥虫科锥虫属，呈卷曲的柳叶状，虫体寄生于动物的肝、脾、淋巴结、骨髓及血浆、淋巴液内，靠体表渗透作用获得营养，进行繁殖。虻、螫蝇、虱蝇等吸血昆虫可作为机械性传播者。

（二）流行特点

易感动物除猪外，牛、马、骆驼、犬、兔、小白鼠等均可感染患病。病畜及各种带虫动物均是传染源。虫体通过吸血昆虫刺蜇传染源后再叮咬其他易感动物，或采血、注射时器械消毒不彻底，通过污染的器械机械性传播。此外，实验证明，伊氏锥虫能经胎盘感染。本病的发生季节和流行区域，与吸血昆虫的出现季节和活动范围相一致，一般 5 ~6 月发病，9 ~11 月为发病高峰。

（三）临诊症状

伊氏锥虫潜伏期 5 ~11 天，致病作用主要是锥虫毒素对机体的毒害作用。体温升高达 40 ℃以上，呈间歇热。严重贫血，消瘦。呼吸和心跳加快，水肿，淋巴结肿大，锥虫血症，进行性衰竭，最后昏迷死亡。病程数天至数周，有的可能突然倒地死亡。部分病猪可能出现短暂的神经症状。锥虫血症有时消失，经一段时间后再出现。怀孕母猪在发病后 2 ~ 5 天内发生流产和死胎。

（四）剖检病变

剖检见皮下水肿和胶样浸润，全身淋巴结肿大、充血，脾、肝、肾、心脏肿大。外周血中虫体消失期，可在内脏器官和淋巴结中查到虫体。

（五）诊断

根据临床症状、流行特点和特效药的良好疗效可作出诊断，确诊需查病原。

1. 悬滴标本检查：耳静脉采血置载玻片上，加 2 倍生理盐水，覆盖玻片，显微镜检查可见活虫体。

2. 涂片标本检查：取血液涂片，姬姆萨或瑞氏染色，显微镜检查虫体。

3. 集虫法检查：采血液置离心管内，加抗凝剂，离心沉淀后，取血浆与红细胞之间的白细胞层涂片、镜检查虫体。

4. 动物接种试验：取可疑病猪血液 0.2 ~ 0.5 毫升，腹腔或皮下接种于小白鼠，每隔 1 ~ 2 天采血检查一次，以压滴法检查，可在血液中见到活动的虫体。若连续检查 1 个月以上仍不见虫体出现，可判为阴性。

5. 血清学检查：可采用间接血凝试验、胶乳凝集试验、对流免疫电泳及酶联免疫吸附试验等进行免疫学诊断。

（六）综合防治措施

1. 预防：环境和猪舍喷洒敌杀死、杀灭菊酯、敌百虫、敌敌畏等杀虫药，杀死吸血昆虫媒介，防止吸血昆虫传病。采血注射器械严格消毒。加强饲养管理，提高机体抗病力。发现病猪，应尽早确诊，及时用药治疗，防止病原扩散。

2. 治疗：治疗药物可用贝尼尔、咪唑苯脲、安锥赛，每千克体重5毫克，一次皮下注射，或纳嘎诺尔，每千克体重15毫克，一次静脉注射。

五、附红细胞体病

附红细胞体病是由附红细胞体寄生于人、猪等多种动物的红细胞或血浆中引起的一种人畜共患寄生虫病，国内外曾有人称之为黄疸性贫血病、类边虫病、赤兽体病和红皮病等。猪附红细胞体病主要以急性、黄疸性贫血和发热为特征，严重时导致死亡。本病最早发现于1928年，直到1950年确定猪的黄疸性贫血是由附红细胞体引起才逐渐被重视。我国于1981年首先在家兔中发现附红细胞体。

（一）病原

附红细胞体对干燥和化学药剂抵抗力弱，但对低温抵抗力强，一般常用消毒药均能将其杀死，如在0.5%石炭酸中37 ℃经3小时可被杀死，但在5 ℃时可存活15天，在冰冻凝固的血液中可存活31天，冻干保存可存活765天。

（二）流行特点

附红细胞体对宿主的选择性并不严格，人、牛、猪、羊等多种动物的附红细胞体病在我国均有报道，实验动物如小白鼠、家兔均能感染附红细胞体。猪附红细胞体病仅见于家养猪，各种品种、性别、年龄的猪均可感染和发病，但以母猪和仔猪多见。本病主要发生于温暖季节，大多数临床病例发生在夏、秋季节及雨水较多的季节，冬季较少。营养不良、猪舍饲养密度高等应激因素可能诱发本病。

本病的传播途径尚不完全清楚，据报道，本病可直接传播，亦可间接传播。猪通过摄食血液如舔食断尾的伤口、互相斗殴、交配等直接传播；经胎盘传播该病也已在临床得到证实。根据该病发生的季节性推测节肢动物可能是该病的传播者。可通过活的媒介如疥螨、虱子、吸血昆虫等间接传播；国外已有用螯蝇传播绵羊附红细胞体成功的报道。污染的注射器及外科器械和人工授精器械可机械性传播本病。

（三）临诊症状

1. 母猪：首先表现为厌食，皮肤发红；发热高达 42 ℃；产奶量下降，妊娠后期和产后母猪易发生乳房炎，缺乏母性或不正常；出现繁殖障碍，个别母猪发生流产或死胎，不发情或屡配不孕，如有其他疾病或营养不良，可使症状加重甚至死亡；新生仔猪贫血、轻度黄疸和衰弱；不足标准体重，而且易于发病；后期背部出血汗，呈铜锈色。妊娠母猪和产后母猪易发生乳房炎，乳汁分泌减少，母性行为减弱或缺乏。个别母猪发生流产或死胎。

2. 哺乳仔猪：前期贫血、苍白；体温升高至 42 ℃，呼吸困难，死亡率高。小于 5 日龄的仔猪，主要临诊症状是皮肤苍白和黄疸，1 周后可自愈。4 周龄的猪，贫血是其主要临诊症状，偶尔可见黄疸。病猪发热、挤堆、步态不稳、发抖、不食、个别弱小猪很快死亡。随着病程发展，病猪皮肤发黄和发红，胸腹下及四肢内侧尤甚。耐过的仔猪，生长发育严重障碍。

3. 断奶仔猪：断奶应激、疫苗注射、互相殴斗、过度拥挤、圈舍环境差以及营养不良、长途运输均可诱发急性临床型附红细胞体病。小猪死亡率较高，症状明显。

4. 育肥猪：应激引起突然食欲下降、厌食，体温升高，稽留数日（6~10 天），死亡率不高。猪消瘦、苍白，有时出现麻疹型皮肤变态反应；育肥猪生长缓慢。新生仔猪贫血、轻度黄疸和衰弱；育肥猪生长缓慢，又称“延迟上市综合征”。肥育猪的典型溶血性黄疸贫血症较少见，这可能与广泛应用饲料添加剂和较好的全价饲料增强了机体的抵抗力有关。

（四）剖检病变

特征性病变为贫血和黄疸。可视黏膜和皮肤苍白，全身性黄疸，血液稀薄、水样。肝脏肿大变性，质地坚实，呈黄褐色。胆囊内含浓稠的胶冻样胆汁。脾肿大变软，全身淋巴结肿大，切面有灰白色坏死灶或出血斑点。肾脏苍白，有时有出血点。胸水、腹水增多，心包积水。有些病例膀胱黏膜有出血斑点。

（五）诊断

根据流行特点、临诊症状和剖检变化可作出诊断，确诊需查到病原，方法有如下几种。

1. 直接镜检：是当前诊断附红细胞体病的主要手段。取病猪耳尖血 1 滴，加倍量生理盐水稀释后，取 25 微升于载玻片上，用盖玻片压置高倍镜下观察。可见虫体呈球形、逗点形、杆状或颗粒状。虫体附着在红细胞表面或游离在血浆中，血浆中虫体可以做伸展、收缩、转体等运动。由于虫体附着在红细胞表面有张力作用，红细胞在视野内上下震颤或左右运动，红细胞形态也发生了变化，呈菠萝状、锯齿状、星状等不规则形状。该方法也适用于抗凝血液。抗凝血液存放 7 ~ 8 天一般并不影响检测结果。

2. 涂片染色检查：取血涂片，姬姆萨染色，镜检，可见染成粉红或紫红色的虫体。

3. 血清学试验：用血清学方法不仅可诊断本病，还可进行流行病学调查和疾病监测。间接血凝试验、补体结合试验、间接荧光抗体技术及酶联免疫吸附试验等均可诊断本病。

本病在流行病学、临床症状、病原体形态等方面与焦虫病、无浆体病等类似，需要注意鉴别诊断。

（六）综合防治措施

1. 预防：预防本病的措施主要是驱杀吸血昆虫及节肢动物，同时进行内、外寄生虫的防治。已经证明，在节肢动物不能控制的情况下要控制附红细胞体病是不可能的。另外，在有猪疥癣和血虱存在的情况下便难以控制附红细胞体病。当涉及与血液传递有关的操作时应加强卫生管理；当怀疑母猪带虫时，在实施诸如剪齿、阉割、打记号、断尾、疫苗注射和药物治疗等饲养管理程序时，均应注意更换器械或严格消毒。猪附红细胞体感染引起免疫力下降，从而导致其他疾病的暴发，如蓝耳病、猪瘟、传染性胸膜肺炎、乙型脑炎、弓形虫病、伪狂犬病等。加强饲养管理，搞好环境卫生，给予全价饲料，保证营养，增强机体的抗病能力，以及减少不良应激等对预防本病的发生也很重要。应从无附红细胞体的猪群购猪，并加强检疫，严防传入本病。如猪群有此病时，应在饲料中添加对氨基苯胂酸钠并及时淘汰血清学试验阳性的母猪，尽量建立无附红细胞体猪群，亦可在饲料中添加土霉素或四环素，剂量为每吨料500～600克，连用2～3周；土霉素400～600克/吨拌料；阿散酸100～200克/吨拌料，连用3～5天；贝尼尔2～3毫克/千克肌内注射。

2. 治疗：目前用于治疗猪附红细胞体病的药物主要有如下几种。

（1）贝尼尔按5～7毫克/千克体重深部肌内注射，间隔48小时重复用药1次。极限量10毫克/千克。对病程较长和症状严重的猪无效。

（2）黄色素按每千克体重3毫克，配成0.5%～1%灭菌水溶液，耳静脉缓慢注射，间隔1～2天重复用药1次。

（3）对氨基苯胂酸钠每吨饲料混入180克，连用1周，以后改为半量，连用1个月。

（4）全群猪饲料中添加2千克附红净。

（5）肌内注射长效土霉素0.1～0.2毫升/千克体重，1天1次，连用3天；贝尼尔5～7毫克/千克体重，隔日1次，连用1～2天。

（6）妊娠母猪用土霉素或四环素进行治疗，3毫克/千克体重肌内注射，24小时即见临床改善，连用1周。也可连续应用。

（7）对氨基苯胂酸钠按每吨饲料混入180克，连用1周，以后改为半量，连用1个月。

（8）每吨饲料混入磺胺六甲氧嘧啶500～600克，连用1周。

（9）饲料内添加氟苯尼考1 000克/吨＋多维康300～400克/吨，

连用5~7天。

(10) 饲料内添加四环素400克/吨+阿散酸80克/吨，连用5~7天。

(11) 也可使用其他药物，如咪唑苯脲、氯喹、奎宁、青蒿素、青蒿素酯等。

在防制时应注意：①贝尼尔等药物有毒副作用，应限量使用；②饲料中添加小苏打以维持猪体内的酸碱平衡；③应用葡萄糖饮水防治仔猪低血糖症；④仔猪和慢性感染的猪应进行补铁；⑤继发疾病的治疗。

六、姜片吸虫病

姜片吸虫病是由布氏姜片吸虫寄生于猪和人的小肠所引起的一种人畜共患吸虫病。其特征是病猪呈现消瘦、发育不良和肠炎等症状，严重时引起死亡。

(一) 病原及生活史

布氏姜片吸虫是吸虫中最大的一种，属于片形科姜片属，成虫寄生于猪和人的小肠，在猪或人小肠内产卵，随粪排到体外，落入水中，在26~30℃时，经2~4周孵出毛蚴，游于水中。毛蚴钻入中间宿主扁卷螺体内，经胞蚴、母雷蚴、子雷蚴阶段，最后形成尾蚴。尾蚴离开螺体，游于水中，遇到浮莲、水葫芦、菱角、荸荠等水生植物时，即附着在茎、叶表面，形成囊蚴。当囊蚴随着水生植物被猪吃入后，囊蚴的壁在消化酶和胆汁的作用下溶解，幼虫逸出，吸附在小肠特别是十二指肠黏膜上发育为成虫。自终末宿主（猪）吃入囊蚴到在猪小肠内发育为成虫，需90~103天。成虫在猪体内的寿命为12~13个月。

(二) 流行特点

姜片吸虫病的发生和流行，必须具备终末宿主、中间宿主和水生植物媒介三个条件。姜片吸虫的繁殖力强，每天可产大量虫卵，虫卵随终末宿主的粪便排到外界，成为主要的传染来源。终末宿主主要是猪和人，偶尔可感染犬和野兔；经口吃入囊蚴而感染。姜片吸虫病的发生与猪的品种、年龄有很大关系，各种品种、性别和年龄的猪均可感染，但纯种猪的感染率、发病率高于土种猪，小猪的感染率高于大猪，3~6月龄的猪发病率最高，9月龄以后逐渐下降。中间宿主扁卷螺和水生植物媒介只在气温较高的夏季才大量出现，因此，本病的发生以秋季最多，有的延续至冬季。在气候温热的南方地区，喂水生植物饲料的小猪常严重发病。

（三）临诊症状

寄生虫体较少时，病猪仅表现精神沉郁，食欲减退，消化不良，幼猪生长发育缓慢。寄生虫体较多时，常见腹胀、腹痛、下痢或腹泻，或腹泻与便秘交替出现，严重消瘦，贫血，腹下甚至全身水肿，大量虫体寄生时可堵塞肠管，如不及时治疗，可能发生死亡。发病初期无体温变化，到后期体温微高，最后虚脱致死。

（四）剖检病变

剖检主要见小肠炎症。虫体附着部位肠黏膜及其附近组织发炎，点状出血，水肿，黏膜糜烂、脱落，形成溃疡或脓肿。

（五）诊断

根据流行特点、临诊症状和病原检查结果综合分析诊断。生前用水洗沉淀法查到粪便中虫卵或死后剖检在小肠内发现虫体时即可确诊。

（六）综合防治措施

1. 预防：主要是加强粪便管理、灭螺和驱虫。病猪与病人粪便是姜片吸虫散播的主要来源，应加强粪便管理，尽可能将粪便堆积发酵后再作肥料。在本病流行地区，水生饲料应煮熟或发酵后再喂猪。扁卷螺是姜片吸虫的中间宿主，在习惯用水生植物喂猪的地方，灭螺具有十分重要的预防意义。在本病流行地区，要做好定期驱虫工作，每年至少1~2次，既起到治疗作用，又可消除传染源。

2. 治疗：驱虫可使用下列药物。

（1）敌百虫按每千克体重 100 毫克，一次混料喂服。

（2）硫双二氯酚按每千克体重 60 ~ 100 毫克，一次混料喂服。

（3）吡喹酮按每千克体重 10 ~ 20 毫克，一次混料喂服。

（4）六氯对二甲苯按每千克体重 200 毫克，一次混料喂服。

七、猪囊虫病

猪囊虫病是由猪带绦虫的幼虫猪囊尾蚴引起的一种重要的人畜共患病，严重危害人体健康，是肉品卫生检验的重要项目之一。患本病的猪肉不能鲜销，重者完全不能供食用，常造成重大的经济损失。

（一）病原及生活史

猪囊虫属于带科带属，为米粒大到黄豆大的白色半透明包囊，多寄生于中间宿主横纹肌里。寄生于人小肠内的猪带绦虫成虫的孕卵节片脱落后，随粪排到外界，猪吞食了孕卵节片或节片破裂后散出的虫卵而感染。虫卵在胃肠消化液的作用下，卵壳破碎，六钩蚴逸出，钻入肠壁血管，随血流被带到肌肉等全身各部的寄生部位，经 2 ~ 4 个月发育为囊虫。当人吃了未煮熟的带有囊虫的猪肉时即遭感染，囊虫翻出头节，以吸盘和顶突钩附着在小肠壁上，经 2 ~ 3 个月发育为成虫。如果人在不卫生的条件下吃进了虫卵，或因消化道逆蠕动，使孕卵节片逆行入胃中时，人也可作为中间宿主而患囊虫病。

（二）流行特点

猪带绦虫也称猪肉绦虫、有钩绦虫、链状带绦虫。成虫寄生于人的小肠内，自然条件下，人是唯一的终末宿主，人工可感染长臂猿。幼虫阶段的猪囊虫寄生在中间宿主猪、人及野猪、犬、猫、骆驼等动物全身各处的横纹肌，其他器官组织如舌、喉、脑、眼、心、肝、肺、脾、肾、膈肌、皮下和脂肪等处常有寄生。猪带绦虫病人是猪囊虫病的传染源，猪带绦虫孕卵节片或虫卵污染饲料或饮水，中间宿主（猪等）经口吃入而感染。含囊虫病肉是人猪带绦虫病的传染源。

（三）临诊症状

猪囊虫的致病作用往往取决于其寄生的数量和寄生部位。猪感染少量猪囊虫时，一般无明显症状，严重感染时，病猪营养不良，消瘦，发育受阻。由于囊虫寄生的部位（特别是体表肌肉部位的寄生）而表现出各种症状：寄生于眼时引起视力减退或失明，有时在眼结膜上呈现豆状肿胀；寄生于脑内可出现神经症状；寄生于舌部表层时，用手触摸可感到因囊虫寄生而呈现的凹凸不平，对光观察，可见到黏膜上的豆状隆起。

（四）剖检病变

检查囊虫病患猪的肌肉和其他脏器处可发现猪囊虫及其钙化灶。猪囊虫外观呈米粒大到黄豆大的半透明的小水泡囊，囊内充满囊液，有白色小点状头节。检出率较高的部位顺序依次为：肩胛外侧肌、臀肌、咬肌、深腰肌、膈肌、心肌、颈肌、股内侧肌。钙化灶外观呈白色圆点。严重感染猪囊虫的猪肉苍白而湿润。感染初期囊尾蚴外部有细胞浸润，继之发生纤维性变，约半年后囊虫死亡，逐渐钙化。

（五）诊断

猪患囊虫病后常缺乏特征性症状，因此，生前依据临诊症状，不能作出正确诊断。仅在严重感染时，在宰前有经验的临床兽医和富有屠宰经验的工人根据病猪体征等可作出初步诊断。生前如在猪的眼结膜和舌部发现猪囊虫结节可确诊；也可用皮肤变态反应、间接血凝试验、酶联免疫吸附试验及免疫荧光抗体试验等免疫学方法作出诊断。目前，对猪囊虫病的诊断，多是在宰后于肌肉和器官组织中发现猪囊虫及其钙化灶而确诊。在人的粪便中查到猪带绦虫孕卵节片或虫卵可确诊人患有猪带绦虫成虫病。

（六）综合防治措施

1. 预防：大力宣传猪囊虫病防治知识，密切配合动物防疫机构做好猪囊虫病防治工作。在猪囊虫病流行地区，彻底查清人猪带绦虫患者，彻底驱除人猪带绦虫，粪便无害化处理，消灭传染源。认真进行猪宰前检疫和宰后检验，对检出的囊虫病猪肉，进行无害化处理，消灭猪囊虫，预防人患猪带绦虫病。管理好猪和人粪便，杜绝猪与人粪接触的机会，切断猪囊虫病传播途径。

2. 治疗：近年来，随着低毒、广谱驱虫药的相继问世，在治疗人、畜猪囊虫病方面已取得重大进展。治疗猪囊虫病可用下列药物：

（1）吡喹酮按每千克体重 50 毫克，1 天 1 次，连用 3 天。或按每天每千克体重 200 毫克，分 3 次内服；或 50 千克以下的猪按每千克体重 80 毫克，50 千克以上的猪按每千克体重 70 毫克，配成 10% 溶液，一次肌内注射。

（2）丙硫咪唑按每千克体重 60 ~ 65 毫克，一次肌内注射，或按每千克体重 20 ~ 30 毫克内服，每天 1 次，连用 3 天。

八、猪蛔虫病

猪蛔虫病是由猪蛔虫寄生于猪小肠内引起的一种常见多发线虫病。此病分布广泛，对养猪业的危害极为严重，尤其卫生条件较差的猪场和营养不良的猪群中，感染率很高，一般都在 50% 以上，是造成养猪业损失最大的寄生虫病之一。3 ~ 6 月龄的小猪最易感染，患猪发育不良，严重者生长停滞，甚至引起死亡。

（一）病原及生活史

猪蛔虫属于蛔科蛔属，是寄生在猪小肠内的一种大型线虫。猪蛔虫属上源性线虫，发育过程中不需要中间宿主。成虫寄生于猪小肠内，成熟雌虫在寄生部位产卵，虫卵随粪排到外界，在适宜的温度、湿度、氧气和光照条件下开始发育，经 10 天左右发育成第一期幼虫，再经过一段时间的生长和一次蜕化，发育成具有感染性的含第二期幼虫的虫卵。其污染土壤或猪的饲料、饮水或母猪乳房等，被猪吃入后，在小肠内卵壳被消化，第二期幼虫逸出，钻入肠壁血管，随血流被带到肝脏，再继续沿腔静脉、右心室和肺动脉而移行到肺脏，在感染后 4 ~ 5 天，幼虫在肝内进行第二次蜕化，发育成第三期幼虫。第三期幼虫由毛细血管进入肺泡，在此度过一定时期的发育阶段，然后由肺泡进入细支气管、支气管，随黏液一起到咽部并咽下，经食道、胃再次进入小肠，进行第四次蜕化，并逐渐发育为成虫。从感染性虫卵被吃入到经移行并发育为成虫产卵，需要 60 ~ 75 天。因此，在一般情况下，断奶前的仔猪小肠内没有成虫寄生，粪中没有虫卵。初生仔猪也有患蛔虫病者，可能系胚胎感染。

（二）流行特点

猪蛔虫病广泛流行于猪场内，各年龄段的猪均可感染猪蛔虫，但猪蛔虫病主要发生于 3 ~ 6 月龄的猪，成年猪多为带虫者，并且自动排虫发育为成虫。带虫猪或病猪排粪时排出虫卵，是本病的主要传染源。蛔虫产卵量很大，一条雌虫一天可产卵 10 万 ~ 20 万个。大量的虫卵随粪便、风尘、饲养人员及用具等广泛散播，污染土壤、饲料、饮水等，猪在拱土、采食或饮水时经口吃入而感染。母猪乳房也极易被虫卵污染，致使仔猪在吃奶时感染。

猪蛔虫卵对各种环境因素和化学消毒剂的抵抗力均很强，这与猪蛔虫卵具有三层卵膜有直接关系。在疏松湿润的耕地或园土中可以生存 2 ~ 5 年之久，但干燥和 40 ℃以上高温或夏季日光直射能使虫卵迅速死亡，绝大部分未发育虫卵能越冬存活。在一般消毒剂内能存活 5 年或更长时间，只有用 10% 克辽林、5% ~ 10% 石炭酸、60 ℃ 2% ~ 5% 热碱水、新鲜石灰乳等才能杀死虫卵。在饲料管理不良，卫生条件恶劣和猪过于拥挤的猪场，以及营养缺乏，尤其是饲料中缺乏维生素和矿物质的情况下，3 ~ 6 月龄的猪最易大批感染蛔虫并发病，且常发生死亡。

（三）临诊症状

猪蛔虫病的临诊症状，随猪的年龄大小、体质强弱、感染强度和蛔虫所处的发育阶段而有所不同，其危害程度视感染强度而定。3 ~ 6 个月龄的仔猪症状比较严重，成年猪有较强的免疫力，能耐受一定数量的虫体侵害，而不呈现明显的症状，但却是本病的传染源。仔猪发病率较高，病初有轻微的湿咳，体温可升高到 40 ℃左右，随后出现精神沉郁，呼吸及心跳加快，食欲缺乏或时好时坏，营养不良，消瘦，贫血，被毛粗乱，磨牙，生长发育缓慢或停滞，形成僵猪，严重者呼吸困难，呕吐，流涎，拉稀，喜卧不愿走动，多经 1～2 周好转或逐渐虚弱，趋于死亡。当成虫寄生数量多时，易发生肠阻塞，病猪剧烈腹痛，有时引起肠穿孔或肠破裂而导致死亡。有时蛔虫进入胆管，引起胆管蛔虫症，表现黄疸和腹痛等症状，多经 6～8 天死亡。虫体的分泌物和代谢物对猪的神经和血管有毒性作用，可引起过敏反应，表现皮疹、痉挛、兴奋或麻痹等。当寄生虫体不太多时，常不引起明显症状，但大多因胃肠功能受到破坏而表现食欲不振、磨牙和生长缓慢等症状。饲料中缺乏维生素 A 时，瘦弱仔猪常因此而死亡。有些患隐性流感、气喘病和猪瘟的病猪，可以由于蛔虫幼虫在肺部的协同作用而加剧病势，造成死亡。

（四）剖检病变

幼虫移行常引起肝组织出血、变性和坏死，最终在肝脏上形成不规则的灰白色云雾状蛔虫斑块。移行经肺常引起蛔虫性肺炎病变，肺组织致密，肺表面和切面可见大量出血点或暗红色斑点。肝、肺和支气管等处常可发现大量幼虫。大量虫体寄生于小肠时，可见小肠黏膜有卡他性炎症、出血或溃疡。肠破裂的病例，可见腹膜炎和腹腔内出血。因胆管蛔虫症而死亡的病猪，可发现蛔虫钻入胆管，胆管阻塞，病程较长时，有化脓性胆管炎或胆管破裂，胆汁外流，肚脐黄染和变硬等病变。

（五）诊断

根据流行特点、临诊症状、剖检病变和病原检查等进行综合分析诊断。生前用饱和盐水漂浮法或水洗沉淀法查，每克粪中含 1 000 个以上虫卵，或查鼻液发现大量蛔虫幼虫时，或死后在小肠内发现大量成虫，或以贝尔曼氏幼虫分离法在肝脏、肺脏内查到大量幼虫时，可确诊为蛔虫病。但 2 月龄内仔猪的蛔虫病，因其体内尚无发育到性成熟的蛔虫，故不能用粪便检查法作出生前诊断，只能进行剖检和肺组织幼虫分离法确诊。

（六）综合防治措施

1. 预防：猪蛔虫病的预防，必须采取包括消除带虫猪、保护环境卫生和防止仔猪感染等综合性措施。加强饲养管理，保持饲料和饮水清洁，防止粪便污染和喂以全价饲料，增强机体抗病力。保持圈舍和运动场的清洁卫生，及时清除粪便并堆积发酵或沼气池发酵，杀死虫卵，防止病原散播。对临产母猪驱虫、清洗乳房，产房消毒；断奶仔猪及时分圈饲养，防止仔猪感染。发现病猪，及时用药物进行治疗性驱虫。一般猪场，每年应在春、秋进行两次全场驱虫；特别是3～6月龄的猪应驱虫2～3次，每次驱虫间隔1.5～2个月。

2. 治疗：常用以下驱虫药物进行治疗。

（1）左咪唑按每千克体重8～10毫克，一次投服或混料喂服；或用左旋咪唑透皮剂，按每10千克体重1毫升，耳根部涂擦，均有良效。

（2）丙硫咪唑按每千克体重15～20毫克，一次投服或混料喂服。

（3）敌百虫按每千克体重0.1克，一次投服或混料喂服。

（4）伊维菌素、阿维菌素按每千克体重0.3毫克，注射剂可皮下注射，粉剂或片剂可内服或混料喂服。

（5）驱虫散按每吨饲料加入500克，连用5～7天，严重者间隔1周后再用5～7天。

九、旋毛虫病

旋毛虫病是由旋毛虫引起的一种人畜共患传染病。成虫寄生于宿主的小肠中，幼虫寄生于横纹肌内。人、猪、犬、猫、鼠类等均能感染。人体感染主要来源于摄食生的或未煮熟的含旋毛虫包囊的猪肉，并可致人死亡；猪的旋毛虫感染率为0.3%～0.6%，有些地区高达

45.2%，因此，猪肉的旋毛虫检查也是肉品卫生检验的重要项目之一。

（一）病原及生活史

旋毛虫属毛形科毛形属，是一种细小的线虫，寄生于肌纤维中的幼虫，常呈螺蛳椎状盘绕，幼虫周围形成包囊，包囊呈梭形或椭圆形，长度可达0.4~0.6毫米。成虫寄生于小肠，称肠旋毛虫，幼虫寄生于横纹肌，称肌旋毛虫。

旋毛虫成虫和幼虫寄生于同一个宿主，宿主感染时，先为终末宿主，后变为中间宿主。宿主因吃入含有包囊幼虫的动物肌肉而感染，包囊在胃内被溶解，释出幼虫，进入十二指肠和腔肠内，经两昼夜发育为性成熟的肠旋毛虫。雌虫和雄虫在肠黏膜中交配，不久雄虫死亡，雌虫钻入肠腺和黏膜下淋巴间隙中发育，于感染后第7~10天开始产幼虫。一条雌虫可产1 000~10 000条幼虫。幼虫被产于肠黏膜中或淋巴管和肠绒毛的乳糜管中，经肠系膜淋巴结进入胸导管，再到右心，经肺转入体循环，随血液被带到全身各处，但只有进入横纹肌纤维内的幼虫才能进一步发育。幼虫在活动量较大的肋间肌、膈肌、舌肌和咬肌中较多。在感染后第12天，血液中出现大量幼虫，第17~20天幼虫开始卷曲盘绕，第7~8周包囊完全形成，此时幼虫已具感染性，可再感染新的宿主。包囊的长轴与肌纤维平行。每个包囊内一般含1条幼虫，但有的可含6~7条。包囊在6个月后开始钙化，但幼虫仍保持生命力。

（二）流行特点

旋毛虫病分布于世界各地，宿主范围极为广泛，人、猪、犬、鼠、猫、熊、虎、狼、貂、黄鼠狼等100多种哺乳动物均可感染；某些昆虫如蝇蛆、步行虫等可机械性保存旋毛虫活力。因此，旋毛虫的流行存在着广大的自然疫源性。

旋毛虫的抵抗力很强，在 -12 ℃可保持生命力57天；盐渍和熏制只能杀死肉类表层包囊内的幼虫，而深层的可存活1年以上。温度达70 ℃时，才能杀死包囊内的幼虫。在腐败的肉里，旋毛虫能存活100天以上，因此，鼠类和其他动物的腐败尸体以及随粪排出的含有包囊幼虫的未被消化的肌纤维，可长期地保存旋毛虫的感染力，被易感动物吃入后均能造成感染。

人感染旋毛虫主要是食入生的或腌制、烧烤不当的含有感染性幼虫的动物肉，猪肉是主要感染来源。切过生肉的菜刀、砧板可能黏附有旋毛虫包囊，其污染食品亦可造成人体感染。用生的废肉屑、洗肉水和含有生肉屑的垃圾喂猪可引起猪旋毛虫病的流行，猪吃入含幼虫包囊的昆虫、动物粪便、死鼠等亦可造成感染。互相蚕食或食垃圾中的含包囊幼虫碎肉是鼠的主要感染方式。野生动物主要因摄食其他动物肉或腐肉而感染。动物间的互相啃咬亦可导致感染。

（三）临诊症状

旋毛虫对猪和其他动物的致病力轻微，肠型旋毛虫对其胃肠的影响极小，往往不显症状。肌旋毛虫的致病作用主要是肌肉的变化，如肌细胞横纹消失、萎缩，肌纤维膜增厚等。人工感染的猪，初期表现食欲减退，呕吐和腹泻；感染第2周末，表现肌炎，肌肉疼痛或麻痹，运动障碍，声音嘶哑，呼吸和咀嚼障碍及消瘦等，极少死亡，多于4～6周后康复。

旋毛虫病主要是危害人，不但影响人的身体健康，甚至能引起人死亡。人的旋毛虫病可分为成虫引起的肠型和幼虫引起的肌型两种。成虫侵害肠黏膜引起急性肠炎，表现为腹泻甚至带血性腹泻，呕吐，高热，若治疗不及时，可因严重脱水而导致死亡。幼虫侵入肌肉引起急性肌炎，表现发热和肌肉疼痛；同时出现吞咽、咀嚼、行走和呼吸困难；脸，尤其是眼睑水肿，食欲不振，显著消瘦。多于4～6周后症状缓解。严重感染时，多因呼吸肌麻痹、心肌及其他脏器的病变和毒素的刺激等而引起死亡。

（四）剖检病变

猪旋毛虫病仅见横纹肌上有针尖大的小白点肌细胞横纹消失和肌

纤维增生等。

（五）诊断

临诊症状和剖检变化无特异性，单靠临床症状无法确诊。生前剪一小块活组织如骨骼肌、舌肌压片镜检查到包囊幼虫可确诊，也可用酶联免疫吸附试验、炭粒凝集试验、皮内反应试验等免疫学方法诊断，具有较好的敏感性和特异性。目前，市场上已有利用胶体金技术研制成功的旋毛虫快速检测试纸条，可用于快速检测本病。死后最确实的诊断方法是在肌肉内发现旋毛虫包囊幼虫，其方法有目检法、镜检法和人工胃液消化集虫法。目检法与镜检法相结合是目前所采用的常规检验方法，从猪的左右膈肌脚切小块肉样，撕去肌膜与脂肪后，用肉眼仔细观察有无可疑的旋毛虫病灶；肉眼观察旋毛虫包囊，只有针尖大小，未钙化的包囊呈露滴状，半透明，较肌肉色淡，随着包囊形成时间的增加，色泽逐渐变为乳白色、灰白色或黄白色。当发现可疑病变时，即压片镜检，以确定是否为旋毛虫包囊，如果不是即可作阴性处理。也可直接取左右膈肌脚 24 个麦粒大的小肉粒压片镜检，发现包囊幼虫可确诊。

对于轻度感染的病例，幼虫包囊较少，可采用人工胃液消化集虫法：取肉样 30 克，用绞肉机绞碎，加 10 倍量人工胃液（浓盐酸 7 毫升、胃蛋白酶 7 克、水 1 000 毫升），37 ℃恒温搅拌消化 12 ~ 24 小时，过滤，沉淀，弃上清液，取沉淀物制片、镜检查到裸露的肌幼虫。该法操作复杂，但检出率高。

（六）综合防治措施

1. 预防：加强肉品卫生检验工作，发现含有旋毛虫的肉应按肉品检验规程处理。如果在 24 个麦粒大膈肌肉粒中发现幼虫包囊或钙化的包囊超过 5 个时，猪肉和心脏作工业用原料或销毁；不超过 5 个时，猪肉和心脏需经高温处理（切成小块煮沸 2. 5 小时）后方可食用，皮下和肌间脂肪炼食用油。在本病流行区，猪只应圈养，防止猪吃其他动物粪便、昆虫等而感染；不用生的废肉屑或洗肉水喂猪。

2. 治疗：

（1）丙硫咪唑按每千克体重200毫克，1次或3次肌内注射；或每吨饲料中加入300克连用10天，可完全杀死旋毛虫肌幼虫。

（2）磺苯咪唑按每千克体重30毫克，1次肌内注射对肌幼虫杀虫率可达99%以上，肌内注射2次或3次均有100%杀虫效力。

（3）左咪唑按每千克体重10毫克，肌内注射，或每千克体重25～30毫克，一次喂服。

十、猪疥螨病

猪疥螨病又叫疥癣，俗称癞，是由疥螨属的疥螨寄生于猪皮内引起的一种慢性接触传染性皮肤病，其临床特征是剧痒，皮炎，脱毛结痂，渐进性消瘦，严重者引起死亡。

（一）病原及生活史

疥螨属不完全变态节肢动物，其发育史包括虫卵、幼虫、若虫（稚虫）和成虫四个阶段。疥螨的整个发育和繁殖过程均在宿主的皮肤隧道内完成，属永久性寄生虫。疥螨在皮肤挖掘的隧道，每隔一定距离即有小孔通到外界，供空气流通和幼虫外出。成熟的雌虫和雄虫在隧道内交配后不久，雄虫即死亡。雌虫边挖隧道边产卵，通常每天产1～2个，一生可产卵40～50个。雌虫寿命4～5周。虫卵经3～6天孵出幼虫；幼虫离开原隧道，在皮肤表面另掘新隧道，并在新隧道内蜕皮变为若虫；若虫也掘浅窄的隧道，并在其中蜕皮变为成虫。从虫卵发育为成虫需8～22天，平均15天。疥螨无呼吸系统，靠体表吸收宿主组织中的氧。

（二）流行特点

各种年龄的猪均可感染和发生疥螨病，但以5月龄以下的猪发病较多，而且症状严重。健康家畜与疥螨病畜直接接触导致本病的传播；健康家畜接触病畜擦痒时脱落的皮屑、污染的饲养用具及猪舍等亦可造成传播。冬季和秋末春初，光照不足，阴暗、潮湿、寒冷，动物拥挤，疥螨病发病多，传播快，症状严重。在夏季，天气干燥，空气流通，阳光充足，则发病少，病势减轻。

（三）临诊症状

多发于5月龄以下的猪。猪疥螨病通常起始于头部、眼周、颊部和耳根部，以后蔓延至背部、躯干两侧及后肢内侧甚至全身，尤以仔猪发病最为严重。患猪局部剧痒，常以肢搔痒或抵于墙角、饲槽、柱栏等处摩擦患部。数日后，患部皮肤发炎、红肿，出现针头大小的结节，随后形成小水疱或脓疱。当水疱或脓疱破溃后，流出黄白色液体或血液、脓液，干涸后结成痂皮，病情严重者被毛脱落，皮肤增厚、粗糙，形成皱褶，硬度增加，弹性降低，甚至龟裂。病猪食欲减退，生长滞缓甚至减重，严重消瘦，贫血，最后因衰竭而死亡。疥螨病在温暖环境中痒觉加重。

（四）诊断

根据临诊症状可作出诊断，确诊需在患病皮肤与健康皮肤交界处（这里的螨较多）刮皮肤至微出血，取刮下物镜检，查到不同发育阶段的虫体或虫卵。

1 死虫检查法：

（1）涂片法：将病料置载玻片上，滴加煤油浸泡，使皮屑透明并杀死虫体，然后镜检查虫。

（2）沉淀法：将病料置离心管内，加5%氢氧化钠或氢氧化钾，浸泡过夜或在酒精灯上煮沸数分钟，使皮屑溶解，离心沉淀后弃上清液，取沉淀物制片镜检查虫。

（3）浮集法：沉淀法制得的沉淀物中加入60%硫代硫酸钠溶液，混匀后静置10分钟，取表膜液制片镜检查虫。

2. 活虫检查法：此方法可判断虫体是否存活，特别适用于判定药物疗效。用油镜观察时，可见活虫体内的淋巴包含物流动。

（1）涂片法：取病料涂片，加生理盐水，覆以盖玻片，镜检查虫。

（2）透明法：将病料置载玻片上，滴加5%氢氧化钾、石蜡油或甘油水等量混合液浸泡，使皮屑透明后镜检。该法浸泡时间一般不超过40分钟，时间长则虫体死亡。

（3）培养皿加温法：将病料置平皿内，加盖后，放在盛有40～50℃温水的杯子上，10～15分钟后，将平皿翻转，大量皮屑落于平皿盖上，螨虫及少量皮屑粘于皿底，取皿底镜检。

（4）温水检查法：将病料浸入盛有40～45℃温水的试管或平皿内，置恒温箱中1～2小时，活螨在温热作用下由屑内爬出，集结成团，沉于水底部。将水底团块物倾于玻璃表面上镜检。

（五）鉴别诊断

1. 湿疹：无传染性，有痒觉，但不及螨病严重；在温暖环境中痒觉不加剧；有的湿疹不痒；皮屑内无螨。

2. 秃毛癣：无痒觉；患部呈圆形或椭圆形，境界明显，无毛，皮硬，表面覆有浅灰色痂皮，易剥离，剥离后皮肤光滑；镜检病料有真菌芽孢或菌丝。

3. 虱和毛虱：发痒、脱毛和营养障碍同疥螨相似，但皮肤发炎、落屑程度都不如疥螨病严重，而且容易发现病原体。

（六）综合防治措施

猪疥螨病属于接触传播性疾病，防治本病应采取综合性措施，其中以猪体和环境杀虫最为重要。

1. 预防：加强饲养管理，提高机体抗病力；同群饲养的猪，密度不宜过大。搞好环境卫生，保持猪舍和运动场干燥，通风良好，光照充足；环境和用具定期用杀螨剂喷洒。引进或输出猪只时要认真检查，并做好预防处理，以免病原传入或传出；引进的猪要经隔离观察，确认无病时再合群。频繁接触病猪的人员做好自身防护，防止被传染。经常检查猪群，发现病猪，及时隔离和治疗，防止接触传播。在用药治疗病猪的同时，对猪舍、运动场地面、墙壁和饲槽、饮水槽及其他用具等，必须使用杀螨药同步杀灭外环境中的虫体，防止猪只重复感染，才能收到较好的防治效果。外环境喷洒杀螨剂，对蚊、蝇等外寄生虫，亦有很好的杀灭作用。

2. 治疗：治疗猪疥螨的药物种类、制剂和用药方法很多，有机磷类、有机氯类、拟除虫菊酯类和脒类化合物及硫黄、烟草浸液等天然杀虫药，对疥螨均有很好的杀灭效果。临床应用时，应根据人力、疾病发生和传播情况、季节等。选用不同的药物制剂，采用患部涂抹、肌内或皮下注射、药浴或洗浴、喷淋、撒粉等不同方法。这里介绍几种药物和用法，供选用。

（1）2%～5%敌百虫水溶液或1%～2%敌百虫废机油合剂于患部涂擦。用敌百虫治疗时，不可用碱性水洗刷，以免引起中毒。

（2）用水将患病清洗后，用毛刷蘸取60%硫代硫酸钠溶液均匀涂于患部，待干后再用5%盐酸溶液涂于患部，此时可闻到硫黄味，隔2～3天再涂1次，直到痊愈。

（3）0.025%～0.05%蝇毒磷水乳剂喷淋、涂擦或药浴。

（4）0.1%～0.2%杀虫脒水乳剂喷淋、涂擦或药浴。

（5）2.5%敌杀死乳油剂，用水250～500倍稀释；20%杀灭菊酯（戊酸氰醚酯、速灭杀丁）乳油剂，用水1 000～3 000倍稀释；10%二氯苯醚菊酯乳油剂，用水1 000～2 500倍稀释；局部涂擦、喷淋、药浴均可。

（6）25%双甲脒乳油剂，用水250～500倍稀释，涂擦或喷淋患部。

（7）伊维菌素或阿维菌素，按每千克体重0.3毫克，皮下注射，或用浇泼剂沿背部皮肤浇泼。

（8）烟叶或烟梗1份加水20份，煮1小时，用来洗病猪患部。

无论选用哪种药物治疗猪疥螨病，治疗前都要在患部及其周围剪毛，除去污垢和痂皮，用温水洗刷后用药。首次用药后，间隔5～7天，再用药治疗1次。

第三节　猪常见中毒病的防控

一、亚硝酸盐中毒

猪亚硝酸盐中毒是猪采食了富含硝酸盐、亚硝酸盐过多的饲料和饮水，引起高铁血红蛋白血症（变性血红蛋白血症），导致组织缺氧的一种急性、亚急性中毒性疾病。临床上以可视黏膜发绀、血液褐变、呼吸困难及其他缺氧症状为特征。本病常于猪吃饱后不久发生，故俗称“饱潲病”或“饱食瘟”。

（一）病因

在自然条件下，亚硝酸盐是硝酸盐在硝化细菌的作用下，还原为氨过程的中间产物。富含硝酸盐的饲料有甜菜、萝卜、马铃薯、青菜、白菜及作物的秧苗等。在重施化肥或农药情况下，如硝酸铵、硝酸钠、除草剂及部分植物生长剂等，可使饲草饲料中硝酸盐的含量增高。硝化细菌广泛分布于自然界，其活动性受环境的湿度、温度等条件的直接影响。最适宜的生长温度为 20 ~ 40 ℃。当用这些饲草、饲料大量饲喂动物，或由于加工调制不当，如慢火焖煮、霉烂变质、枯萎及其他一些条件，硝酸盐均可因混杂于饲料中硝化菌的作用还原为亚硝酸盐。亚硝酸盐的毒性比硝酸盐强 15 倍，因此，当亚硝酸盐进入体内超过一定浓度后就发生中毒。

亚硝酸盐亦可在猪体内形成，在一般情况下，硝酸盐转化为亚硝酸盐的能力很弱，但当胃肠道功能紊乱时，如患肠道寄生虫病或胃酸浓度降低时，可使胃肠道内的硝化菌大量繁殖，此时若动物大量采食含硝酸盐饲草饲料时，即可在胃肠道内大量产生亚硝酸盐并被吸收而引起中毒。

（二）临诊症状

亚硝酸盐的主要作用是使血中正常的氧合血红蛋白氧化成高铁血

红蛋白，丧失了血红蛋白的正常携氧能力，造成组织缺氧。另外，亚硝酸盐具有血管扩张剂的作用，可使病畜末梢血管扩张，而导致循环衰竭。

病猪常在采食后数小时内突然发病，同群或同饲的猪只同时或相继发生，以体强、食欲旺盛者严重。最急性型病猪仅稍显不安，站立不稳，即倒地死亡。急性者病猪流涎，可视黏膜发绀，呈蓝紫色，血液褐变，刺破耳尖、尾尖等，流出少量酱油色血液，呼吸严重困难，体温正常或偏低，全身末梢部位发凉，四肢无力，走路摇摆，痉挛，挣扎鸣叫，或做无目的的运动，心脏微弱，不久倒地昏迷，四肢划动，抽搐窒息而亡。病程短，发病急，多呈急性经过。

（三）剖检病变

中毒猪尸体腹部多膨胀，口鼻呈乌紫色，流出淡红色泡沫状液体，血液暗褐色如酱油，凝固不良；眼结膜呈棕褐色；各脏器淤血，胃肠黏膜有不同程度的充血、出血及脱落，肝、肾呈暗红色；肺充血，气管和支气管黏膜充血、出血，管腔内充满红色泡沫状液体；心外膜、心肌有出血点。

（四）诊断

依据病史、饲料状况、临诊症状、剖检病变特征，可以作出初步诊断。为进一步确诊，可进行亚硝酸盐检验、变性血红蛋白检查。

1. 亚硝酸盐检验：取胃肠内容物或残余饲料的液汁 1 滴，滴在滤纸上，加 10% 联苯胺液 1～2 滴，再加 10% 的醋酸 1～2 滴，滤纸变为棕色，则为亚硝酸盐阳性反应。也可将胃肠内容物或残余饲料的液汁 1 滴，加 10% 高锰酸钾溶液 1～2 滴，充分摇动，如有亚硝酸盐，则高锰酸钾变为无色，否则不褪色。

2. 变性血红蛋白检验：取血液少许于试管内振荡，振荡后血液不变色（仍为棕褐色），即为变性血红蛋白。为进一步验证，可滴入 1% 氰化钾（钠）1～3 滴后，血色即转为鲜红。

（五）预防

青绿饲料宜生喂，不宜堆放或蒸煮，要烧煮时，应迅速煮熟，揭开锅盖，不要闷在锅里过夜。堆积发热腐烂的蔬菜、瓜藤不要饲喂；接近收割的青绿饲料不应施用硝酸盐化肥；对可疑饲料、饮水，临饲用前应做简易化验等措施，可有效预防本病的发生。

（六）治疗

宜迅速采用美兰或甲苯胺蓝特效解毒药。美兰 1～2 毫克/千克体重，配成 1% 的溶液静脉注射，同时配合注射 20% 的葡萄糖及维生素 C，也可用 1% 的美兰深部肌内注射；甲苯胺蓝 5 毫克/千克体重，配成 5% 的溶液静脉注射、肌内注射或腹腔注射。呼吸喘急时，可用 0.1% 盐酸肾上腺素溶液 0.2～0.6 毫升注射，强心可用 10% 安钠咖注射。

二、氢氰酸中毒

氢氰酸中毒，是猪采食了富含氰苷配糖体的青饲料或误服氰化物后，在体内由于酶和胃液盐酸的作用产生游离的氢氰酸而发生的中毒病。本病发病突然，主要临床特征为伴有呼吸困难、震颤、惊厥综合征的组织中毒性缺氧症。

（一）病因

采食富含氰苷的植物，如木薯、高粱苗、玉米幼苗、亚麻叶、亚麻籽饼、南瓜藤、马铃薯幼芽、杏仁、李仁、海南刀豆等，或误食含氰化物农药的饲料而引起中毒。氰苷本身无毒，在胃内脂解酶和胃液盐酸的作用下，分解形成氢氰酸。氢氰酸进入机体，氰离子能抑制细胞内许多酶的活动，破坏组织内的氧化过程，导致机体缺氧症。

（二）临诊症状

猪在采食后 15～20 分钟突然发病，病初呈现兴奋，流出白色泡沫状唾液，轻度下痢及痉挛，呼吸加快且困难，可视黏膜鲜红色。很快转为抑制，呼出气体有苦杏仁味，全身极度衰弱无力，行走不稳，体温下降，肌肉强直性痉挛，牙关紧闭，排尿次数增多。后期瞳孔散大，反射减少或消失，结膜发绀，呼吸浅表，脉搏细弱，最后昏迷，抽搐而死。

（三）剖检病变

尸体不易腐败，血液呈鲜红色，不易凝固；胃内充满气体，内容物有苦杏仁味，胃肠黏膜和浆膜有出血；体腔和心包腔内有浆液渗出；肺水肿，气管和支气管内有泡沫状液体。

（四）诊断

根据病史、临诊症状及胃内容物的特殊气味可作出初步诊断，确诊需对饲料和胃内容物作氢氰酸检验。根据血液呈鲜红色可与亚硝酸盐中毒时血液为酱油色相区别。

（五）预防

饲喂富含氰苷配糖体的饲草饲料时，注意以下几个方面：含氰苷的饲料先经流水浸渍 24 个小时，漂洗后饲喂。勿多量饲喂高粱及玉米苗，特别是再生苗等富含氰苷配糖体的青绿饲料。氰氢酸沸点低，易挥发，此类饲料经加热，可使其去毒。

（六）治疗

发病后，立即应用特效解毒药。1% 亚硝酸钠每千克体重 1 毫升，静脉注射，随后再用 5% ~10% 的硫代硫酸钠液 20 ~60 毫升静脉注射，也可二者同时应用。对二甲氢基苯酚是一种抗氰新药，按 10 毫克/千克体重，配成 10% 的溶液肌内注射，对处于濒死期的中毒仔猪有一定功效。对症治疗可注射中枢兴奋剂、强心剂，静脉注射 5% 葡萄糖生理盐水等。

三、棉籽饼中毒

棉籽饼是一种高蛋白饲料，含有 36% ~42% 的蛋白质，十多种氨基酸，其必需氨基酸含量在植物中仅次于大豆饼。但棉籽饼中含有多种有毒的棉酚，长时间连续使用或一次大量饲喂未脱毒的棉籽饼，可引起中毒。其临床特征为出血性胃肠炎、肺水肿和神经紊乱等。

（一）病因

棉籽壳及棉籽饼中，主要有毒成分是棉酚。棉酚包括结合棉酚及游离棉酚，游离棉酚对动物是有毒的，可降低血液携氧能力，产生被动性肺充血和水肿；可与体内的硫和蛋白质结合，导致溶血，降低肝脏琥珀酸脱氢酶的活性；棉酚对胸膜、腹膜和胃肠道有刺激作用，能引起组织发炎，增强血管壁的通透性，促进血浆和血细胞渗到外围组织，使组织发生浆液性浸润和出血性炎症。棉酚在体内比较稳定，不易被破坏，而且排泄缓慢，有蓄积作用。因此，过量饲喂或长期饲喂未作去毒处理的棉籽饼，即可引起中毒。日粮中维生素和矿物质缺乏以及其他过度刺激均可促使中毒发生或使病情加重。此外，妊娠母猪和仔猪对棉酚比较敏感，仔猪也可能因哺乳而摄入棉酚，发生中毒。

（二）临诊症状

一般轻者仅见食欲减少，下痢，体重减轻。病重者食欲减少或废绝，精神不振，低头弓腰，呕吐，黏膜轻度黄染，便秘或下痢，粪便带血，尿中带血，后肢软弱，呼吸急促。肥育猪皮肤干燥、皲裂和发绀，体温正常；仔猪常腹泻、脱水和惊厥，死亡率高；怀孕母猪可出现流产、死胎及产畸形仔猪的现象。

（三）剖检病变

急性中毒时，胸腔和腹腔内积有淡红色的透明渗出液，胃肠有出血性炎症，肝充血肿大，胆囊肿大，肺充血水肿，心内、外膜有出血。慢性者，病猪消瘦，有慢性胃肠炎、肾炎的病变。

（四）诊断

根据饲喂棉籽饼的病史、临诊症状和剖检病变可作出诊断。确诊需作棉籽饼及血液中游离棉酚含量测定。

（五）预防

在养猪生产中，做到以下几方面的工作，可有效地预防本病的发生。

1. 限制棉籽饼的饲喂量和饲喂时间：成年猪每天饲喂量不超过8%，每日低于0.5千克，而且连续饲喂半个月至1个月后要停喂半个月，同时，配合其他蛋白质饲料。母猪、仔猪尽量不用或少用。

2. 加热减毒处理：榨油时最好能经过炒、蒸，使游离棉酚转变为结合的棉酚，生棉籽皮炒了再喂；棉渣、棉籽饼加热煮熟，并保持在80~85℃水中6~8小时，则80%的棉籽毒可被破坏。

3. 加铁去毒：铁与棉酚结合成不被动物吸收的复合物，使棉酚的吸收量大大减少。据报道用0.1%~0.2%硫酸亚铁浸泡棉籽饼一昼夜，棉酚的破坏率达81.81%~100%，然后用清水冲洗1~2次再喂。

4. 增加日粮中蛋白质、维生素、矿物质和青绿饲料，可降低棉籽饼的毒性，对预防棉籽饼中毒都有很好的作用。

（六）治疗

治疗本病无特效解毒剂，主要采用消除致病因素、加速毒物排出及对症治疗。猪发病后，应立即停喂棉籽饼、棉籽壳，用5%碳酸氢钠、0.05%高锰酸钾洗胃或灌肠；内服盐类泻剂。解毒可内服硫酸亚铁、葡萄糖酸钙等。发生胃肠炎者，用肠道消炎药及收敛药治疗。出血时加止血敏、维生素K_3或氨甲苯酸。为了阻止渗出，增强心脏功能，补充营养，可用10%~25%的葡萄糖溶液、安钠咖、葡萄糖酸钙静脉注射。配合维生素A、维生素C、维生素D等注射，均能提高疗效。

四、菜籽饼中毒

菜籽饼是一种蛋白饲料，如饲喂过量或不经适当处理喂猪，可引起中毒或死亡。

（一）病因

菜籽饼中含蛋白质32%~39%，可作为猪蛋白质饲料的重要来源。油菜种子除含有约43%的脂肪油外，还含有芥籽苷、芥籽酸、芥籽碱、芥籽酸钾等成分。这些成分在水解酶作用下，可产生异硫氰酸丙烯酯等物质，喂猪后易发生中毒。

（二）临诊症状

育肥猪易发本病，多呈急性经过，且死亡较快。病猪腹痛、腹泻，有时粪便中带血，精神不振，食欲减退，排尿次数增多，有时有血尿，呼吸困难、咳嗽。特别严重者，体温下降，最后虚脱死亡。

（三）剖检病变

剖检见肠黏膜充血、出血，肾出血，肺充血、水肿，显著病变为肝混浊、肿胀、坏死。血色发暗，凝固不良，胃内有出血或少量血凝块。

（四）诊断

根据饲喂菜籽饼的病史、临诊症状以及剖检病变，可作出初步诊断，必要时进行毒物检验。

（五）预防

1. 严格控制饲喂量，测定菜籽饼的含毒量，一般每天饲喂量不超过日粮的10%。

2. 去毒处理：

（1）坑埋法：将菜籽饼打碎或碾成粉末，按1∶1的比例加水浸泡搅拌，埋入1立方米的土坑内，上面以草席覆盖并加上30～40厘米厚泥土，放置2个月后即达去毒目的。

（2）发酵中和法：将菜籽饼发酵处理，以中和有毒成分，去毒达90%以上。

（3）加水浸泡法：先将菜籽饼粉碎，用温水泡半天后，倾去水分，再加水煮沸1小时，不断搅拌，也可使之减毒。

（六）治疗

治疗本病无特效解毒药。发病后，立即停喂菜籽饼；用0.1%～1%的单宁酸洗胃，而后内服淀粉浆、蛋清、豆浆以保护黏膜减少对毒素的吸收；必要时可静脉注射10%葡萄糖强心剂、利尿剂、止血药及维生素类药物。

五、酒糟中毒

酒糟是酿酒后的残渣，除含有蛋白质、脂肪等营养物质外，还有促进食欲、帮助消化等作用，但长期或大量饲喂酒糟能引起猪的中毒。

（一）病因

酒糟的组成成分比较复杂，因酿酒原料、酒糟储存条件不同而不同。主要因素有原料毒（如马铃薯酒糟的龙葵素、甘薯酒糟的甘薯酮等）、酒糟储存管理不当所致的霉败变质（产生醋酸、乳酸及真菌素）、残余的酒精（正丙醇、异丁醇、杂醇）等，猪只食入过多均可致病。

（二）临诊症状

基本症状是消化和神经症状。病猪可见体温升高，皮肤呈青紫色或出现皮疹，食欲减退或废绝，初便秘后下痢，有不同程度的腹痛，步态不稳，四肢麻痹，卧地不起，呼吸迫促，有的出现兴奋不安；病程长者可见黄疸、血尿，怀孕母猪流产；多因呼吸中枢麻痹而死亡。

（三）剖检病变

剖检见胃肠黏膜充血、出血，小结肠出现纤维素性炎症，直肠出血、水肿，心内膜有出血点，肺充血、水肿，肝、肾肿胀，质地变脆。

（四）诊断

根据饲喂酒糟的病史、临诊症状、剖检病变，可作出初步诊断，确诊需进行动物饲喂试验。

（五）预防

用新鲜酒糟喂猪，应控制喂量，并逐渐增加饲喂量，但不得超过日粮的1/3。禁喂发霉变质的酒糟，轻度酸败酒糟要进行减毒处理。处理的方法是加入一些清石灰水，以中和其中的酸性物质，同时，配合其他饲料应用。

（六）治疗

目前尚无特效解毒药。发现中毒，立即停喂，用1%碳酸氢钠口服、灌肠，同时对症治疗。

六、黑斑病甘薯中毒

黑斑病甘薯中毒，是因采食大量患有黑斑病或软腐病、象皮虫病的病甘薯及其副产品后所引起的，以急性肺水肿与间质性肺气肿，以及严重呼吸困难为主要特征的中毒病。

（一）病因

有黑斑病、软腐病及象皮虫病的甘薯，含有翁家酮、翁家醇及甘薯酮等有毒物质，用这些甘薯及其副产品（薯干、薯粉、酒糟）喂猪可引起中毒。

（二）临诊症状

一般在喂后第二天发病。大猪症状轻微，常可自愈。仔猪发病，多症状严重。

病猪精神沉郁，食欲废绝，腹部膨胀，便秘或下痢，偶见呕吐。呼吸困难，呈腹式呼吸，后期发生喘气。心率快，但不规律。发生阵发性痉挛，运动障碍步态不稳。重症病猪出现神经症状，盲目运动，张口呼吸，常因呼吸衰竭或倒地搐搦而死。

（三）剖检病变

剖检见肺脏膨大，呈间质性肺气肿，肿间质增宽。肺叶上有块状出血，肺脏质脆，切开后流出大量的水和泡沫，支气管内有白色液体。严重病例可见肺表面有大小不等的气囊。胃肠有出血，胆囊肿大几倍，充满黑绿色胆汁，肝肿大等。

（四）诊断

根据饲喂黑斑病甘薯的病史、临诊症状、剖检病变，可作出初步诊断。必要时可用病甘薯或提取物进行人工复制发病试验，排除猪肺疫等病。

（五）预防

防止甘薯黑斑病的传播，培育脱毒甘薯，病甘薯不得喂猪。或者将甘薯病变部削除后，配合好甘薯喂猪。

（六）治疗

目前尚无特效解毒药。可用3%过氧化氢10～30毫升，配3倍以上的5%葡萄糖生理盐水混合静脉注射，以缓解呼吸困难，可用5%～20%的硫代硫酸钠20～50毫升静脉注射，同时加入维生素C。当肺水肿时，可静脉注射25%～50%的葡萄糖、10%的氯化钙、10%的安钠咖等。对症治疗可以采用泻剂及强心剂。

七、霉饲料中毒

霉饲料中毒是动物采食了发霉的饲料而引起的中毒性疾病，主要临床特征为急性胃肠炎和神经症状。各种猪都可发生，仔猪及妊娠母猪较敏感。

（一）病因

自然环境中霉菌类很多，常寄生于玉米、大麦、小麦、稻米、棉籽、糠麸及豆类制品中，如果温度（28 ℃左右）和湿度（80%～100%）适宜，就会大量生长繁殖。有些霉菌在生长繁殖过程，能产生有毒物质，目前已知的霉菌毒素有百种以上，最常见的有黄曲霉毒素、镰刀菌毒素和赤霉菌素，含有这些毒素的饲料被猪采食后可引起中毒，造成大批发病和死亡。

（二）临诊症状

临床上仔猪和妊娠母猪较为敏感。仔猪呈急性发作，出现中枢神经症状，头向一侧弯曲，数日死亡；大猪病程较长，一般体温正常，初期食欲减退。仔猪的嘴、耳、四肢内侧和腹侧皮肤出现红斑，后期食欲减退或废绝，停食，腹痛，下痢，被毛粗乱，迅速消瘦，生长迟缓等。妊娠母猪常引起流产及死胎，公猪可有包皮炎、阴茎肿胀等。

（三）剖检病变

剖检主要见肝脏严重变性、坏死、肿大、色黄、质脆，全身黏膜、皮下、肌肉可见有出血点和出血斑，淋巴结水肿，肾弥漫性出血，胸腹腔积液，胃肠道可见游离血块。急性病例胆囊壁和肠壁往往严重水肿。

（四）诊断

目前对霉饲料中毒的诊断，主要依据饲喂霉败饲料的病史、临诊症状及剖检病变，综合分析进行诊断，确诊需做生物学试验、霉菌分离培养鉴定、回归动物试验。

（五）预防

防止饲料发霉变质，对轻微发霉的饲料必须经过去霉处理后限量饲喂，对发霉严重的饲料，禁止喂猪。

（六）治疗

目前尚无特效解毒药和疗法。发病时，应立即停止饲喂发霉变质的饲料，改喂新鲜饲料，加强饲养管理，同时根据临诊症状，采取相应的支持疗法和对症疗法。

八、有机磷农药中毒

有机磷农药中毒是由于猪接触、吸入或误食某种有机磷农药所致，以体内胆碱酯酶活性受抑制，出现神经功能紊乱为特征。

（一）病因

有机磷农药可经消化道、呼吸道、皮肤进入机体，引起中毒，其常见中毒原因主要有：①违反保管、使用农药的安全操作规程，如保管、购销或运输中污染饲料、环境，或用盛过农药的容器装饲料和饮水等。②不按规定使用农药驱除猪体内外寄生虫。③饲喂被有机磷污染的饲料、饲草、饮水，如饲喂喷洒农药不久的蔬菜、瓜果等青绿饲料。

（二）临诊症状

猪有机磷农药中毒时，因其毒性、摄入量、进入途径以及动物体的状态不同，临床表现不一，除最急性死亡外，一般病猪表现食欲减退或废绝，流涎，口吐白沫，肠音亢进，排软便，严重者肠音消失，精神兴奋，狂躁不安，无目的奔跑。以后高度沉郁，甚至倒地昏睡。瞳孔缩小，肌肉痉挛，从头部开始发展至全身肌肉，轻者震颤，重则抽搐，角弓反张。四肢肌肉痉挛时，可呈游泳状；头部肌痉挛时可呈现伸舌、眼球震颤。全身表现体温升高，张口呼吸，出汗，严重者心跳微弱，常伴发有肺水肿现象。抢救不及时，常会发生肺水肿而窒息死亡。

（三）剖检病变

一般无特征性病理变化，可见有胃肠炎变化，肝、肾浆膜有出血点，胃内容物可能散发出蒜臭味或有独特的农药味；脑可见水肿、充血；肺水肿、气管及支气管内有大量泡沫样液体。

（四）诊断

主要依据有接触有机磷农药的病史，以胆碱能神经兴奋为基础的一系列临床表现（流涎、出汗、肌肉痉挛、瞳孔缩小、呼吸困难等）以及剖检病变可作出初步论断。确诊需采取可疑饲料、饮水或胃内容物进行有机磷农药的毒物检验。

（五）预防

健全对农药的购销、保管和使用制度，严格按照“剧毒药物安全使用规程”进行操作和使用，防止污染饲料、饮水及周围环境，不用刚喷洒过农药的蔬菜、水果等青绿饲料喂猪。不能用配制农药的用具喂猪。使用农药驱除猪体内外寄生虫时，应在兽医人员指导下使用，严格控制用药剂量，以防中毒。

（六）治疗

发病后立即使用特效解毒剂，尽快除去尚未吸收的毒物，同时配合必要的对症治疗。

1. 迅速使用特效解毒剂：应用胆碱酯酶复活剂（解磷定、氯磷定、双解磷、双复磷）和乙酰胆碱对抗剂（硫酸阿托品）双管齐下，疗效确实。

（1）阿托品，皮下注射5~10毫克，隔3~4小时后再用同量注射1次（或按0.5~1毫克/千克体重）。

（2）解磷定按每千克体重20~50毫克，用生理盐水配成5%~25%的溶液，缓慢静脉注射或腹腔注射或分点皮下注射，每隔3~4小时注射1次，直至康复。也可与氯磷定同用。在应用解磷定时，禁与碱性药物配伍，以防产生剧毒物。

（3）双复磷按每千克体重40~60毫克，用盐水溶解后，皮下、肌内或静脉注射。

2. 尽快除去毒物：在实施特效解毒的同时，应采取措施尽快除去毒物，如经皮肤中毒，应用清水或肥皂水洗刷皮肤（敌百虫中毒除外），经消化道中毒而未完全吸收者，可进行催吐、洗胃、灌肠、发汗等去除毒物。

3. 对症治疗：当病畜兴奋不安、痉挛抽搐时可用巴比妥；当病畜大出汗或腹泻时，要补液；为了维护心脏功能，可用安钠咖或尼可刹米等。

九、磷化锌中毒

磷化锌是速效的灭鼠药或熏蒸杀虫剂，纯品为黑色或灰黄色粉末，有类似大蒜的气味，不溶于水，能溶于酸、碱和油中。家畜口服致死量为每千克体重20~40毫克。

（一）病因

猪误食含磷化锌的灭鼠药，或采食了被磷化锌污染的饲料所致。磷化锌在胃内酸性环境下，立即释放出剧毒的磷化氢气体和氯化锌，具有强烈的刺激和腐蚀作用。

（二）临诊症状

病初病猪精神委靡，食欲消失，口吐白沫，接着出现呕吐、腹泻、腹痛，粪便混有血液，口腔及咽黏膜有溃烂，口腔与呼出的气体和呕吐物及粪便带有蒜臭味，在暗处可发磷光。随着病情发展。结膜黄染、发绀，呼吸困难，全身僵硬，四肢痉挛。病重者很快死亡。一般于2~3天后，极度衰竭，黏膜发绀，有的排血尿，抽搐，最后在昏迷状态下死亡。

（三）剖检病变

消化道充血、出血、黏膜脱落、坏死或有溃疡。肝、肾脏淤血肿胀，肺间质水肿，腹腔有暗红色积液。胃内容物常发出一种特殊的蒜臭味，在暗处可见有磷光。

（四）诊断

根据发病史、临诊症状（流涎、呕吐、腹痛、腹泻、呕吐物和胃内容物的特殊气味等）可作出初步诊断。确诊需采取呕吐物、胃内容物或可疑饲草、饮水进行磷化锌检验。

（五）预防

加强对磷化锌的管理，妥善使用磷化锌，防止污染饲料和饮水。灭鼠时，投入磷化锌毒饵后应及时清理未被鼠吃的残剩毒饵及中毒死亡的鼠尸。

（六）治疗

本病无特效解毒药，早期可用5%碳酸氢钠溶液洗胃，以阻止磷化锌转化为磷化氢；或用0.5%~1%硫酸铜灌服，使磷化锌形成不溶性磷酸铜，同时具有催吐作用；或灌服0.1%~0.5%的高锰酸钾溶液，使磷化锌氧化成磷酸酐失去毒性。口服硫酸钠导泻（禁用油类泻剂），采取强心、利尿、补糖等支持疗法。

十、有机氟化物中毒

有机氟化物主要有氟乙酰胺、氟乙酸钠和N－甲基－N萘基氟乙酸盐等，是一类高效、残效期长、剧毒的农药。这种农药经消化道、呼吸道及皮肤进入体内，引起中毒，致使动物的心脏及神经系统受损害。

（一）病因

猪常因误食被有机氟处理或被污染的植物、种子、饲料、毒饵、饮水引起中毒，也可因食入死鼠等发生二次中毒。

（二）临诊症状

猪有机氟化物中毒，主要表现为中枢神经系统和循环系统功能障碍。急性中毒表现突然发病，心动过速，共济失调，惊恐，尖叫，向前直冲，呕吐，痉挛，倒地抽搐，呼吸迫促，口流涎，倒地后四肢如游泳状，头向后背，数分钟至数小时死亡。稍轻者，全身肌肉震颤，昏迷，体温降低，1～2 天死亡。耐过者，3～5 天康复。

（三）剖检病变

剖检见心肌变性，心内、外膜有出血斑点。胃肠黏膜充血、出血，胃黏膜脱落。肝、肾充血，血液凝固不全。

（四）诊断

依据病史（采食被有机氟污染的饲料、饮水或误食有机氟灭鼠毒饵及死鼠等）、临诊症状及剖检病变，可作出初步诊断。确诊需采取可疑食饵、呕吐物、胃内容物作毒物检验。

（五）预防

禁止饲喂用有机氟化物喷洒的植物叶茎、瓜果以及被污染的饲料饲草。严格执行农药保管、使用制度，正确地投放灭鼠药，对毒死的鼠类尸体要深埋，以防被猪吞食发生中毒。

（六）治疗

立即使用特效解毒药解氟灵（乙酰胺）肌内注射或静脉注射，每千克体重 0.1 克，首次量可加大，间隔 1～2 小时重复注射，连用 3～4 次。另外也可应用白酒 50～150 毫升内服。同时施行催吐、洗胃、导泻等急救措施，并用镇静剂、强心剂等作对症治疗。

第四节　猪常见营养代谢病的防控

一、仔猪营养性贫血

仔猪营养性贫血，是指2～4周龄哺乳仔猪缺铁所致的一种营养性贫血，多发于秋、冬、早春季节，本病在一些地区有群发性，对猪的生长发育危害严重。

（一）病因

仔猪体内缺乏铁，影响血红蛋白的生成，红细胞的数量减少而发生贫血。母猪及仔猪饲料中缺铁、铜，又不能通过土壤来摄取铁源，铁摄入不足，出现缺铁。另外，蛋白质不足也是仔猪贫血的原因之一。

（二）临诊症状

一般在2周龄起发病，也有7～9天开始出现贫血。表现精神沉郁，离群伏卧，体温不高，食欲减退，营养不良，极度消瘦。最明显症状是可视黏膜苍白，轻度黄染，光照耳廓呈灰白色，呼吸加快，心跳加速，消瘦的仔猪周期性出现下痢与便秘。另一类型的仔猪则不见消瘦，外观上较肥胖，且生长发育比较快，3～4周龄时，可在运动中突然死亡。

（三）剖检病变

剖检见皮肤及可视黏膜苍白，肝脏肿大且有脂肪变性，肌肉淡红色，血液稀薄如水，胸腹腔内常有积液，肺常有水肿或炎性病变，肾实质有变性。

（四）诊断

根据流行病学调查、临诊症状及红细胞数、血红蛋白含量测定，用铁制剂治疗和预防效果明显，可作出诊断，应注意与缺铜、缺钴、缺叶酸引起的贫血区别。

（五）预防

加强妊娠母猪和哺乳母猪的饲养管理，日粮中要富含蛋白质、无机盐（铁、铜）和维生素，以提高母乳抗贫血的能力。妊娠母猪产前2天至产后1个月内，每天补充硫酸亚铁20克，虽然母猪初乳、乳汁及初生仔猪体内铁不增加，但仔猪可通过采食母猪富含铁的粪便而补充铁质。也可在母猪生产前后各1个月内补充水解大豆蛋白螯合铁6～12克，可有效防止仔猪缺铁性贫血的发生。

（六）治疗

补充铁、铜元素是防治关键。口服铁制剂，如硫酸亚铁、焦磷酸铁、乳酸铁、还原铁等，常用硫酸亚铁2.5克、硫酸铜1克、氯化钴2.5克，自来水1升，按0.25毫升/千克体重，每天1次灌服，连用7～14天，也可用粉剂混于细沙中撒在猪栏内，让仔猪自食。在灌服铁盐时，不可浓度过高或剂量过大，以防铁中毒出现呕吐、腹泻。

注射铁针剂疗法，适用集约化猪场或口服铁剂反应剧烈及吸收障碍的腹泻仔猪，可用葡聚糖铁钴注射液（每毫升含铁50毫克）2毫升深部肌内注射，隔周再注射1次。舍饲猪栏内放入红土、泥炭土（含铁质）以利仔猪采食，可补充铁质。

二、仔猪低血糖症

仔猪低血糖症是新生1周内的仔猪吮乳不足，血糖降低所引发的一种糖代谢病，又称乳猪病，同窝仔猪常30%～70%发病，死亡数占发病总数的25%，或全窝死亡。

（一）病因

本病的发生原因较复杂，主要有以下几个方面：①饲养管理水平低，母猪在怀孕期营养不良，产后母猪少乳或无乳，或者母猪产后发生子宫炎、乳房炎或其他影响泌乳的疾病，造成母猪少乳或无乳，因仔猪吮乳不足而发病。②仔猪患大肠杆菌病、链球菌病等疫病时，哺乳减少，同时消化吸收障碍，进而发生本病。③个别初产母猪不让仔猪吃乳或仔猪多、乳头少，少数仔猪吃不到母乳，加之受寒冷刺激使仔猪食欲不佳、消化不良，也可引起本病。

（二）临诊症状

一般在仔猪出生后第 2 天发病。病初精神沉郁，吮乳停止，四肢无力，肌肉震颤，步态不稳，运动失调。颈下、胸腹下及后肢等处浮肿。病猪尖声号叫，痉挛抽搐，头向后仰或扭向一侧，四肢僵硬，角弓反张，磨牙虚嚼，口角流涎，瞳孔散大，对光反应消失，感觉功能减退或消失，皮肤苍白，皮温降低，体温低下。后期昏迷不醒，意识丧失，很快死亡。

（三）剖检病变

肝脏变化特殊，如肝呈橘黄色、边缘锐利、质地易脆、稍碰即破，胆囊肿大，肾呈淡土黄色，有小出血点，消化道中少奶。

（四）诊断

根据妊娠母猪饲养管理不良，产后少乳或无乳，发病仔猪的临诊症状、剖检病变，以及用葡萄糖治疗效果显著，可作出诊断。但应注意与新生仔猪细菌性败血症、仔猪先天性震颤、新生仔猪溶血病、细菌性脑膜炎、病毒性脑炎相区别。

（五）预防

对怀孕母猪加强饲养管理，保证胎儿的正常发育，保证产后有充足的乳汁，是预防本病的关键。因此，在母猪妊娠期要供给全价的优质饲料，防止感染子宫炎和乳房炎等疾病，产后加强仔猪的护理。

（六）治疗

腹腔内注射5%的葡萄糖溶液 10 ~ 15 毫升，每隔 3 ~ 4 小时 1 次，连用 3 ~ 5 次。也可口服 10% ~ 25% 的葡萄糖溶液，同时要及时解除少奶或无奶原因。若母猪营养不良引起者，要改善饲料；若是母猪感染所致，应及时应用消炎药。

三、佝偻病及软骨病

佝偻病是仔猪在快速生长过程中，软骨钙化不全，骨基质沉积不足所致的一种慢性骨营养不良病。临床上以生长发育迟缓、骨骼变形、跛形和骨骼肿胀为特征，只发于仔猪。软骨病则发在成年猪，临床上以跛行、骨质疏松为特征。

（一）病因

1. 维生素D缺乏：维生素D能保持钙、磷在机体中比例的平衡，使钙、磷在骨骼中沉积，保持骨骼健康生长。当维生素D缺乏时，钙、磷在肠道不能充分吸收，直接影响骨骼中磷酸钙的合成。母乳维生素D缺乏或不足，仔猪缺少日光照射，可使仔猪缺乏维生素D。

2. 日粮钙、磷缺乏或比例失调：长期饲喂缺乏钙、磷的饲料或长期饲喂高磷低钙的饲料或高钙低磷的饲料，都可引起发病。

3. 断奶过早或胃肠病、寄生虫病、先天性发育不良等因素：这些因素也影响钙、磷和维生素D的吸收利用。

4. 先天性佝偻病：由于母猪怀孕期间缺乏日光照射，体内钙、磷和维生素D含量不足，影响胎儿骨组织的发育，致使仔猪出生后即表现出骨钙化不全的症状。

5. 日粮组成中蛋白（或脂肪）性饲料过多：在体内代谢过程中形成大量醇类，与钙形成不溶性钙盐大量排出体外，导致机体缺钙。另外，高能量的饲料及缺少运动也可促使软骨病的发生。

（二）临诊症状

1. 先天性佝偻病：仔猪生后即衰弱无力，经过数天仍不能自行站立。扶助站立时，腰背弓起，四肢弯曲不能伸直。

2. 后天性佝偻病：发生慢。病初精神不振，行动迟缓，食欲减退，消化不良，异嗜，发育停滞，逐渐消瘦。随病情发展，病猪喜卧，不愿站立和走动，强迫站立时，弓背、屈腿、痛苦呻吟。仔猪腕部弯曲，以腕关节爬行，后肢则以跗关节着地。病期延长则骨骼软化、变形。硬腭肿胀、突出，口腔不能闭合，影响采食、咀嚼。肋骨与肋软骨结合部肿大呈球状，肋骨平直，胸骨突出，长肢骨弯曲，呈弧形或外展呈 X 形。

成年猪患软骨病，消化紊乱，表现有明显异嗜，之后患猪不愿运动，跛行。产后跛行加剧，后肢瘫痪，易发生骨折。

（三）诊断

根据猪发病日龄（佝偻病发生于幼龄猪，软骨症发生于成年猪）、饲养管理条件（日粮中维生素缺乏或不足，钙、磷比例不当，光照和户外活动不足）、病程经过（慢性经过）、临诊症状及治疗效果可作出诊断。必要时结合血液学检查、X 光检查、饲料成分分析等。佝偻病应注意与仔猪支原体、滑膜炎、关节炎相区别；软骨症注意与慢性氟中毒、产后瘫痪、冠尾线虫病相区别。

（四）预防

增加富含维生素 D 的饲料或补给鱼肝油；合理调配日粮中钙、磷的比例；给予适当的光照和运动。

（五）治疗

饲料中补加鱼肝油或经紫外线照射过的酵母，增喂矿物质饲料，如骨粉、贝壳粉等；增加光照和适当运动。为补充机体钙、磷不足，可用碳酸钙、磷酸钙、乳酸钙 2～10 克内服，葡萄糖氯化钙注射或饮水，也可静脉注射 10% 的葡萄糖酸钙（50～100 毫升）。肌内注射维丁胶性钙，配合维生素 D 应用，也有很好的疗效。

四、锌缺乏

猪的锌缺乏，又称不全角化病，是一种慢性、无热、非炎性代谢病。临床上以皮肤角化不全、生长停滞、繁殖功能障碍和骨发育异常为特点。发病率及死亡率低，但所造成的经济损失大。

（一）病因

原发性缺锌主要是因饲料中缺锌，我国约 30% 的地区属缺锌区，土壤、水中缺锌，造成植物饲料中锌的含量不足，或者是有效态锌含量少于正常。继发性缺锌是因为饲料存在干扰锌吸收利用的因素，已发现如钙、碘、铜、铁、锰、钼等，均可干扰饲料锌的吸收和利用，尤其是钙，通过吸收竞争而干扰锌的利用，造成锌的相对不足。

另外，饲料中植酸、纤维素、维生素 D 过多，不饱和脂肪酸缺乏，以及猪患有慢性消耗性疾病时，均可影响锌的吸收而造成缺乏。

（二）临诊症状

食欲减退、生长缓慢、发育不良、皮肤角化不全和脱毛是锌缺乏的主要症状。首先于腹下部、股内侧出现界限明显的黄豆乃至更大的红斑，而后发展为丘疹，相互融合并扩展全身，逐渐形成特征性角化不全厚痂。皮肤干燥，失去弹性。痂皮下常继发脓疱。有些猪一片片脱毛，脱毛多发于颈部，乃至全身，个别猪变成“无毛猪”。种公猪缺锌，精子质量低。母猪缺锌，不孕，死胎率高。

（三）诊断

依据日粮低锌或高钙的生活史、生长缓慢、皮肤角化不全、繁殖功能障碍、骨骼发育异常等临诊症状及补锌效果迅速，即可作出诊断，必要时可测定血清、组织锌含量及分析饲料中锌、钙等相关元素的含量有助于诊断。鉴别诊断应注意与疥螨性皮肤病、渗出性皮炎、烟酸缺乏、维生素 A 缺乏等病症相区别。

（四）预防

饲料中补加锌盐，一般仔猪 41～45 毫克/千克饲料，母猪 100 毫克/千克饲料，并适当限制钙的水平，使钙锌保持在 100∶1。猪日粮含钙 0.4%～0.6% 时，50～60 毫克/千克饲料的锌可满足其营养需要。

第五节 猪常见产科病的防控

一、流产

流产是指正常的妊娠发生中断，产出未成熟的死胎或未足月（早产）活胎或排出干尸化胎儿等。

（一）病因

猪流产的病因非常复杂，至今尚未彻底解决。大致分为传染性流产和非传染性流产。

1. 传染性流产：一些传染病和寄生虫病可引起流产。如猪的伪狂犬病、细小病毒病、乙型脑炎、猪生殖与呼吸综合征、布氏杆菌病、猪瘟、弓形虫病、钩端螺旋体病等均可引起猪流产。

2. 非传染性流产：营养缺乏、饲喂霉败变质饲料、顶碰、挤压、中毒、长途运输、用药不当等因素均可引起流产。

（二）临诊症状

由于流产时期、病因及母猪的反应能力有所不同，其临诊症状也不完全一致。

隐性流产时，妊娠中断而无明显临诊症状，流产发生在妊娠早期，由于胚胎尚小，骨骼还未形成，所以胚胎被子宫吸收而不排出体外，俗称“化胎”。从外表看猪在交配后一个发情期未见发情，表现怀孕，但过些时间又再发情，且由阴门流出多量的分泌物，一般是发生了隐性流产。

有时猪的流产为部分性流产。母猪在妊娠期间，一窝胎猪中仅有少数几头发生死亡，但不影响其余胎猪的生长发育，则死胎不立即排出体外。死亡的胎猪由于水分逐渐被母体吸收，胎体紧缩，颜色变为棕褐色，称木乃伊胎。待正常分娩时，随同成熟的仔猪一起产出。

妊娠母猪所产胎儿如果大部或全部流产死亡，母猪很快出现分娩症状，即母猪兴奋不安，乳房肿大充奶，阴门红肿，从阴门流出污褐色分泌物，母猪频频努责，排出死胎或弱仔。

母猪在流产过程中，如果子宫口开张，腐败细菌便可侵入，使子宫内未排出的死亡胎儿发生腐败分解，于是从阴门不断流出污秽、恶臭分泌物和组织碎片，这时母猪全身症状加剧，如不及时治疗，可因败血症而死。

（三）诊断

根据临诊症状，可以作出诊断，但要查明原因，需进行病史调查、实验室诊断。

（四）预防

对怀孕母猪加强饲养管理，要喂营养丰富、容易消化的饲料，严禁喂冰冻、霉变及有毒饲料，防止饥饿、过食，防止对怀孕母猪的挤压、碰撞，做好防寒和防暑工作。对引起繁殖障碍的传染病，要搞好预防接种，定期检疫和消毒。凡遇疾病谨慎用药，以防流产。

（五）治疗

当流产胎儿排出受阻时，应实施助产。对于先兆性流产，胎儿仍然活着者，可肌内注射孕酮10～30毫克，隔日1次，连用2～3次，尽力保胎。对于流产后子宫排出污秽分泌物时，可用0.1%高锰酸钾等消毒液冲洗子宫，然后注入抗菌药，进行全身治疗。对于继发传染病而引起的流产，应治疗原发病。

二、阴道脱

阴道脱是指母猪阴道壁的一部分或全部脱出于阴门之外，常发生于怀孕末期或产后。

（一）病因

多发生于长期躺卧、缺乏运动，易引起全身组织的紧张性降低的老龄母猪，腹压过高（产仔多、胎儿大、便秘等），也可引起阴道脱。产后由于努责过强，也可发生。

（二）临诊症状

阴道部分脱出，多发生在产前。病初母猪卧下后，可见一个红色如苹果状的囊状物突出于阴门之外，或夹于阴唇之间，站立后大多能自行恢复。随着病情的发展，可反复脱出，使脱出的体积越来越大，变为阴道全脱。黏膜呈现水肿、暗红色，不能自行回缩，时间久者，黏膜与肌肉分离，黏膜表面干燥，流出血水，若因擦伤感染后，则可发炎、糜烂、坏死，有时并发直肠脱。

（三）诊断

根据临诊症状，易作出诊断。

（四）预防

怀孕后期的母猪要加强饲养管理，喂给营养丰富易消化的饲料，防止便秘；不要喂食过饱，以减轻腹压；同时还要让母猪适当运动。

（五）治疗

对于阴道部分脱出的母猪，应迫使母猪处于前低后高的卧势，以降低腹压，达到自愈的目的。如不能自行回复的，必须及时整复，将病猪取前低后高之势，除去坏死组织，用2%的明矾溶液或0.1%的高锰酸钾溶液彻底清洗，再用温生理盐水冲洗，之后涂抹抗生素。术者手消毒后，涂少量液体石蜡，将脱出部分复送至原位。为防止再脱，可于阴门两侧面深部注射70%的乙醇各10毫升，也可在阴门两侧缝合，但不应影响排尿。有出血现象者，应用止血药（止血敏、安络血等），全身症状明显者，应连用3~4天抗生素。

三、胎衣不下

母猪分娩后，胎衣（胎膜）在1小时内不排出，称为胎衣不下或胎衣滞留。

（一）病因

引起胎衣不下的原因主要与产后子宫收缩无力和胎盘炎症有关。流产、早产、难产之后或子宫内膜炎、胎盘炎时，也可发生本病。

（二）临诊症状

胎衣不下有全部不下和部分不下两种。猪的胎衣不下多为部分不下，母猪常表现不安，体温升高，食欲减退，泌乳减少，喜喝水，精神不振，卧地不起，不断努责。阴门内流出暗红色带恶臭的液体，内含胎衣碎片，严重者，可引起败血症。

（三）诊断

根据胎衣排出情况，不难作出诊断。

（四）预防

加强母猪的饲养管理，适当运动，增喂钙及维生素丰富的饲料，能有效地预防猪胎衣不下。

（五）治疗

加快胎膜排出、控制继发感染。注射脑垂体后叶素或缩产素20～40国际单位，也可皮下注射己烯雌酚2～4毫升。猪的胎衣剥离比较困难，若子宫颈开放，手能伸入者，可拉出部分胎衣。当胎衣腐败时，可用0.1%高锰酸钾溶液冲洗子宫，导出洗涤液后，投入适量抗生素（1克土霉素加100毫升蒸馏水溶解，注入子宫）。钙剂可增强子宫收缩，促进胎衣排出，可用10%氯化钙20毫升或10%葡萄糖酸钙50～100毫升静脉注射。

猪胎衣不下一般预后不良，应引起重视，因泌乳不足，不仅影响仔猪的发育，而且也可引起子宫内膜炎，以后不易受孕。

四、子宫脱出

子宫脱出是指子宫的部分或全部从子宫颈内脱出到阴道或阴门外，多发生于难产及经产母猪，此病常发生于产后数小时内。

（一）病因

怀孕母畜体质虚弱，运动不足，胎水过多，胎儿过大，分娩时产道受到强烈刺激，产后发生强烈努责，腹压增高，在助产时产道干燥强行拉出胎儿等引发子宫脱出。

（二）临诊症状

产后不久，母猪表现不安，不时努责，频频甩尾，常做排粪排尿姿势。此时如以手伸入阴道，常可触觉子宫角的部分。病猪卧下时，可见阴道中有拳头大的鲜红色球状物。当子宫完全脱出时，脱出的子宫呈肠管状，表面具有皱襞，病猪努责，子宫全脱出呈倒丫状。子宫黏膜色泽初为粉红或红色，后因淤血变为暗红、紫黑色，随着水肿呈肉冻状，且多被粪土污染和摩擦而出血、糜烂、坏死，挤压尿道或堵塞尿道口时，常继发尿闭。

（三）诊断

根据临诊症状，不难作出诊断。

（四）预防

加强饲养管理，喂给全价饲料和适当运动，预防和治疗增加腹压的各种疫病。

（五）治疗

当母猪子宫脱出时，要及时进行整复，并配合药物治疗。在整复时，先铺一层洁净的塑料布，垫在脱出子宫的下面，以减少子宫黏膜磨损污染。当子宫不完全脱出时，术者手臂严格消毒，并涂润滑剂，使母猪前低后高，小心将子宫推入，可同时向子宫腔内注入500毫升温生理盐水，有助于子宫回复。对于子宫完全脱出者，先将猪后肢提起，使之取前低后高姿势，并固定两后肢，通常不用麻醉，必要时可用1%的盐酸普鲁卡因20～30毫升，荐部硬外麻醉。整复前，若胎衣尚未排完，应先摘除胎衣，清理黏附在黏膜上的脏物，用0.1%高锰酸钾溶液清洗，放于垫布上，并检查子宫有无捻转、裂伤。有严重水肿者，可用3%的明矾液冲洗。从子宫角端开始向里整复，在母猪努责间歇时，用力推压，依次内翻，按此方法先后将子宫角、子宫体还纳腹腔，在子宫角通过子宫颈口时，要耐心将子宫角隔着子宫壁压进去，其余部分比较容易送回。整复完毕，用粗线缝合阴门2～3针，以防再脱，但要使猪正常排尿。

五、子宫内膜炎

子宫内膜炎是子宫黏膜的黏液性或化脓性炎症，为母猪常见的一种生殖器官疾病。子宫内膜炎发生后，往往发情不正常，或者发情正常，但不易受孕，即使妊娠，也易发生流产，如不及时治疗，炎症易扩散，引起子宫肌炎、子宫浆膜炎或子宫周围炎，并常转为慢性炎症。

（一）病因

子宫内膜炎多因难产、胎衣不下、子宫脱出、子宫复旧不全、产道损伤、细菌感染引起。或在配种、人工授精、阴道检查时，消毒不严格、细菌感染等而发生本病。猪体抵抗力降低，条件性病原菌大量繁殖也可发生本病。也可并发、继发某些寄生虫病、传染病等。

（二）临诊症状

急性子宫内膜炎多见于产后母猪，全身症状明显，病猪精神沉郁，食欲减退或废绝，体温升高，常卧地，常做排尿动作，从阴门中排出多量灰红色或黄白色有臭味的黏液性或脓性分泌物；严重者呈污红色或棕色，卧下时排量较多，常夹有胎衣碎片。母猪常不让仔猪吃乳，若治疗不及时，可继发败血症。慢性子宫内膜炎多由急性炎症转变而来，常无明显全身症状，虽定期发情，但屡配不孕。

（三）诊断

依据病史、临诊症状可作出初步诊断，确诊应采取阴道分泌物进行细菌学检查。

（四）预防

猪舍应保持清洁，人工授精、助产时要严格消毒，在处理难产、胎衣不下时，要用好抗生素，同时加强母猪饲养管理。

（五）治疗

在炎症急性期首先应清除积留在子宫内的炎性分泌物，用1%生理盐水、0.02%新洁尔灭、0.1%高锰酸钾、1%～2%碳酸氢钠冲洗子宫。冲洗后将残存的溶液排出，最后向子宫内注入20万～40万单位青霉素或1克金霉素。全身症状严重者，禁止使用冲洗法。

对于慢性子宫内膜炎的病猪，可用20万～40万单位青霉素加100万单位链霉素，混于高压灭菌的20毫升植物油中注入子宫内。可使用催产素等子宫收缩剂，有利于子宫内炎性分泌物的排出。向子宫内投药应在产后若干日或在发情时进行，因为这时子宫颈才开张，便于投药，在其他时期投药，易造成子宫损伤。子宫内膜炎的全身疗法，可用抗生素或磺胺类药物。

六、生产瘫痪

生产瘫痪，又称母猪瘫痪，包括产前瘫痪和产后瘫痪，是母猪在产前产后，以四肢肌肉松弛、低血钙为特征的疾病。

（一）病因

生产瘫痪主要原因是钙、磷等营养性障碍。由于胎儿营养的需要或泌乳的需要，母猪对钙、磷等营养物需要量增加，此时如果饲料中缺乏钙、磷或钙、磷比例失调，均可发生母猪瘫痪。此外，饲养管理不当，产后护理不好，母猪年老体弱，运动缺乏等，也可发病。

（二）临诊症状

1．产前瘫痪：见于产前怀孕母猪长期卧地，后肢起立困难，检查局部无任何病理变化，知觉反射、食欲、呼吸、体温等均无明显变化，强行起立后步态不稳，并且后躯摇摆，终至不能起立。

2．产后瘫痪：见于产后数小时至2～5日。也有产后半个月内发病者，主要症状为病初表现轻度不安，食欲减退，体温正常或偏低，随即发展为精神极度沉郁，食欲废绝，呈昏睡状态，长期卧地不能起立。反射减弱，奶少甚至完全无奶，有时病猪伏卧不让仔猪吃奶。

（三）诊断

根据发病史及临诊症状，可作出诊断。

（四）预防

科学饲养，日粮保持钙、磷比例适当，增加光照，适当增加运动，均有一定的预防作用。

（五）治疗

尽早实施治疗是提高治愈率的最有效措施。本病的治疗方法是糖钙疗法和对症疗法。静脉注射10%葡萄糖酸钙溶液200毫升，有较好的疗效。静脉注射速度宜缓慢，同时注意心脏情况，注射后如效果不见好转，6小时后可重复注射，但最多不得超过3次，因用药过多，可能产生副作用。如已用过3次糖钙疗法病情不见好转，可能是钙的剂量不足，也可能是其他疾病。

在治疗的同时，病猪要喂适量的骨粉、蛋壳粉、碳酸钙、鱼粉等。

七、乳房炎

母猪的乳房炎是哺乳母猪常见的一种疾病，多发于一个或几个乳腺，临床上以红、肿、热、痛及泌乳减少为特征。

（一）病因

由于母猪腹部松垂，尤其是经产母猪的乳头几乎接近地面，经常与地面摩擦受到损伤，或因仔猪吃奶咬伤乳头，或因母猪圈舍不清洁，乳头管感染细菌而引发乳房炎。母猪在分娩前后，喂饲大量发酵和多汁饲料，乳汁分泌旺盛，乳房乳汁积滞也常会引起乳房炎。当母猪患有子宫炎等疾病时，也常继（并）发乳房炎。

（二）临诊症状

急性乳房炎患病乳房有不同程度的充血（发红）、肿胀（增大、变硬）、温热和疼痛，乳房上淋巴结肿大，乳汁排出不畅或困难，泌乳减少或停止；乳汁稀薄，含乳凝块或絮状物，有的混有血液或脓汁。严重时，除局部症状外，尚有食欲减退、精神不振、体温升高等全身症状。慢性乳房炎乳腺患部组织弹性降低，硬结，泌乳量减少，挤出的乳汁变稠并带黄色，有时内含凝乳块。多无明显全身症状，少数病猪体温略高，食欲降低。有时由于结缔组织增生而变硬，致使泌乳能力丧失。

（三）诊断

根据猪舍的卫生管理情况及临诊症状不难作出诊断。

（四）预防

要加强母猪猪舍的卫生管理，保持猪舍清洁，定期消毒。母猪分娩时，尽可能使其侧卧，助产时间要短，防止哺乳仔猪咬伤乳头。

（五）治疗

1. 全身疗法：抗菌消炎，常用的有青霉素、链霉素、庆大霉素、恩诺沙星、环丙沙星及磺胺类药物，肌内注射，连用3~5天。

2. 局部疗法：轻度乳房炎，用温毛巾热敷，或选用鱼石脂软膏（或鱼石脂鱼肝油）、樟脑软膏、5%~10%碘酊，将乳房洗净擦干后，将药涂擦于乳房患部皮肤。另外，乳头内注入抗生素，效果很好，即将抗生素用少量灭菌蒸馏水稀释后，直接注入乳管。局部也可用普鲁卡因（青霉素50万~100万单位，溶于0.25%普鲁卡因20~40毫升）进行乳房基部周围封闭。在用药期间，吃奶的小猪应人工哺乳，一方面减少对母猪的刺激，同时避免小猪受奶汁感染。

八、直肠脱

直肠脱俗称脱肛，是直肠的一部分或大部分经肛门向外翻转脱出，而不能自行缩回的一种疾病。仅直肠黏膜脱出，称为脱肛，如直肠后段的全层肠壁均脱出，称作直肠脱。

（一）病因

直肠脱的主要病因是直肠发育不全，直肠黏膜下层与肌层间的结合以及肛门括约肌松弛等所致。猪只长时间泻痢、慢性便秘、难产，或用刺激性药物灌肠后引起强烈努责，都可诱发直肠脱。另外，营养不良、年老体弱等也可诱发本病。

（二）临诊症状

在病猪卧地后或排便后直肠黏膜脱出，排粪后或站立时可缓慢回复，多次或反复发作后形成习惯性脱肛，在肛门外可见暗红球形物。由于脱出部位血液循环障碍、致使黏膜淤血、水肿、发炎，被粪便、泥土污染，日久则黏膜干裂、坏死。直肠脱可见直肠呈圆筒状下垂于肛门下方。由于肛门括约肌收缩而加剧了局部循环障碍，使脱出的直肠黏膜高度水肿，很容易发生损伤、感染和坏死。有时可出现明显的全身症状，体温升高，精神沉郁，食欲减退。如不及时处理，可造成直肠破裂或败血症死亡。当伴有肠套叠时，脱出的肠管向上弯曲，坚硬而厚。

（三）诊断

依据发病史，结合临诊症状不难作出诊断。

（四）治疗

直肠脱的治疗原则是清洗还纳、防止再脱。继发性直肠脱应积极治疗原发便秘、腹泻、下痢等疾病，消除引起努责的原因。

整复是治疗直肠脱的首要任务。应早发现早整复，先用0.1%～0.2%的温高锰酸钾水或1%的明矾溶液清洗患部，除去污物及坏死黏膜，将猪处于后高前低的状态，用手将肠管依次还纳原位，如果脱出时间较长，水肿严重，黏膜干裂时，用温水洗净后，用手指或剪刀除去坏死水肿的黏膜，再还纳肠管，同时术者手随之伸入肛门使直肠完全恢复。整复后仍继续脱出者，考虑将肛门口做荷包缝合，中间留小排粪孔，7～10天后拆线。整复后可用2%的普鲁卡因于后海穴注射，减轻直肠努责。在整复后1周内，给易消化的饲料，以流质食物为主，防止出现便秘。同时配合应用抗生素，消除炎症。

附录　养猪场工作守则

一、猪场兽医的任务和职责

1. 根据本场的实际情况，认真研究制订出合理的免疫程序，切实遵照执行，避免免疫接种工作的随意性和多变性。

2. 猪群的免疫接种、去势、采血（用于血清学检查）等项工作，应由兽医人员承担，并要按规程进行操作，饲养人员协助做好捉猪、保定等辅助工作。

3. 检疫是兽医日常的重要任务，应对其所辖管猪群的健康状况了如指掌。每天上、下午要深入猪舍对逐个猪只进行观察检疫，可采取一问、二看、三测、四处理的办法，以免遗漏。一问：向饲养员询问猪群的健康状况。二看：看猪只的精神、食欲、粪便、呼吸、被毛状态和运动、站立和卧倒的姿势等。三测：对可疑病猪测量体温。四处理：根据检疫结果，对病猪的疾病性质作出果断的决定，治疗或淘汰。

4. 兽医应掌握判断疾病的能力，对下列病猪需做淘汰处理：无法治愈的病猪；治疗费用较高的病猪；治疗费时费工的病猪；愈后经济价值不高的病猪；传染性强、危害大的病猪。

5. 需治疗的病猪，由兽医拟定出治疗方案，开出处方，领出药品，写好病案记录，请饲养员配合治疗和护理。

6. 兽医不仅要了解本场的疫情，还要掌握市场行情，根据场方的要求，制订出季度或年度的疫苗、消毒剂、药械等防疫用品的需求计划，并对产品质量和品牌提出具体的建议，既要经济实用，又要避免伪劣假冒和三无产品。

7. 监督猪场内外各项消毒措施的执行，指导消毒剂的正确使用，检查消毒的效果，介绍消毒剂的新产品；重视消毒的同时，也要防止消毒剂对人畜带来的副作用和对环境造成的二次污染。

8. 兽医应定期抽检本场猪群的抗体水平，检测抗体虽不能确诊疾病，但可了解猪群对某些疾病的免疫状态和免疫效果，为制订合理的免疫程序提供参考；有条件的猪场，应自行检测，条件不具备时可送到有关科研单位、高等院校检测。

9. 兽医在临床检疫过程中，同时对猪舍的温度、湿度、通风、空气洁净度以及猪群的密度等管理措施的失误之处，及时提出纠正措施和改进的方法。注意饲料有无霉变、异味，是否添加违禁的药物或添加剂，应随时进行监督。

10. 猪场的环境卫生，粪便和污水的处理，空闲地的绿化等环保工作，兽医应为猪场出谋划策，提出合理的建议和措施。

二、产房工作守则

1. 产房的猪只实行全进全出，当一批母猪和仔猪转出后，即对产房床位、食槽、栏杆、保育箱、垫板、门窗、地面及产房内外的环境进行全面彻底的清扫、冲洗和擦拭，按全进全出大消毒程序进行消毒，并闲置净化 2 天后才能进猪。

2. 妊娠母猪于临产前 5 ~ 7 天转入产房待产，进产房前对母猪的体表进行喷洒消毒；并要检查母猪的档案卡，了解其品系、胎次、健康状况和预产期。

3. 对母猪饲喂湿料，要求拌和均匀，现拌现喂，若上一餐饲料没有吃完，必须清除剩料，清洗食槽后才能加下一餐的饲料，防止饲喂霉变饲料。对体况膘情较好的母猪，可适当减少精料，补充一些青绿饲料，对膘情较瘦的母猪可酌情增加精料。

4. 当待产母猪出现乳房膨胀、潮红，用手挤之，有乳汁流出时，这是临产的预兆；如果母猪出现频频排尿，站立不安，食欲下降等，说明即将分娩，这时要派专人值班观察。一旦羊水膜破裂，流出黏性的羊水时，则仔猪就要出生，此时应做好一切接产的准备工作，如消毒药液、毛巾、碘酊棉球及剪刀等，并用消毒药液擦洗和消毒母猪的乳房。在寒冷的季节要注意调节产房和保育箱的温度，夜间分娩时要有照明。

5. 仔猪出生后，接产员要及时清除新生仔猪口腔、鼻腔内的黏液，用抹布擦去体表的胎衣及黏膜，并将脐带内的血液挤入仔猪体内后，在离脐孔 5 厘米处剪断脐带，同时用碘酊等消毒药液消毒断面。对弱小的仔猪应人为地将其固定在母猪胸部乳头吮乳，若需寄养的仔猪，应吮足初乳，至少经 6 小时后才能转给保姆猪寄养，为避免排异，寄养时应涂上寄养母猪的乳汁，并安排在夜间进行。

6. 当分娩结束后，饲养员要检查胎衣数和胎儿是否一致。并如实填表上报产仔数，包括健活数、弱仔数和死胎数。要给产后的母猪喂含食盐的温水，并给予少量麸皮等易消化的饲料，在产后 3 天内每天添加 50 克益母草干粉混于饲料中内服，以利于排出子宫内的分泌物。

7. 仔猪出生后，在哺乳期间，饲养员要配合技术人员做好以下几项工作：1～3 日龄：剪犬牙（弱仔可不剪）；断尾：离尾根 3～4 厘米处剪断；剪耳号；补铁：肌内注射牲血素每头 1 毫升。10 日龄：小公猪去势。15 日龄：补铁、肌内注射牲血素每头 1 毫升。25 日龄：接种猪瘟疫苗。

8. 随时注意母猪的起卧、食欲和奶汁，精心护理仔猪，当听到仔猪被压的呼声，要迅速将母猪赶起，救出仔猪，避免或减少意外死亡。仔猪 1 周龄即可开食，喂以仔猪用的全价颗粒饲料，做到少给勤添保持饲料的色香味；至 20 日龄时，基本能主动吃料，通常于 25 日龄前后断奶，即能独立生活。断奶时应先将母猪迁出，让仔猪在原栏内逗留数天后再转入保育猪舍。

9. 产房环境。产房的室温应保持在 20～25 ℃，湿度 60%～70%，风速 0.2 米/秒。仔猪保育箱内的温度要求：0～7 日龄 32～34 ℃。8～20 日龄 20～28 ℃。为防止仔猪黄、白痢病的发生，在不同的季节应注意以下事项：寒冷冬季要注意产房的增温和保温，夜间防止贼风吹入，同时要注意通风换气。炎热季节要避免湿度过高，保持仔猪栏内清洁干燥，忌用水冲洗仔猪圈，母仔栏的除湿措施是在栏圈四周放置生石灰吸收水分，加大通风力度。春、秋季节的昼夜温差较大，要注意并重视仔猪在夜间的防寒保暖。

10. 产房工作的技术性较强，饲养员要相对固定，发现母猪或仔猪发生疾病，应及时报告兽医，并配合兽医搞好一般疾病的治疗和免疫接种工作。

三、保育猪舍工作守则

1. 保育舍实行全进全出，舍内的猪群按计划饲养到期后，全部转出，一头不留。然后对猪舍内外进行大消毒，消毒后的猪舍至少闲置净化 2 天才能进猪。对破损的圈舍、门窗要抓紧修复，猪舍内外的明沟、暗渠要进行疏通，迎接下一批仔猪进舍。

2. 从产房进入本舍的仔猪，需经兽医技术人员的检疫，确认发育正常、健康无病的仔猪才能进舍。仔猪在本舍的饲养期为 35 天左右，寒冬季节可适当延长，炎热季节酌情缩短。

3. 仔猪进出猪舍都要称重，以便了解其生长速度和料肉之比。仔猪进舍后按个体大小分圈饲养，同时也要尽可能做到同窝仔猪不分开。饲养密度遵循冬密夏稀的原则，按每平方米面积 2 头计算，每个猪圈不宜超过 15 头。

4. 根据季节、气候的变化，随时调节舍内的小气候，如适时开、关门窗，定时启动通风装置，当舍温低于 16 ℃时，要设法增温、保温。当舍内空气污浊、有害气体超标时，除了加强通风换气外，应喷雾空气洁净消毒剂。

5. 每天早、中、晚三次观察每头猪的健康状况（包括精神、食欲、粪便、呼吸等变化），若发现病弱仔猪，及时隔离分群饲养，以便特别护理，同时报告兽医作进一步处理。

6. 当发现个别较为严重的病猪或死亡病例时，除及时报告兽医采取措施外，还应立即清除传染源，对受污染的场所、物品、同圈的猪进行临时性的消毒。

7. 进入本舍1周内的仔猪，要限量饲喂，做到“少量多次”；待1周后逐渐放开限量，自由采食。同时根据不同的生长阶段，给予不同的优质配合料。

四、后备种猪舍工作守则

1. 后备种猪舍实行全进全出。从保育舍进入本舍的后备种猪，需经兽医检疫，合格后方能入舍，待到初配日龄离开本舍。

2. 后备种猪适合平地圈养，每个猪圈不宜超过10头；当猪群进入本舍时，应按个体大小、强弱以及公、母分开饲养。

3. 后备种猪舍要求清洁、干燥，当猪群进入本舍时就要进行调教，使吃、拉、睡三点定位。为了保持猪圈的干燥，平时禁用水冲圈，每天打扫猪圈2次，及时清除粪便。

4. 后备种猪较耐寒，即使在冬季可利用猪体散发的热量，不必另行增温。但要注意适时关闭门窗，防止贼风吹入。夏季气温超过30℃以上时，要加大通风，搭凉棚，减少猪圈容猪头数等。

5. 后备种猪正处于生长发育的阶段，需要提供优质的全价饲料，实行干喂，自由采食。为了避免养得太肥，日粮中的能量应低于育肥猪10%。

为了预防繁殖障碍的传染病，在这期间的种猪要接种多种疫苗，如乙脑、细小病毒、伪狂犬病、蓝耳病等的疫苗；还要驱除体内外寄生虫，应配合兽医人员完成以上工作。

6. 每天早、中、晚三次细心观察，检查每头猪的健康状况（包括精神、食欲、粪便、呼吸等变化），发现病弱者及时分群隔离饲养，同时报告兽医以便作进一步处理。

7. 当发现个别较为严重的病猪或死亡病例时，除及时报告兽医外，应立即清除传染源。对被污染的场地、物品、用具和同圈的猪只都要进行临时性消毒。

五、配种猪舍工作守则

1. 配种猪舍包括配种公猪和待配母猪，而待配母猪又可分为初配的新母猪和断奶后的经产母猪；进入本舍前都要经过畜牧兽医技术人员选育和检疫，合格后方能进舍。

2. 在配种舍内，公猪实行圈养，母猪定位栏养。种猪进舍前要安排好公猪的猪圈和母猪的床位，并要彻底清扫、冲洗和消毒，待干燥后方可引猪进舍。

3. 要了解每头待配母猪的档案卡资料，预测发情和配种日期，确定配种的公猪和配种的方式（人工授精或自然交配）及次数。

4. 细心观察、及时发现母猪发情的征象，掌握配种的适宜时机。配种后将母猪由待配栏移至观察栏内，观察 20 天左右，若不再出现发情征候，且母猪呈现食欲增加，性情温顺、贪睡等受孕特征，即可初步确定妊娠。若有疑问可用妊娠诊断仪测定。确定妊娠后，填写档案卡，推算预产期，并迁到妊娠舍中饲养。

5. 配种舍实行湿拌料饲喂，现拌现喂，拌和均匀。饲槽内若有剩料，必须清除后才能添加，不喂霉变饲料。妊娠前期，胎儿的发育很慢，这期间不必加料。

6. 若母猪不发情或反复发情屡配不上，或阴道流出恶露、脓液以至出现全身症状等疾病表现，应及时报告兽医，配合诊治。

7. 妊娠初期，胚胎着床不牢固，容易引起流产或死胎；特别是初产母猪，要避免激烈运动或鞭打、追赶，应细心护理。

8. 猪圈、床位要保持清洁、干燥，见有粪便随时清扫。不用水冲圈。成年猪夏季怕热，当气温超过 30 ℃以上，要注意通风降温。特别是种公猪更不耐热，采取先进的降温防暑措施。

9. 种公猪实行一猪一圈，避免两猪相遇发生咬架或其他意外，公猪圈要勤打扫，保持清洁干燥，场地宽敞，有运动的余地。另外，要定期检查种公猪精液的品质，以便及时发现问题，采取相应的措施。

六、妊娠猪舍工作守则

1. 妊娠猪舍实行一猪一栏定位饲养，进猪前对栏位进行清扫、消毒，转入本舍的妊娠母猪必须确认受孕方可接收。

2. 保持栏内清洁、干燥，随时清除粪便，不要用水冲圈，切不可对猪有鞭打脚踢等粗暴行为，做好保胎工作。

3. 饲喂湿拌料，要求现拌现喂，拌和均匀。根据胚胎的发育规律，把妊娠母猪分为前、中、后三个妊娠时间，并饲喂不同营养成分的饲料。严禁饲喂发霉、变质、冰冻的饲料，若发现料槽内存有上一餐未吃完的剩料，则必须及时清除，冲洗干净后才能加料。

4. 每天早、中、晚三次细心观察母猪有否返情，阴道有无分泌物流出，粪便是否正常，饲料是否吃净，睡姿、呼吸、皮肤有无变化，站立是否稳健。发现问题及时报告兽医，配合处理。

5. 配合兽医人员完成免疫接种等工作。在这期间要接种若干疫苗，如伪狂犬病、蓝耳病、口蹄疫、大肠杆菌病等疫苗；同时还要驱除疥螨等寄生虫。

6. 注意母猪的临产期，要求临产前 5 ~ 7 天，将临产母猪转到产房待产，离舍时对猪体外表进行喷洒消毒。

7. 怀孕母猪怕热，当夏季来临之前，在猪舍内安装（或维修）防暑降温的设备；当气温超过 30 ℃，要注意加大通风降温的力度。冬季夜间要注意关闭门窗，防止贼风吹入。

七、育肥猪舍工作守则

1. 实行全进全出，当一批肥猪育成出售后，立即对猪舍内外打扫卫生，清除积粪，疏通沟渠，并进行大消毒，消毒后需闲置净化2天以上才能进猪。

2. 当猪群进入本舍时，应按个体大小、体质强弱，分圈饲养。猪圈地面平整，通风良好，密度适中，每头猪需1平方米面积，每圈不超过20头。

3. 猪群入圈后，不断调教吃、喝、拉、睡四点定位，要保持猪圈清洁、干燥，每天清扫猪圈2次，及时清除粪便，平时不要求用水冲圈。

4. 肥猪怕热，当气温超过30 ℃时，应加大通风，启用排风扇或搭凉棚，减少猪圈容猪头数等措施。

5. 每天早、中、晚三次观察，检查每头猪的健康状况（包括精神、食欲、粪便、呼吸等变化），发现病猪及时隔离，同时报告兽医作进一步处理。

6. 育肥猪采用干料饲喂，任其自由采食，提供足够的饮水，至150日龄以后，生长速度达到高峰，以后逐渐缓慢。为节省饲料，这期间可适当限饲。

7. 当育肥猪出售时，不准让购猪者进入猪圈内挑选，已赶出猪圈的出售肥猪，不能再返回原圈，另设隔离舍暂存。饲养人员不准赶猪上车。购猪车不能进猪场，出猪台应延伸到猪场以外，把好后门的消毒关。

8. 服从猪场的统一领导，遵守猪场的各项规章制度，听从管理人员的指挥，配合技术人员的工作，不随意到其他猪舍串门，及时准确填写各项数据、报表。

参考文献

[1] 侯安祖．猪病诊断与防治．北京：中国农业科学技术出版社，2005.
[2] 张汀，易本驰．科学高效养猪指南．郑州：河南科学技术出版社，2006.
[3] 陈焕春．规模化猪场疫病控制与净化．北京：中国农业出版社，2000.
[4] 杨中和，方旭．现代无公害养猪．北京：中国农业出版社，2005.
[5] 西北农业大学．家畜内科学．2版．北京：中国农业出版社，1999.
[6] 蔡宝祥．家畜传染病学．北京：中国农业出版社，2001.
[7] 梁永红．实用养猪大全．2版．郑州：河南科学技术出版社，2008.
[8] 宁长申，周继贤，杨可友．畜禽寄生虫病学．北京：北京农业大学出版社，1995.
[9] 中国动物疫病预防控制研究会．猪病防控与猪病防治鉴别诊疗新技术规范及疑难问题解答．北京：中国农业科技出版社，2007.
[10] BARBARA E S. 猪病学．9版．赵德明，张仲秋，沈建忠，主译．北京：中国农业出版社，2008.
[11] 白文彬，于康震．动物传染病诊断学．北京：中国农业出版社，2002.